机械识图与CAD绘图

渠婉婉 周正元 主编

东南大学出版社
·南京·

内 容 简 介

在这个数字化、智能化的新时代,掌握基础的识图与绘图技能显得尤为重要。针对非机械专业、学时有限的学习者,我们精心打造了这本新形态一体化教材,旨在帮助读者在有限的时间内迅速了解和提升识图与绘图能力。

本书分为六大模块,涵盖了从基础到进阶的识图与绘图知识:平面图的识读与绘制、三视图的形成与绘制、组合体三视图的形成与绘制、零件的表达方法、零件图的识读与绘制、装配图的识读与绘制。为了增强学习的趣味性和实用性,我们特别选取了电控箱面板、交换齿轮架、传感器支架等 16 个工程实际零部件作为任务载体。这些零件、部件从简单到复杂,涵盖了从平面图到三视图,从零件到装配体的全面训练。通过实际零部件的案例分析和操作实践,辅以"相关知识""项目实施"及"课后习题"部分的"动画模型演示""微课""操作演示视频"等新形态学习资源,读者能够更加深入地理解识图方法,掌握绘图技能。

本书按照 64~72 学时编写,可作为高等职业院校非机电类、机电类少学时专业的识图与绘图教材,也可以供制图培训班及工程技术人员使用或参考。

图书在版编目(CIP)数据

机械识图与 CAD 绘图/渠婉婉,周正元主编.
南京:东南大学出版社,2025.1. —— ISBN 978-7-5766-1885-3
Ⅰ. TH126
中国国家版本馆 CIP 数据核字第 2025UT5115 号

责任编辑:姜晓乐 责任校对:韩小亮 封面设计:王 玥 责任印制:周荣虎

机械识图与 CAD 绘图
Jixie Shitu Yu CAD Huitu

主 编	渠婉婉 周正元
出版发行	东南大学出版社
出 版 人	白云飞
社 址	南京四牌楼 2 号 邮编:210096
网 址	http://www.seupress.com
经 销	全国各地新华书店
印 刷	丹阳兴华印务有限公司
开 本	787 mm×1 092 mm 1/16
印 张	18.5
字 数	462 千
版 次	2025 年 1 月第 1 版
印 次	2025 年 1 月第 1 次印刷
书 号	ISBN 978-7-5766-1885-3
定 价	69.00 元

本社图书若有印装质量问题,请直接与营销部联系。电话(传真):025-83791830

前　言

随着科学技术的迅猛发展,制造业的数字化转型与智能化升级步伐不断加快。大数据、云计算、人工智能以及5G技术等数字技术与传统产业加速融合,数字化车间、无人工厂、智能工厂等如雨后春笋般不断涌现,使得生产过程愈发灵活高效。在这个数字化、智能化的崭新时代,先进的计算机辅助设计(CAD)和计算机辅助制造(CAM)系统虽已极大地简化了产品设计和制造流程,但机械识图与制图的基本技能依旧具有无可替代的重要性。工程图样不但是表达产品设计意图和制造信息最为直观的方式,也是工程技术人员理解复杂机械系统的基石,更是在多学科团队中,不同专业背景工程师之间实现有效沟通与协作的重要途径。

对于机电类或非机电类专业而言,"机械制图"课程的教学通常仅有72学时甚至更少。为了使学生在有限的学时内能够较好地掌握识图与绘图技能,本教材精心选取了工业生产过程中典型且真实的14种零件、2种装配体作为学习载体,采用项目化教学,任务驱动的模式来开展学习活动。让学生能够在任务的解析进程中领悟识图的方法,在任务的实施过程中,学会运用AutoCAD软件进行绘图。本书具备如下显著特点:

1. 本书基于工业生产中典型、真实的零部件精心设计学习任务,紧密贴近工程实际,实用价值颇高。在传统教学载体的基础上,新增了电气类专业常用的"电气控制箱"中的典型零、部件图纸的识读与绘制内容,能够更为有效地辅助非机类专业开展学习。

2. 以任务驱动的形式推进项目化教学,内容由浅入深、循序渐进,有利于学生理解与接受。区别于传统教材直接运用模型开展教学的方式,本书在任务分析环节详尽介绍了零、部件的真实结构与使用方法,让学生能够明晰零、部件的来龙去脉以及知识的应用场景,更能激发学生的学习兴趣,助力学生学以致用。

3. 全面贯彻最新国家标准。《技术制图》和《机械制图》国家标准乃是绘制机械图样和开展制图教学内容的根本依据。本书中与制图教学密切相关的"极限与配合""几何公差""表面结构"等内容均采用最新国家标准予以表达。机械绘图过程中所需的标准件规格、公差与配合数据,在附录中基本都能够查到。

4. 学习方法契合工作实际。全书配备相关任务点和练习题目的AutoCAD绘图文件,力求全程教学和练习均在CAD电子制图环境中进行,摒弃了传统尺规手工制图教学。

5. 采用双色印刷，重点突出。对于图样中的关键部分，文字说明里的重点内容和后续步骤中新绘制的部分线条均采用红色予以示意，层次清晰，重点分明。

6. 根据项目、任务特点，对"相关知识""任务实施""拓展知识"等部分配备教学PPT、演示动画、微课、CAD图样等立体化、多样化、新形态的学习与练习资源。对于"课后习题"部分也配备了绘图视频或习题答案，全方位辅助学生学习。

7. 零件图部分训练中所涉及的读、画零件，均为装配图绘图训练部分的组成零件，更易于将知识点系统化，形成知识学习的闭环。让学生在课堂上实现递进式深化学习，能够绘制出相应的装配图，有效解决了因教学学时不足，多数少学时教材中只能涉及装配图识读这一难题。

本书由渠婉婉、周正元主编，其中渠婉婉负责模块二、模块三、模块四的编写及资源建设，周正元负责模块一、模块五、模块六和附录的编写及资源建设。在本书的编写过程中，得到了分院领导、同事的大力支持，他们提出了诸多宝贵的意见和建议，在此表示衷心的感谢。

由于编写水平有限，编写时间紧迫，书中难免存在疏漏和差错，欢迎任课教师和广大读者给予批评指正，并将意见或建议反馈给我们（主编QQ：814581449、771794621）。

作者
2024年8月

目 录

模块一　平面图的识读与绘制 ······························· 1
　　任务1　电控箱面板机械图样的识读与绘制 ············· 1
　　任务2　交换齿轮架机械图样的识读与绘制 ············ 32

模块二　三视图的形成与绘制 ································ 51
　　任务1　V形支座的三视图形成与绘制 ·················· 51
　　任务2　螺栓毛坯三视图的形成与绘制 ·················· 70
　　任务3　楔块三视图的形成与绘制 ······················· 89
　　任务4　顶尖三视图的形成与绘制 ······················· 98
　　任务5　三通管三视图的形成与绘制 ···················· 109

模块三　组合体三视图的形成与绘制 ······················ 119
　　任务1　轴承座三视图的形成与绘制 ···················· 119
　　任务2　轴承座组合体的尺寸标注 ······················ 131

模块四　零件的表达方法 ···································· 140
　　任务1　传感器支架的视图表达与绘制 ················· 140
　　任务2　方端盖的视图表达与绘制 ······················ 152
　　任务3　丝杠轴的视图表达与绘制 ······················ 168

模块五　零件图的识读与绘制 ······························ 179
　　任务1　定位芯轴零件图的识读与绘制 ················· 179
　　任务2　衬套零件图的识读与绘制 ······················ 212
　　任务3　钻夹具座零件图的识读与绘制 ················· 226

模块六　装配图的识读与绘制 ······························ 246
　　任务1　衬套径向孔钻夹具装配图的识读与绘制 ······· 246
　　任务2　电气控制箱装配图的识读 ······················ 263

附录 ·· 269

参考文献 ·· 290

模块一

平面图的识读与绘制

机器是由多种机械零件装配而成,不同的零件有着不同的形状、尺寸、材料以及各类技术指标。片状或板状零件,用一幅平面图形就基本能够反映其形状和尺寸。本模块以机械零件电控箱面板和交换齿轮架为例,介绍工程图样的组成,并用当前最为流行的图形辅助设计软件 AutoCAD 作为平台来介绍平面图的绘制方法。

任务 1　电控箱面板机械图样的识读与绘制

零件电控箱面板的立体图如图 1-1-1 所示,其结构为一薄板零件(厚度 1 mm),材料为硬铝板,作用是安装在电气控制箱正面,用于安装船形开关、接插头座、电流表、指示灯等。

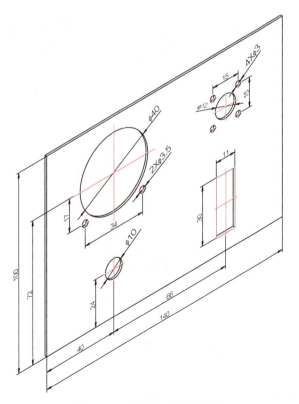

图 1-1-1　电控箱面板立体图

 任务分析

如图 1-1-2 所示为电控箱面板的零件图,即表达该零件制造、检验等相关信息的图样。要正确理解和识读该图样,必须首先学习国家标准中有关图纸幅面、比例、字体、图线等内容的基本规定,学习平面图形画法中有关术语。要绘制该图样,还必须学习 AutoCAD 相关命令和操作方法。电控箱面板任务分析,见表 1-1-1。

表 1-1-1 电控箱面板任务分析表

零件作用	电控箱面板通常安装在电气控制柜正面,面板上有很多孔,用于安装电流表、电压表、数码管、触摸显示屏、指示灯、开关按钮、航空插座头等。
零件实体	 
使用场合	 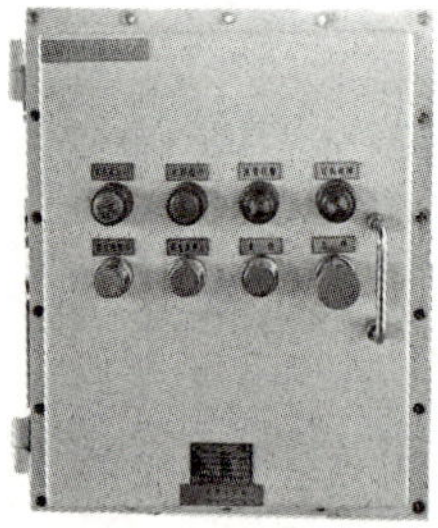
任务模型	
任务解析	要想正确绘制电控箱面板平面图,不仅要熟悉国家标准关于制图的一般规定,还要掌握 AutoCAD 绘图的相关知识。
学习目标	1. 熟悉国家标准关于制图的一般规定。 2. 理解平面图绘制的一般过程和方法。 3. 掌握 AutoCAD 绘图相关知识,能够用常用绘图和修改命令绘制简单平面图,并标注尺寸。

一、国家标准关于制图的一般规定

1. 图纸幅面及图框格式(GB/T 14689—2008)

(1) 图纸幅面。绘制图样时,首先要选取图纸。图纸的基本幅面由大到小分为 A0、A1、A2、A3、A4 五种,尺寸见表 1-1-2。图纸的宽用 B 表示,长用 L 表示。

(2) 图框格式。图纸上必须用粗实线画出图框,画法如图 1-1-3 所示,图框到图纸边缘的距离 a 和 c 可从表 1-1-2 中查得。一般 A4 幅面的图纸采用竖装法,A3 以上幅面采用横装法。

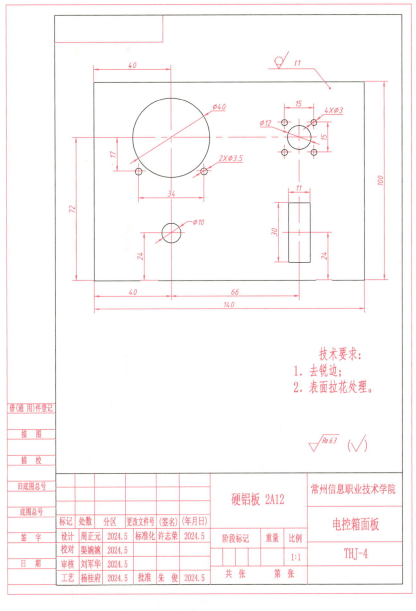

图 1-1-2 电控箱面板的零件图

（3）标题栏的方位及格式。标题栏的位置应按图 1-1-3 中所示，一般位于图纸的右下角。国家标准(GB/T 10609.1—2008)规定的标题栏，其格式与尺寸见图 1-1-4 所示。学生作业可采用图 1-1-5 所示的简化标题栏格式。

表 1-1-2　图纸基本幅面尺寸　　　　　　　　　　　　　　　　　　单位：mm

幅面代号	A0	A1	A2	A3	A4
$B×L$	841×1 189	594×841	420×594	297×420	210×297
c	10			5	
a	25				

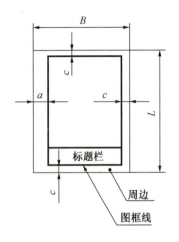
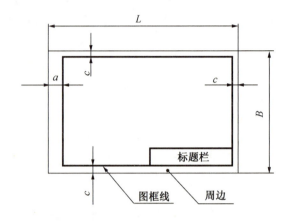

图 1-1-3　图框格式

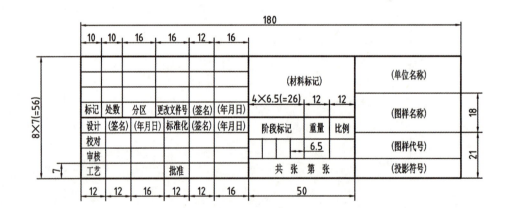

图 1-1-4　标题栏格式与尺寸

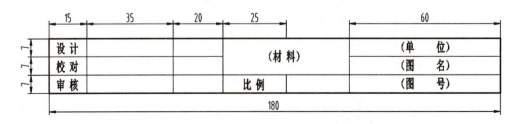

图 1-1-5　简化标题栏格式

2. 比例(GB/T 14690—1993)

比例是指图样中图形与实物相应要素的线性尺寸之比。绘制时,应尽可能从表 1-1-3 第一系列中选取适当的比例,必要时也允许使用第二系列的比例。

绘图时应尽量采用原值比例(1∶1),以使绘出的图样能直接反映机件的真实大小。但由于机件的大小及结构复杂程度的不同,对大而简单的机件可采用缩小的比例;对小而复杂的机件则可采用放大的比例。值得注意的是,图样不论采用了缩小的比例还是放大的比例,标注尺寸时必须标注机件的实际尺寸,如图 1-1-6 所示。

表 1-1-3　绘图的比例表

种类	第一系列	第二系列
原值比例	1∶1	
放大比例	2∶1,5∶1,1×10^n∶1,2×10^n∶1,5×10^n∶1	2.5∶1,4∶1,2.5×10^n∶1,4×10^n∶1
缩小比例	1∶2,1∶5,1∶1×10^n,1∶2×10^n,1∶5×10^n	1∶1.5,1∶2.5,1∶3,1∶4,1∶6,1∶1.5×10^n,1∶2.5×10^n,1∶3×10^n,1∶4×10^n,1∶6×10^n

注:n 为整数。

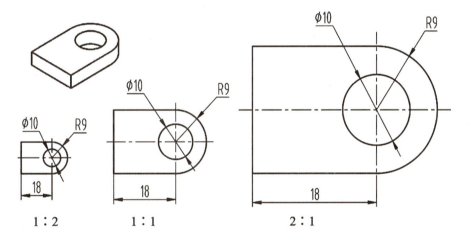

图 1-1-6　用不同比例绘制同一图形

3. 字体(GB/T 14691—1993)

图样中书写的文字必须做到字体端正、笔画清楚、排列整齐、间隔均匀。

图样中文字大小的选择要适当。字体的高度(即字体的号数)用 h 表示,单位为 mm。共有 20、14、10、7、5、3.5、2.5、1.8 八种。

(1) 汉字。汉字应写成长仿宋体,且高度 h 不应小于 3.5 mm,字体的宽度一般为 $h/\sqrt{2}$。

书写长仿宋体汉字的要领是:横平竖直、起落分明、结构匀称、粗细一致,呈长方形,如图 1-1-7 所示。

字体工整 笔画清晰 间隔均匀 排列整齐

图 1-1-7　汉字示例

（2）字母和数字。字母和数字有直体和斜体之分，一般情况采用斜体。斜体字字头向右倾斜，与水平线约成 75°，其书写示例如图 1-1-8 所示。

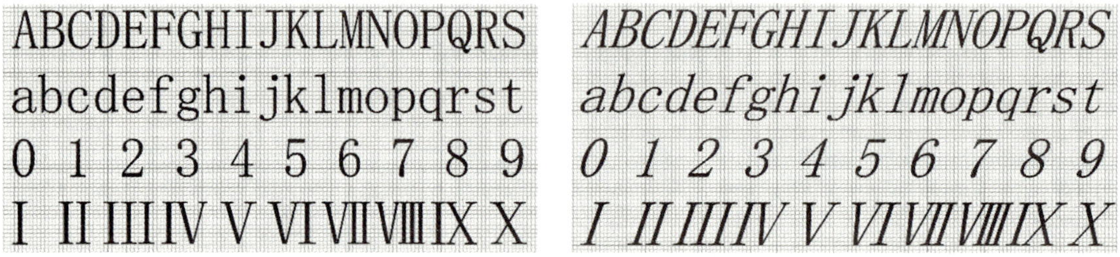

(a) 直体　　　　　　　　　　　　　　　(b) 斜体

图 1-1-8　字母、数字书写示例

4. 图线（GB/T 4457.4—2002）

1）图线的型式及应用

机械图样中常用的图线名称、线型、线宽及其应用见表 1-1-4。

表 1-1-4　机械图样中常用的图线名称、线型、线宽及其应用表

图线名称	图线型式	图线宽度	主要应用
粗实线	———————	d	可见轮廓线
细实线	———————	$d/2$	尺寸线及尺寸界线、剖面线、重合断面的轮廓线、过渡线
细虚线	- - - - - - -	$d/2$	不可见轮廓线
细点画线	—·—·—·—	$d/2$	轴线、对称中心线、轨迹线、齿轮的分度圆及分度线
粗点画线	—·—·—·—	d	有特殊要求的线、表面的表示线
细双点画线	—··—··—··	$d/2$	相邻辅助零件的轮廓线、中断线、极限位置的轮廓线、假想投影轮廓线
波浪线	～～～～	$d/2$	断裂处的边界线、视图和剖视的分界线
双折线	—/\—/\—	$d/2$	断裂处的边界线
粗虚线	- - - - - - -	d	允许表面处理的表示线

图线分为粗细两种，宽度 d 应按图的大小和复杂程度，在下列数列中选取：0.25、0.35、0.5、0.7、1.0、1.4、2（单位：mm）。细线的宽度约为 $d/2$。

2）图线的画法

（1）同一图样中，同类图线的宽度应基本一致。为保证图样的清晰度，两条平行线之间

的最小间隙不得小于 0.7 mm。

（2）虚线、点画线及双点画线的线段长度和间隔长度应各自大致相等。

（3）点画线和双点画线中的"点"应画成约 1 mm 的短划,点画线和双点画线的首末两端应是线段而不是短划,并应超出图形轮廓线约 3～5 mm。

（4）绘制圆的对称中心线(细点画线)时,圆心应是线段的交点。在较小的图形上绘制点画线或双点画线有困难时,可用细实线代替。

（5）虚线与各种图线相交时,应以线段相交,虚线作为粗实线的延长线时,虚、实连接处要留有空隙。

图线画法的正误对比如图 1-1-9 所示。

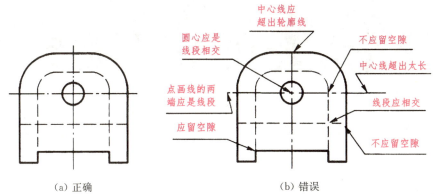

图 1-1-9　图线画法正误对比

1.1.2 视频

二、AutoCAD 相关知识

AutoCAD 是美国 Autodesk 公司 1982 年首次推出的交互式绘图软件,经过十几次升级,其自身的功能也日趋完善,性能不断提高。本书中的计算机绘图部分是基于 AutoCAD2020 版本的计算机辅助绘图。

1. AutoCAD2020 工作界面

双击桌面上的 AutoCAD2020 快捷图标或单击桌面上"开始"按钮,选择"所有程序"→AutoCAD2020-简体中文→AutoCAD2020 程序项,即可启动 AutoCAD2020。

启动之后,即进入 AutoCAD2020 的"开始"界面,如图 1-1-10 所示。在"快速入门""最近使用的文档"和"通知"中,单击"快速入门"的"开始绘图"图标,就进入了 AutoCAD2020 默认的"草图与注释"工作空间界面,如图 1-1-11 所示。界面主要由标题栏、工具栏、绘图窗口、命令行窗口、状态栏等组成。

1）标题栏

标题栏位于工作界面的顶部,主要包括应用程序图标、快速访问工具栏和图形文件名称。

（1）应用程序图标。标题栏左侧显示 AutoCAD2020 应用程序图标,同时该图标也是"文件"下拉弹出按钮。单击该按钮会弹出"新建""打开""保存""另存为"等文件操作按钮。

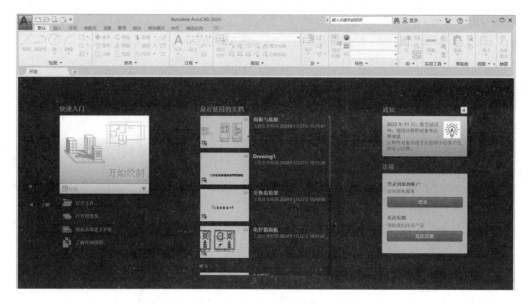

图 1-1-10 开始界面

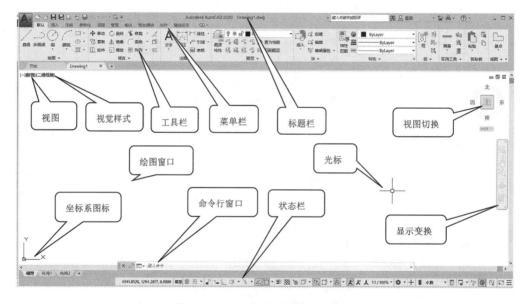

图 1-1-11 AutoCAD2020 工作界面

（2）快速访问工具栏。应用程序图标 右侧是"快速访问"工具栏，自左向右对应命令是"新建""打开""保存""另存为""从 Web 和 Mobile 中打开""保存到 Web 和 Mobile""打印""放弃""重做"以及"自定义快速访问工具栏"的"下拉"按钮。如果要增添其他常用命令，例如要添加"特性匹配"，只要单击下拉按钮，在弹出的菜单中勾选"特性匹配"命令就可以了。

（3）图形文件名称。标题栏中部是当前所操作图形文件的名称（默认文件名为 Drawing1.dwg）。第二行为"默认、插入、注释、参数化、视图、管理、输出、附加模块、协作、精选应用"等 10 个菜单栏按钮。单击不同的菜单栏按钮，会呈现不同的工具栏组合。

2）工具栏

工具栏是 AutoCAD 为用户提供的某一命令的图标按钮。默认的工具栏自左向右分别由"绘图""修改""注释""图层""块""特性""组""实用工具""剪贴板""视图"等十个类型组成，以便于用户快速从某类型操作中找到相应的图标按钮。

工具栏中的每个图标直观地显示其对应的命令。如果你不解其意，可将鼠标的光标置于图标上（不必按它），这时图标所代表的命令及命令功能就会出现在图标下方的方框里。

(1)"绘图"工具栏图标组合。"绘图"工具栏图标主要包括直线 ，多段线 ，圆（圆心、半径 ，圆心、直径 ，两点 ，三点 ，相切、相切、半径 ，相切、相切、相切 ），圆弧（三点 ，起点、圆心、端点 ，起点、端点、方向 ，起点、端点、半径 ，圆心、起点、端点 ），多边形（矩形 、多边形 ），椭圆（圆心 、轴、端点 ），剖面线 ，样条曲线拟合 ，构造线 ，面域 ，螺旋 ，圆环 等。

(2)"修改"工具栏图标组合。"修改"工具栏图标主要包括移动 ，复制 ，拉伸 ，旋转 ，镜像 ，缩放 ，偏移 ，修剪（修剪 ，延伸 ），倒角（圆角 ，倒角 ，光顺曲线 ），删除 ，分解 ，阵列（矩形阵列 ，路径阵列 ，环形阵列 ），打断 ，打断于点 ，对齐 ，合并 等。

(3)"注释"工具栏图标组合。"注释"工具栏图标主要包括文字（多行文字 ，单行文字 ），标注 （角度 A、基线 B、连续 C、坐标 O、对齐 G、分发 D、图层 L）、线性 （对齐 、角度 、半径 、直径 、坐标 、弧长 、折弯 ），引线（引线 、添加引线 、删除引线 、对齐 、合并 ），文字样式 ，标注样式 ，多重引线样式 ，表格 等。

(4)"图层"工具栏图标组合。"图层"工具栏图标主要包括图层特性 、图层 0，图层关 、图层开 、隔离 、取消隔离 、冻结 、解冻 、锁 、解锁 、置为当前 、匹配图层 。

3）绘图窗口

用户界面中部的区域为绘图区，用户可以在这个区域内绘制图形。在绘图区左下角的"坐标系图标"表示当前绘图所采用的坐标系形式。如图 1-1-11 中所示，表示用户处于世界坐标系中，当前的绘图平面为 X-Y 平面。

4）命令行窗口

命令行窗口是 AutoCAD 用来进行人机交互对话的窗口，位于整体窗口的下方位置，如图 1-1-11 所示。它是用户输入 AutoCAD 命令和系统反馈信息的地方。对于初学者而言，系统的反馈信息是非常重要的，因为它可以在执行命令过程中不断地提示用户下一步该如何操作。用户可以根据需要，改变命令提示窗口的大小。命令操作时，AutoCAD 命令提示窗口能显示三行命令，停止操作后上面两行逐渐消失。按功能键 F2 可弹出文本窗口，显示执行过的命令。

5）状态栏

状态栏位于命令行窗口的下方，用来反映当前的绘图状态。如当前光标的坐标、是否启用了正交模式、对象捕捉、栅格显示等功能。

6）光标

"十"字位于绘图区域时,其交点是绘图的起始点。光标移动时,其坐标值会实时在状态栏最左侧显示。

7）视图切换

绘制二维平面图时,视图默认是"上"视图,也叫俯视图或"顶视图"。绘制立体图时,如果要快速切换视图方向,只要单击相应按钮"东""南""西""北",就会立刻切换到"右视图""前视图""左视图""后视图"。另外,视图切换还有视图旋转(顺时针 、逆时针),等轴测(左上),世界WCS ,用户坐标系UCS快速切换图标。

8）显示变换

显示变换在光标移近时才清晰显示。主要包括二维控制盘 (全导航控制盘、查看对象控制盘等)、移动 、缩放(范围缩放、窗口缩放、实时缩放、中心缩放等)、动态观察(自由动态观察、连续动态观察)和相机动画 (ShowMotion)。

9）视图

单击视图控件,下拉弹出：俯视、仰视、左视、右视、前视、后视、西南等轴测、东南等轴测、西北等轴测、东北等轴测、视图管理器、平行、透视。二维绘图一般在俯视图(水平面)上绘图。绘制立体图时,常采用等轴测视角观察。

10）视觉样式

单击视觉样式控件,下拉弹出：二维线框、概念、隐藏、真实、着色、带边缘着色、灰度、勾画、线框、X射线、视觉样式管理器。绘制二维图一般在二维线框样式下画图,绘制立体图后看效果时,常采用概念样式。

2. 命令的输入方法

AutoCAD2020提供了多种命令输入方法。主要有：命令行输入、工具栏输入、下拉菜单输入和快捷菜单输入等。现举例如下：

绘制图1-1-12所示的线段,两端点坐标分别为(100,100)和(350,200)。

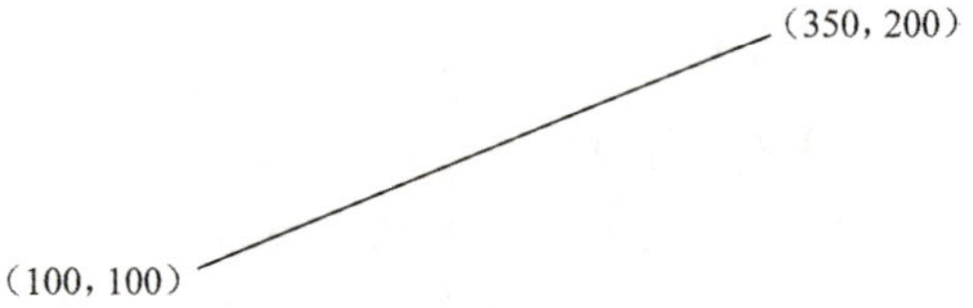

1）命令行输入

在命令提示窗口的命令提示行中,直接输入命令名后,按Enter键或空格键执行。这种方法适用于所有的命令,要求用户必须熟记英文形式的命令名。为了减少操作,AutoCAD2020在acad.pgp文件中定义了各种命令的别名,例如,输入"L"来启动"LINE"命令；输入"Z"来启动"ZOOM"命令；输入"C"来启动"CIRCLE"命令等。因此,它们又被称为命令快捷键,AutoCAD2020允许用户在acad.pgp文件中定义自己的命令快捷键。从命令行键盘输入操作步骤如下：

图1-1-12 命令输入示例

命令：LINE↙(在"命令："后键盘输入画线命令"LINE"或"L",按Enter键)

指定第一点：100,100↙(输入第一点坐标"100,100",按Enter键)

指定下一点或[放弃(U)]：350,200↙(输入下一点坐标"350,200",按Enter键)

指定下一点或[放弃(U)]：↙(直接按Enter键或空格键表示结束画线命令)

命令：(系统回到待命状态)

2) 工具栏输入

用户进入 AutoCAD 界面后,在屏幕上端显示的"默认"工具栏有:"绘图""修改""注释""图层""块""特性""实用工具""剪贴板""视图"。工具栏中的各个图标能直观地显示其相应的功能,用户只要用鼠标直接单击代表该功能的图标即可。例如,绘制图 1-1-11 所示线段,在第一步输入画线命令时,不通过键盘输入"LINE"命令名,而是用鼠标直接单击绘图工具栏中的图标 ,计算机会出现"_line 指定第一点:"的提示,这时用户可输入第一点坐标并按 Enter 键,操作步骤同命令行输入。

3) 重复执行命令

当执行完一个命令后,空响应(在命令的提示行不输入任何参数或符号,直接按空格键或 Enter 键),会重复执行前一个命令。

4) 中断执行命令

如果出现误操作或需要中断命令的执行,只要在键盘左上角按 Esc 键,任何命令都可中断。

5) 撤销已执行的命令

单击"标准"工具栏中的"放弃"命令按钮 ,或按"Ctrl+Z"快捷键,或者选择"编辑"下拉菜单中的第一个菜单项,均可撤销最近执行的一步操作。

如果希望一次撤销多步操作,可单击"放弃"命令按钮 右侧的 按钮,然后在弹出的操作列表中上下移动光标选择多少步操作,最后单击鼠标确认。也可以在命令行中输入放弃命令"UNDO",然后输入想要撤销的操作步数并按 Enter 键确认。

3. 点的输入方法

AutoCAD 采用笛卡儿坐标确定图中点的位置,其中,X 轴为水平轴,向右为正;Y 轴为垂直轴,向上为正;Z 轴垂直于 XY 平面,指向用户为正。由于二维图形只在 XY 平面上绘制,因此,Z 坐标为 0。

1) 输入点的坐标值

(1) 绝对坐标。输入格式为:x,y。表示输入点相对于原点的距离,注意输入坐标时,中间的逗号应在英文符号下输入。例如,在画图 1-1-12 所示直线时,点的输入格式就是绝对坐标格式。

(2) 相对坐标。输入格式为:$@x,y$。表示输入点以前一点为基准,沿 X 方向偏移 x 单位(向右为正,向左为负),沿 Y 方向偏移 y 单位(向上为正,向下为负)。例如在画图 1-1-12 所示直线时,在第一点采用绝对坐标(100,100)输入之后,第二点也可采用相对坐标输入,格式为@250,100。若第一点输入绝对坐标为(350,200),则第二点采用相对坐标输入时格式应为@−250,−100。请读者试之。

(3) 极坐标。输入格式为:$@r<angle$。表示输入点与前一点之间的距离为 r 单位,两点之间的连线与 X 轴正向的夹角为 angle,逆时针为正,顺时针为负。AutoCAD 提供的缺省状态下,角度以度为单位,输入时不必输入度的符号。例如,若要画一段长为 200,与 X 轴正向的夹角为 30°的线段,若第一点采用绝对坐标(100,100)输入,则第二点可采用极坐标输入,格式为@200<30。

2) 屏幕拾取点

在提示输入点时,可用鼠标移动十字光标单击,直接在屏幕上拾取点。

3) 用"对象捕捉"确定点

AutoCAD 运用"对象捕捉"功能可以快速、准确地捕捉到已绘图形上的特殊点。

4) 用"直接距离法"确定点

当确定第一点后,移动光标相对当前点拉出橡筋线,可以沿橡筋线方向,通过直接输入距离的方式确定下一点。常用于"正交"状态下绘制水平、垂直线。

4. 对象的删除与选择

1) 对象的删除

要删除某一对象,先单击"修改"工具栏上的按钮 ✎,或直接在命令行中输入"E"("ERASE"命令的缩写),然后选择该对象,按 Enter 键,对象即被删除。也可先选择对象,然后单击 ✎ 或输入"e",或按键盘上的 Delete 键,都可以把该对象删除。读者可先画几条线,然后尝试用以上所讲的几种方法进行删除。

2) 对象的选择

AutoCAD 的图形编辑命令(如删除命令)都要求用户选择要进行编辑的对象。在执行编辑命令时,AutoCAD 会提示:"选择对象",这时要求用户选择要编辑的对象,并且十字光标变成拾取靶。AutoCAD 有多种选择对象的方式,下面介绍两种最常用的方式。

(1) 单击选取对象。单击选取对象是最基本的选择方式。直接将拾取靶移动到被选择对象的任意部分并单击,则该对象被选中,反复单击可选择多个对象。这时,选中的实体会显示成虚线状态,形成一个选择集。要从选择集中取消某个对象,可在按住 Shift 键的同时单击选择该对象。要取消全部选择的对象,可按 Esc 键。

(2) 利用"窗选"和"窗交"方式选取对象。如果希望选择一组临近对象,可使用"窗选"和"窗交"方式选取对象。

所谓"窗选"是指单击确定选择窗口左侧角点,然后向右拖动光标,确定其对角点,即自左向右拖出选择窗口,此时所有完全包含在选择窗口中的对象均被选中,如图 1-1-13(a)所示。

所谓"窗交"是指单击确定选择窗口右侧角点,然后向左拖动光标,确定其对角点,即自右向左拖出选择窗口,此时所有完全包含在选择窗口中的对象,以及所有与选择窗口相交的对象均被选中,如图 1-1-13(b)所示。

读者可在屏幕上多画几条线,然后用删除命令,并用"窗选"和"窗交"不同的方式将它们一次性删除。

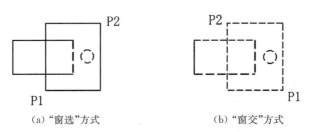

(a) "窗选"方式　　(b) "窗交"方式

图 1-1-13　利用"窗选"和"窗交"方式选取对象

任务实施

本任务实施分认识电控箱面板机械图样和绘制电控箱面板平面图形两部分。

一、认识电控箱面板机械图样

1. 图幅

1.1.3-1 视频

如图1-1-2所示电控箱面板图样为A4幅面,长宽尺寸为297×210。采用竖装图框,查表1-1-2可知,图框左侧装订边距为25,其他三边边距为5。标题栏采用国标推荐格式,位于图纸的右下角。

2. 字体

电控箱面板图样中,"技术要求"及内容、单位名称"常州信息职业技术学院"、零件名称"电控箱面板"、图样代号"THJ-4"、材料名称"硬铝板2A12"等字体采用5号长仿宋体,其余汉字均采用3.5号长仿宋体;尺寸标注的数字采用3.5号直体。

3. 图线

图框、标题栏中的部分图线及图形轮廓线采用线宽为0.5的粗实线,对称线、圆中心线采用线宽为0.25的细点画线,尺寸标注采用线宽为0.25的细实线。

4. 标题栏

分主标题栏和副标题栏。主标题栏是设计制造的关键信息注写栏,配置在图框内的右下方。从电控箱面板图样标题栏中可以得知,该零件的制造材料是厚度为1 mm的硬铝板,绘图比例为1∶1。还有设计责任者姓名、制造厂家、图样代号,以及图纸更改记录等。图样代号是图样识别编号,是产品图样从总装图到部件图再到零件图,按一定规则和顺序编写而成的。副标题栏主要包括图样描、校责任者签字,图样归档等信息,配置在图框内左下方。其所占位置同时也用于装订,也叫装订边。

5. 技术要求

将图样不能或不便于表达的技术指标,用文字叙述,配置在图样的下方。电控箱面板技术要求"去锐边"是金属制件一般要求,防止锐边毛刺装配时划伤手指。"表面拉花处理"是一种在铝板表面用机械摩擦的方法加工出直纹、乱纹、螺纹、波纹和旋纹等多种装饰纹路的处理方法。

二、绘制电控箱面板平面图形

1. 图形分析

1.1.3-2 视频

平面图形由多段线段和圆弧连接而成,这些线段和圆弧之间的相对位置和连接关系是靠给定的尺寸确定的。因此,绘制平面图形前,应对图形进行尺寸分析和线段分析,然后才能正确地绘制并标注尺寸。

1) 尺寸分析

平面图形中所标注的尺寸按其作用可分为两类:定形尺寸和定位尺寸。

(1) 定形尺寸。确定几何图形的线段长度、圆的直径或半径、角度大小等尺寸。如图1-1-2中的外形尺寸140、100,内孔尺寸$\phi 40$、$\phi 12$、$\phi 10$、$\phi 3.5$、$\phi 3$,方孔尺寸30、11,以及

电控箱面板厚 $t1$，这些尺寸都是定形尺寸。

（2）定位尺寸。确定几何图形的线段、圆心、对称中心等位置的尺寸。如图 1-1-2 中的确定 $\phi10$ 圆心位置的 40、24，确定 $\phi40$ 圆心位置的 40、72 等。

定位尺寸通常以图形的对称线、较大圆的中心线或某一轮廓作为标注尺寸的起点，这个起点叫作尺寸基准。一个平面图形具有两个坐标方向的尺寸，每个方向至少要有一个尺寸基准。电控箱面板 X 方向（左右）的尺寸基准为下边线，Y 方向（前后）的尺寸基准是左侧边线。

2）线段分析

平面图形中的线段（一段直线、圆、圆弧、曲线等）根据其定位尺寸的标注完整与否，可分为已知线段、中间线段和连接线段。

（1）已知线段——已知线段是 X、Y 方向定位尺寸齐全的线段。如图 1-1-2 中的 140×100 外形四条线段、$\phi10$ 圆、30×11 内方孔四条线段。

（2）中间线段。中间线段的一个方向定位尺寸已标出，另一个要分析与相邻线段间的连接关系（一般是相切）才能确定。

（3）连接线段。连接线段的 X、Y 两个方向的定位尺寸都没有标注。

画图时，应先画已知线段，再画中间线段，最后画连接线段。

2. 图形绘制

1）建立图层

机械图样都是由不同的线型所绘制的，如电控箱面板的图形包含了三种线型：粗实线、细点画线（简称点画线，又称中心线）、细实线。用 AutoCAD 绘制平面图形时，为了画图方便，不同的线型一般放在不同的图层上。因此，画图前首先要建立图层。其操作步骤如下：

（1）输入命令：LAYER 或 LA↙（或单击"图层"工具栏中的"图层特性管理器"图标），打开"图层特性管理器"对话框，如图 1-1-14 所示。

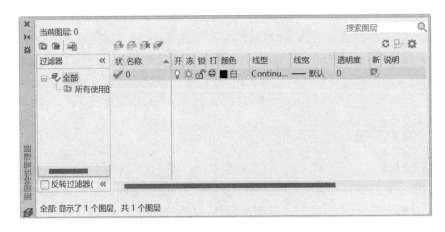

图 1-1-14 "图层特性管理器"对话框

（2）新建"粗实线"图层。默认情况下只有一个图层——0 层，它是白（或黑）色、连续线型、默认线宽。单击"图层特性管理器"中"新建图层"按钮，将创建一个名为"图层 1"的新图层。在名称编辑框中将"图层 1"更改为"粗实线"用于轮廓线的绘制。

（3）新建"细点画线"图层。再次单击"新建图层"按钮,将"图层2"更改为"细点画线"。单击"细点画线"层所在行的颜色块,弹出"选择颜色"对话框,如图1-1-15所示。在"索引颜色"选项卡中选择"红色",单击"确定"按钮。

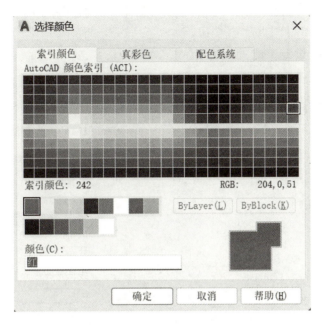

图 1-1-15 "选择颜色"对话框

为了便于画图,屏幕上显示图线,一般应按表1-1-5中提供的颜色显示,并要求相同形式的图线应采用相同的颜色。

表 1-1-5　图线颜色的规定(GB/T 14665—2012)

图 线 类 型	颜　色
粗实线	白色
细实线	绿色
波浪线	绿色
双折线	绿色
细虚线	黄色
细点画线	红色
粗点画线	棕色
细双点画线	粉色

（4）设置图层线型。继续单击"细点画线"层所在行的"Continuous",弹出"选择线型"对话框,如图1-1-16所示。已加载的线型只有"Continuous"。单击"加载"按钮,弹出"加载或重载线型"对话框,如图1-1-17所示。选择新加载的线型"CENTER2",单击"确定"按钮。则线型"CENTER2"被加载到"选择线型"对话框的线型列表中。选择新加载的线型"CENTER2",单击"确定"按钮,完成线型设置操作。

（5）设置新图层线宽。默认情况下，新建图层的线宽为"默认"。单击新建图层"细点画线"层所在行的线宽"默认"字样，弹出"线宽"对话框，如图1-1-18所示，选择"0.25 mm"，单击"确定"按钮，完成新图层线宽的设定。此处线宽为"打印"线宽。

其他图层新建方法同上。

常用图层名称、颜色、线型、线宽设置及用途参见表1-1-6。

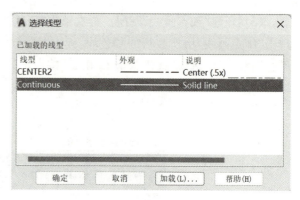

图1-1-16 "选择线型"对话框

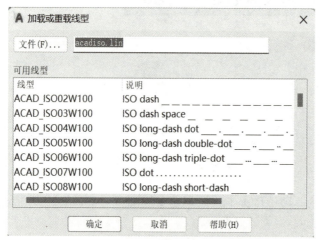

图1-1-17 "加载或重载线型"对话框

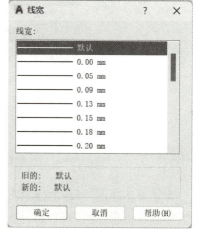

图1-1-18 "线宽"对话框

表1-1-6 常用图层名称、颜色、线型、线宽设置及用途表

序号	名称	颜色	线型	线宽	线性与用途
1	0	白	Continuous	默认	辅助线
2	粗实线	白	Continuous	0.5	可见轮廓线、螺纹牙顶线
3	细点画线	红色	Center2	0.25	轴线、对称中心线、分度圆
4	虚线	黄色	Dashed2	0.25	不可见轮廓线
5	细实线	绿色	Continuous	0.25	尺寸线、波浪线、剖面线、文字

按以上同样方法设置的图层，如图1-1-19所示。

图层建好之后关闭图层特性管理器，回到用户界面之后要注意检查"特性"工具栏（图1-1-20）中的三个控制窗口中是否均为"ByLayer"（随层），若不是，可单击各窗口右侧的下拉按钮并选择"ByLayer"。接着单击"图层"工具栏（图1-1-21）窗口右侧的下拉按钮并切换不同的图层，同时注意观察"对象特性"工具栏中三个控制窗口的变化，发现颜色、线型、线宽均会随不同的图层而变化，即"随层"，也就是"ByLayer"。

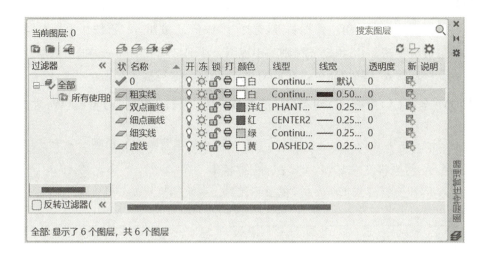

图 1-1-19　图层设置结果

图 1-1-20　"对象特性"工具栏　　　　图 1-1-21　"图层"工具栏

2) 绘制图形的具体步骤

(1) 画外轮廓与作图基准线。以"粗实线"层为当前层,单击状态栏"正交模式"按钮,使其处于打开状态(亮显)。

操作步骤如下:

在命令行输入直线命令:LINE 或 L↙(或单击"绘图"工具栏中图标 ╱),则命令行提示如下:

命令:_line 指定第一点:　　　　　　//移动光标,在屏幕中间某点单击
指定下一点或[放弃(U)]:140↙　　//向右移动光标,输入 140↙
指定下一点或[放弃(U)]:100↙　　//向上移动光标,输入 100↙
指定下一点或[放弃(U)]:140↙　　//向左移动光标,输入 140↙
指定下一点或[放弃(U)]:100↙　　//向下移动光标,输入 100↙
指定下一点或[放弃(U)]:↙　　　　//结束"直线"命令

结果如图 1-1-22(a)所示。

注意,若所绘制的图形较小或不在绘图窗口中间,可通过视图的缩放与平移改变图形显示大小,常用方法有以下几种:

① 光标放在待缩放的图线附近,前后滚动鼠标滚轮可缩放视图,按住鼠标滚轮并拖动

可以平移视图。注意,这里的变大变小,只是显示改变,图形尺寸没变。

② 在绘图区域空白处单击鼠标右键,选择"缩放(Z)"按钮 ±ᵩ,再按住鼠标左键向上拖动光标,可以放大视图,向下拖动光标则缩小视图。按 Esc 键或 Enter 键退出命令。

③ 在命令行输入"缩放"命令:ZOOM 或 Z↵,则命令行提示如下:

ZOOM[全部(A)中心(C)动态(D)范围(E)上一个(P)比例(S)窗口(W)对象(O)]
〈实时〉:
　　//在绘图区域内拖出一个选择窗口,则窗口内的图形将被放大到充满整个屏幕
　　//输入 A,按空格键或 Enter 键,显示全部图形
　　//输入 P,按空格键或 Enter 键,视图将回到上一次显示状态

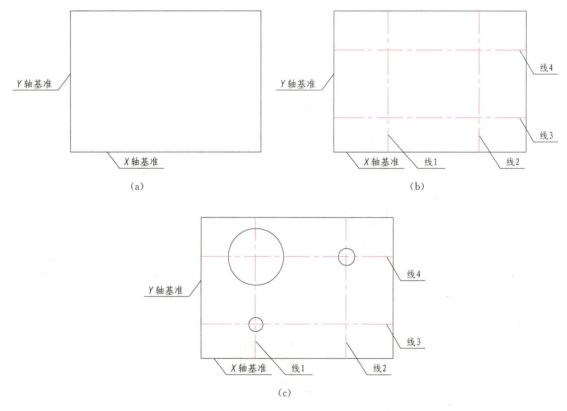

图 1-1-22　绘制基准线、外轮廓线和圆

(2) 画电控箱面板的内圆孔和内方孔定位基准线。操作步骤如下:

输入"偏移"命令:OFFSET 或 OF↵(或单击"修改"工具栏中图标 ⌶),则命令行提示如下:
指定偏移距离或 [通过(T)/删除(E)/图层(L)]〈通过〉:40↵　　//输入偏移距离 40↵
选择要偏移的对象或[退出(E)/放弃(U)]〈退出〉:　　　　　　//单击 Y 基准线
指定要偏移的那一侧的点,或[退出(E)/多个(M)放弃(U)]〈退出〉:
　　　　　　　　　//在 Y 基准线右侧空白处单击,得线 1,如图 1-1-22(b)所示。

```
选择要偏移的对象或[退出(E)/放弃(U)]〈退出〉：✓        //结束"偏移"命令
命令：✓                                              //再按空格键或Enter键,重复"偏移"命令
指定偏移距离或[通过(T)/删除(E)/图层(L)]〈40〉：66✓
                                                    //输入偏移距离66✓
选择要偏移的对象或[退出(E)/放弃(U)]〈退出〉：         //单击线1
指定要偏移的那一侧的点,或[退出(E)/多个(M)放弃(U)]〈退出〉：
                                                    //在线1右侧空白处单击,得线2
选择要偏移的对象或[退出(E)/放弃(U)]〈退出〉：         //结束"偏移"命令
命令：✓                                              //再按空格键或Enter键,重复"偏移"命令
指定偏移距离或[通过(T)/删除(E)/图层(L)]〈66〉：24✓
                                                    //输入偏移距离24✓
选择要偏移的对象或[退出(E)/放弃(U)]〈退出〉：         //单击X基准线
指定要偏移的那一侧的点,或[退出(E)/多个(M)放弃(U)]〈退出〉：
                                                    //在X基准线上方空白处单击,得线3
选择要偏移的对象或[退出(E)/放弃(U)]〈退出〉：✓        //结束"偏移"命令
命令：✓                                              //再按空格键或Enter键,重复"偏移"命令
指定偏移距离或[通过(T)/删除(E)/图层(L)]〈24〉：72✓
                                                    //输入偏移距离72✓
选择要偏移的对象或[退出(E)/放弃(U)]〈退出〉：         //单击X基准线
指定要偏移的那一侧的点,或[退出(E)/多个(M)放弃(U)]〈退出〉：
                                                    //在X基准线上方空白处单击,得线4
选择要偏移的对象或[退出(E)/放弃(U)]〈退出〉：✓        //结束"偏移"命令
```

注意,由于电控箱面板的线1～线4的线型都是细点画线,因此,应将线1～线4切换成细点画线。方法是：选中线1～线4,单击图层窗口右侧的控制按钮,选择细点画线层,按Esc键退出。

结果如图1-1-22(b)所示。

(3) 用画圆命令画已知圆心的圆 $\phi 10$、$\phi 40$、$\phi 12$。操作步骤如下：

```
输入画圆命令：CIRCLE 或 C✓(或单击"绘图"工具栏中图标⊙),则命令行提示如下：
命令：指定圆的圆心或[三点(3P)/两点(2P)/相切、相切、半径(T)]：
            //移动光标至线1与线3交点,出现绿色"×"时,单击,则输入左上圆心点
指定圆的半径或[直径(D)]：5✓    //输入半径5✓,或输入D✓再输入直径10✓
命令：✓                         //再按空格键或Enter键,重复画"圆"命令
命令：指定圆的圆心或[三点(3P)/两点(2P)/相切、相切、半径(T)]：
            //移动光标至线1与线4交点,出现绿色"×"时,单击,则输入左上圆心点
指定圆的半径或[直径(D)]：20✓   //输入半径20✓,或输入D✓再输入直径40✓
```

重复以上步骤,画出以线2与线4交点为圆心的 $\phi 12$ 圆。如图1-1-22(c)所示。

(4) 绘制 $\phi 40$ 下的两个 $\phi 3.5$ 小圆及4个 $\phi 3$ 小圆。操作步骤如下：

```
输入"偏移"命令：OFFSET 或 OF✓(或单击"修改"工具栏中图标⊂),则命令行提示如下：
```

指定偏移距离或[通过(T)/删除(E)/图层(L)]〈72〉：17↙　　//输入偏移距离17↙
选择要偏移的对象或[退出(E)/放弃(U)]〈退出〉：　　　　//单击线4
指定要偏移的那一侧的点，或[退出(E)/多个(M)放弃(U)]〈退出〉：
　　　　　　　　　　　　　　　　　　//在线4下方空白处单击，得线5
选择要偏移的对象或[退出(E)/放弃(U)]〈退出〉：↙　　//结束"偏移"命令
命令：↙　　　　　　　　　　//再按空格键或Enter键，重复"偏移"命令
指定偏移距离或[通过(T)/删除(E)/图层(L)]〈17〉：↙
　　　　　　　　　　　　　　　//按空格键或Enter键，以默认的17为距离
选择要偏移的对象或[退出(E)/放弃(U)]〈退出〉：　　　　//单击线1
指定要偏移的那一侧的点，或[退出(E)/多个(M)放弃(U)]〈退出〉：
　　　　　　　　　　　　　　　　　　//在线1左侧空白处单击，得线6
选择要偏移的对象或[退出(E)/放弃(U)]〈退出〉：　　　　//单击线1
指定要偏移的那一侧的点，或[退出(E)/多个(M)放弃(U)]〈退出〉：
　　　　　　　　　　　　　　　　　　//在线1右侧空白处单击，得线7
选择要偏移的对象或[退出(E)/放弃(U)]〈退出〉：↙　　//结束"偏移"命令

以线5和线6交点为圆心，半径为1.75，用"画圆"命令绘制直径为φ3.5的左小圆。

以线5和线7交点为圆心，半径为1.75，用"画圆"命令绘制直径为φ3.5的右小圆。见图1-1-23(a)。

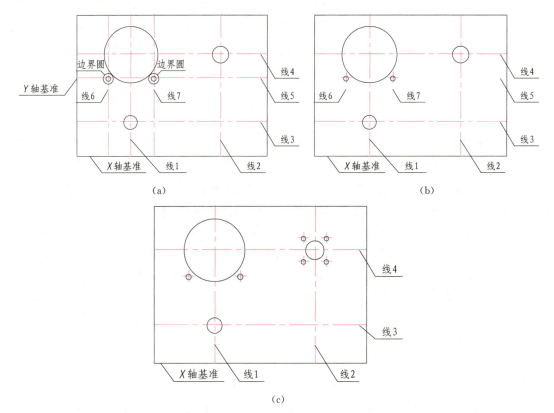

图1-1-23　绘制φ40下的两个φ3.5小圆及4个φ3小圆

用偏移命令"OF",距离为 2,分别单击左小圆及左小圆外部,单击右小圆及右小圆外部,分别偏移出左小圆、右小圆中心线边界圆,见图 1-1-23(a)。

用修剪命令"TR",选择边界圆为边界,剪去边界圆以外的中心线,操作如下:

TRIM 选择对象或〈全部选择〉:　　　　　　　　//单击左圆及右圆中心线边界圆
选择对象:找到 1 个,总计 2 个
选择对象:↙　　　　　　　　　　　　　　　　//结束选择
选择要修剪的对象,或按住 Shift 键选择要延伸的对象:
　　　　　　　　　　　　　　　　//单击左小圆、右小圆中心线边界圆外面的中心线

剪去左小圆、右小圆边界圆外面的中心线,见图 1-1-23(b)。

用删除命令"E",删除左小圆、右小圆的中心线边界圆,操作如下:

在命令行输入"E",或单击"修改"图标组中的 ✎ ,系统提示:
***ERASE* 选择对象:**　　　　　　　　　//单击左小圆、右小圆的中心线边界圆
选择对象:找到 1 个,总计 2 个
选择对象:↙//结束选择

删除左小圆、右小圆的中心线边界圆。用同样的方法,画出 φ24 圆周围的 4 个 φ3 小圆,见图 1-1-23(c)。也可先画出一个 φ3 小圆,用镜像命令"MI",镜像出其他 3 个 φ3 小圆。例如,左上 φ3 小圆及其中心线已经画好,用镜像命令"MI",镜像出右上小圆,步骤如下:

在命令行输入命令"MI",或单击镜像图标 ⚠ ,系统提示如下:

MIRROR 选择对象:　　　　　　　　　　　//窗选左上小圆及其中心线
指定镜像线的第一点:　　　　　　　　　　//单击线 2 上端点
指定镜像线的第二点:　　//单击线 2 下端点(或与上端点不重合的其他线 2 上点)
要交删除源对象吗?【是(Y)否(N)】〈否〉:↙　　//按空格键后,完成镜像。

同样的方法,将左上小圆和右上小圆,以线 4 为镜像线,"镜像"出左下小圆和右下小圆。

(5) 绘制 11×30 方孔。单击"偏移"图标 ⊏ ,系统提示:

指定偏移距离或[通过(T)/删除(E)/图层(L)]〈通过〉:5.5↙
　　　　　　　　　　　　　　　　　　　　//输入偏移距离 5.5↙
选择要偏移的对象或[退出(E)/放弃(U)]〈退出〉:　　//单击线 2
指定要偏移的那一侧的点,或[退出(E)/多个(M)放弃(U)]〈退出〉:
　　　　　　　　　　　　　　　　　　　　//在线 2 左侧空白处单击,得线 8
选择要偏移的对象或[退出(E)/放弃(U)]〈退出〉:　　//单击线 2
指定要偏移的那一侧的点,或[退出(E)/多个(M)放弃(U)]〈退出〉:
　　　　　　　　　　　　　　　　　　　　//在线 2 右侧空白处单击,得线 9
选择要偏移的对象或[退出(E)/放弃(U)]〈退出〉:↙　　//结束"偏移"命令
命令:↙　　　　　　　　　　//再按空格键或 Enter 键,重复"偏移"命令
指定偏移距离或[通过(T)/删除(E)/图层(L)]〈5.5〉:15↙　　//输入偏移距离 15↙

选择要偏移的对象或[退出(E)/放弃(U)]〈退出〉://单击线3
指定要偏移的那一侧的点,或[退出(E)/多个(M)放弃(U)]〈退出〉:
//在线3上方空白处单击,得线10
选择要偏移的对象或[退出(E)/放弃(U)]〈退出〉://单击线3
指定要偏移的那一侧的点,或[退出(E)/多个(M)放弃(U)]〈退出〉:
//在线3下方空白处单击,得线11
选择要偏移的对象或[退出(E)/放弃(U)]〈退出〉:↙   //结束"偏移"命令

由于电控箱面板的线8～线11的线型都是轮廓线,因此,应将线8～线11切换成粗连续线。方法是:选中线8～线11,单击"图层"窗口右侧的下拉按钮,选择"粗实线"层,按Esc键退出。

结果如图1-1-24(a)所示。

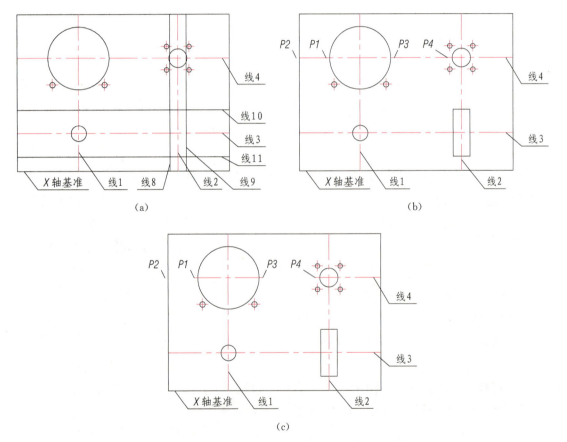

图1-1-24 绘制11×30方孔及打断过长的中心线

用修剪命令"TR",选择线8～线11为边界,按Enter键后,单击方框外侧多余的线将其修剪掉,结果如图1-1-24(b)所示。

(6)用打断命令"BR",去除过长的中心线。按照制图标准要求,中心线超出轮廓线3～5 mm,过长的中心线应该擦除,以免标注尺寸时贯穿尺寸线,保证图形整洁。单击"修改"工具栏图标组合中"打断"图标,系统提示如下:

> 命令：_break 选择对象：
>   //单击 P1 点（距 φ40 轮廓线 3～5 mm），如图 1-1-24(b)所示
> **指定第二个打断点或[第一点(F)]：**   //单击 P2 点（超过线 4 左端任意空白处单击）
> **命令：**↙   //再按空格键或 Enter 键，重复"打断"命令
> **命令：_break 选择对象：**   //单击 P3 点（距 φ40 轮廓线 3～5 mm），如图 1-1-24(b)所示
> **指定第二个打断点或[第一点(F)]：**   //单击 P4 点（距 φ12 圆左象限点 3～5 mm）

打断后的效果如图 1-1-24(c)所示。

用同样方法，打断其余过长的中心线，结果如图 1-1-25(a)所示。

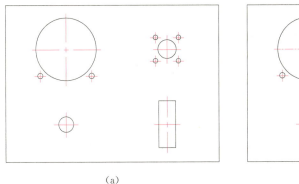
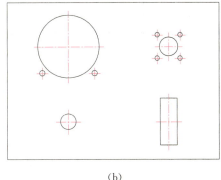

(a)　　　　　　　　　　　　　　(b)

图 1-1-25　其他过长中心线的打断及修改线型比例

（7）修改线型比例。完成全图后，若发现点画线的疏密程度不合适，即线型比例不好，这时可将"粗实线"层关闭。方法是：打开"图层"列表，在"粗实线"层左侧的黄色灯泡 💡 上单击，使之变暗，白色的轮廓线随之消失。然后选中所有点画线，右击，在右键菜单中选择"特性"（即 PROPERTIES 命令），在弹出的对话框中对线型比例进行修改。这步操作也可在图形输出之前进行，以求出图的最佳效果。事实上，由 AutoCAD 创建的对象均可用此方法进行修改，对于不同的对象系统会弹出不同的对话框。对于所有点画线、虚线线型比例的修改，也可以直接在命令行输入"LTS"命令，将默认的 1 改为 0.3，结果如图 1-1-25(b)所示。过短的中心线仍然显示为细连续线，这是制图标准允许的。

在上述修改线型比例的操作中，用到了图层的打开与关闭功能。当一个层被关闭后，该层上的实体是不可见的。其目的在于作图方便。此外还有冻结和解冻、锁定和解锁功能。单击灯泡右侧的 ☀ 图标，可实现图层的冻结和解冻。图层冻结期间，既不可见，也不能更新或输出图层上的对象。因此，对于一些不需要输出的层，应冻结，这样可加快图形输出速度。单击雪花图标右侧 🔓 图标，可实现图层的锁定和解锁。图层被锁定以后，用户可以看到图层上的实体，但不能对它进行编辑。当所绘图形较为复杂时，可以锁定当前不使用的图层，既可以作为参考，又可避免一些不必要的误改。

3. 尺寸标注

尺寸标注必须符合制图标准中关于尺寸标注的规定（GB/T 4458.4—2003、GB/T 16675.2—2012）。下面按照图 1-1-2，在已绘图形上标注相关尺寸。

1) 认识"注释"工具栏

尺寸标注主要使用"注释"工具栏里面的一些命令,如图 1-1-26 所示。

图 1-1-26 "标注"工具栏

(1) 文字命令。文字命令包括单行文字和多行文字的书写。一般来说,只写一个或一行文字,使用"单行文字"命令;书写技术要求等多行文字,采用"多行文字"命令。

(2) 标注。标注命令默认标注水平尺寸和竖直尺寸。输入 A、B、C、O、G 等选项,可以标注角度、基线标注、连续标注、坐标标注、对齐标注等。该命令可连续标注多个尺寸,直到按 Esc 键退出。

(3) 标注下拉按钮。由于幅面有限,其他不能显示的标注命令工具栏均放在标注下拉按钮中。单击其右侧下拉按钮可以看出,除了"线性"标注外,还有"对齐""角度""弧长""半径""直接""坐标""折弯"等命令的快捷按钮。

(4) 引线。引线标注主要用于装配图绘制中零件的引线,也可用于一些表面粗糙度、表面涂(镀)层等的标注。

(5) 表格。表格命令用于在 AutoCAD 图中绘制表格。

(6) 注释下拉按钮 注释 ▼。注释下拉按钮内包括标注样式、文字样式、多重引线样式和表格样式。创建标注样式不仅有利于使尺寸标注符合国家标准,还可以实现尺寸的快速标注。

2) 创建尺寸标注样式

AutoCAD 自带一个 ISO-25 标注样式。该样式是根据国际标准设置的,不完全符合我国标准的规定。因此,必须创建符合我国国家标准规定的标注样式,并在此基础上,创建用于标注直径的"直径"样式和用于标注水平文字尺寸的"水平"样式。

(1) 输入命令"DDIM"或"D",或单击"注释"工具栏下拉按钮中"标注样式"中的"管理标注样式",弹出"标注样式管理器"对话框。如图 1-1-27 所示。

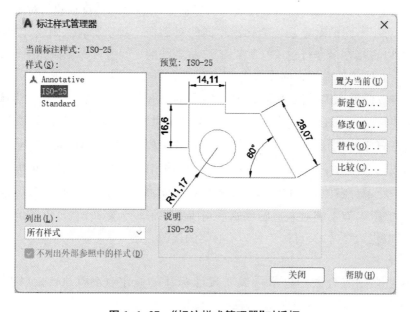

图 1-1-27 "标注样式管理器"对话框

(2) 修改标注样式"ISO-25"。单击对话框左侧"样式"中的"ISO-25"选项,再单击右侧"修改"按钮,进入"修改标注样式:ISO-25"对话框。单击"线"选项卡,将"基线间距"由"3.75"更改为"7";将"超出尺寸线"由"1.25"更改为"2";将"起点偏移量"由"0.625"更改为"0",其余不变,如图1-1-28所示。

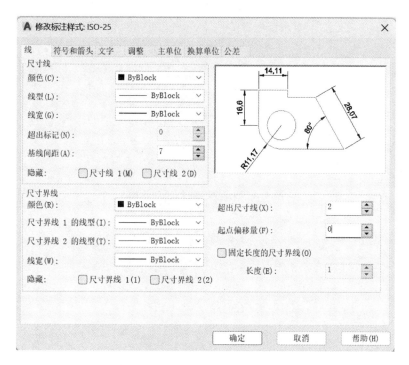

图1-1-28 "修改标注样式:ISO-25"对话框——"线"选项卡

(3) 单击"文字"选项卡,单击"文字样式"窗口最右侧…按钮,弹出"文字样式"对话框,单击"新建",在"新建文字样式"对话框中输入"尺寸",单击"确定"回到"文字样式"对话框,将"字体名"列表中的"txt.shx"更改为"gbeitc.shx",单击"应用",如图1-1-29所示。用同样的方法,单击"新建",在"新建文字样式"对话框中输入"长仿宋",单击"确定"回到"文字样式"对话框,将"字体名"列表中的"txt.shx"更改为"仿宋";"宽度因子"中的"1"改为"0.7",单击"应用",新建了"长仿宋"文字样式,用于后续书写"技术要求"。

单击"关闭",回到"修改标注样式:ISO-25"对话框——"文字"选项卡,单击"文字样式"窗口右侧下拉按钮,将文字样式切换为"尺寸";将"文字高度"由"2.5"更改为"3.5"(标注尺寸常用3.5号字),如图1-1-30所示。

(4) 单击"主单位"选项卡,将"小数点分隔符"由逗点","更改为句点"."。单击"确定"按钮,回到"标注样式管理器"对话框。单击"关闭"按钮,结束尺寸样式的设置。

(5) 创建"直径"样式。在"标注样式管理器"对话框中,单击样式"ISO-25",选中。单击右侧"新建"按钮,弹出"创建新标注样式"对话框,将"副本 ISO-25"改为"直径",单击"继续"按钮,进入"新建标注样式:直径"对话框。单击"主单位"选项卡,在"前缀"栏内填入"%%c",单击"确定"按钮,回到"标注样式管理器"对话框。该样式用于标注圆柱体的非圆视图上的直径,在尺寸数字前直接加"φ"。

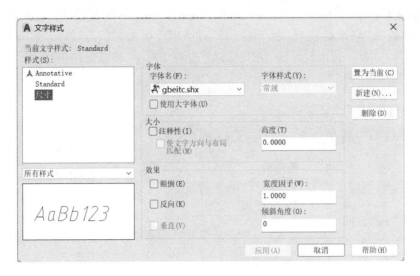

图 1-1-29 "文字样式"对话框

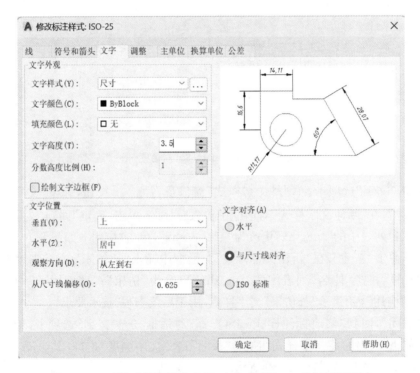

图 1-1-30 "修改标注样式：ISO-25"对话框——"文字"选项卡

（6）创建"水平"样式。在"标注样式管理器"对话框中，单击样式"ISO-25"，选中。单击"新建"按钮，弹出"创建新标注样式"对话框，将"副本 ISO-25"改为"水平"，单击"继续"按钮，进入"新建标注样式：水平"对话框。单击"文字"选项卡，在"文字对齐"下的三个选项中，选"水平"，单击"确定"按钮，回到"标注样式管理器"对话框。该样式用于标注尺寸数字必须水平的尺寸，如角度标注，在该样式下，标注的尺寸数字自动为水平书写。单击"关闭"按钮，结束尺寸样式的设置。

3）标注尺寸具体步骤

单击"图层控制"工具栏，从下拉列表中选取细实线层"细实线"。"对象捕捉"按钮处于打开状态。

（1）标注线性尺寸。单击"注释▼"按钮，从下拉列表中选取"标注样式"中"ISO-25"作为当前标注样式。单击"注释▼"工具栏中"标注"按钮：

> DIM 选择对象，或指定第一条尺寸界线原点或【角度 A 基线 B 连续 C 坐标 O 对齐 G 分发 D　图层 L 放弃 U】：　　//将光标移至 1 点，出现绿色"口"时，单击
> 指定第二条尺寸界线原点：　　//将光标移至 2 点，出现绿色"口"时，单击
> 指定尺寸线位置或［多行文字(M)/ 文字(T)/ 角度(A)/ 水平(H)/ 垂直(V)/ 旋转(R)］：
> 　　　　　　　　　　　　　　　//在距离轮廓线约 7 mm 处单击，标出尺寸 34
> 指定第一条尺寸界线原点或〈选择对象〉：　　//将光标移至 3 点，出现绿色"口"时，单击
> 指定第二条尺寸界线原点：　　//将光标移至 4 点，出现绿色"口"时，单击
> 指定尺寸线位置或［多行文字(M)/ 文字(T)/ 角度(A)/ 水平(H)/ 垂直(V)/ 旋转(R)］：
> 　　　　　　　　　　　　　　　//向左拉距离约 7 mm 处单击，标出尺寸 17

用同样的方法标注出其他线性尺寸，如图 1-1-31 所示。

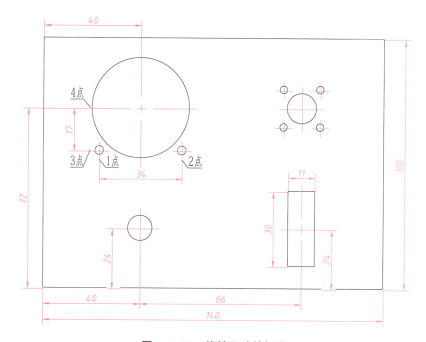

图 1-1-31　线性尺寸的标注

注意：在上面的操作中，当提示出现"指导第一个尺寸界线原点"或"指导第二个尺寸界线原点"时，即可将光标移动到尺寸界限的端点处捕捉。如果出现绿色的"口"字形符号时，说明端点捕捉到了。有关"对象捕捉"的内容将在任务二中介绍。

（2）标注直径尺寸。单击"标注"右侧的下拉按钮▼，在弹出的工具栏按钮列表中单击"直径⊘"。

选择圆弧或圆：   //单击左上角 φ40 圆

标注文字 φ40

指定尺寸线位置或[[多行文字(M)/ 文字(T)/ 角度(A)]：

　　　　　　　　　　　　　　//移动光标至适当位置单击，标出大圆直径 φ40

用同样的方法标注出左下角 φ10 圆直径。

(3) 标注多个圆直径尺寸。单击"标注"右侧的下拉按钮 ▼，在弹出的工具栏按钮列表中单击"直径◎"。

选择圆弧或圆：   //单击右下角圆 φ3.5

标注文字 φ3.5

指定尺寸线位置或[多行文字(M)/ 文字(T)/ 角度(A)]：M↙

输入标注文字＜φ3.5＞:2×φ3.5,↙   //在 φ3.5 前输入 2×，单击↙

指定尺寸线位置或[多行文字(M)/ 文字(T)/ 角度(A)]：

　　　　　　　　　　　　　　//移动光标至适当位置单击，标出 2×φ3.5，如图 1-1-32(a)所示。

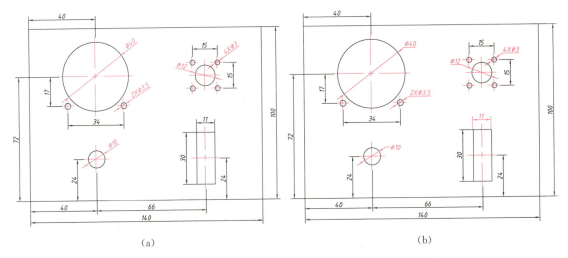

图 1-1-32　直径尺寸的标注

如果希望文字 φ40、φ10、2×φ3.5、4×φ3 处于水平位置，可进行如下操作：

单击已标注好的 φ40、φ10、2×φ3.5、4×φ3，单击"注释"右侧的下拉按钮 ▼，从下拉列表中选取"标注样式"，在多种样式中选"水平"即可实现，如图 1-1-32(b)所示。完成后"标注样式"又回到默认的"ISO-25"样式。

4. 图形文件的存盘与线宽显示

1) 图形文件的存盘

为了保存绘制的图形，需要掌握保存图形文件的方法。保存图形文件，可以通过以下方式实现：

(1) 单击"标准"工具栏中的"保存"按钮 🖫；

(2) 单击左上角软件图标下拉按钮，在弹出的按钮中单击"🖫 保存"；

(3)按"Ctrl+S"快捷键；

(4)命令行输入"SAVE"或"SAVEAS"命令。

如果图形已存过盘,则执行上述操作时系统将直接覆盖保存图形文件。如果是第一次存盘,系统将打开如图1-1-33所示"图形另存为"对话框。在此对话框中选择希望保存文件的文件夹,输入"电控箱面板"文件名,然后单击"保存"按钮就可以保存文件了。

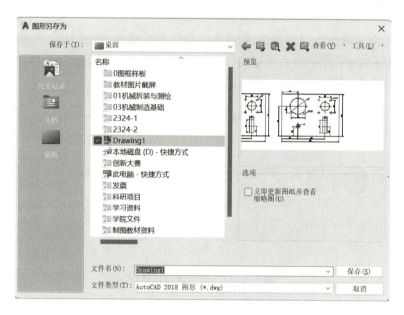

图 1-1-33 "图形另存为"对话框

2)图形线宽显示。如果要观看线宽,退出后单击开启"状态栏"上的"显示/隐藏线宽"按钮，则可看到如图1-1-34所示带线宽的图形。

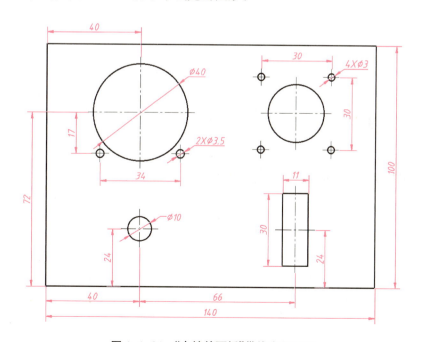

图 1-1-34 "电控箱面板"带线宽显示图

5. AutoCAD2020 程序的退出

退出 AutoCAD2020 程序的途径有：

（1）单击界面右上角"关闭窗口"按钮 ❌ ；

（2）按"Ctrl+Q"快捷键；

（3）输入命令"QUIT"或"EXIT"；

（4）选择软件图标下拉按钮中" 关闭"按钮。

在退出时，如果修改后没有存盘，则弹出存盘提示对话框，如图 1-1-35 所示，提醒用户是否保存当前图形所作的修改后再退出。如果当前的图形文件还没有命名，在选择了保存后，AutoCAD 将弹出保存文件对话框，让用户输入图形文件名。

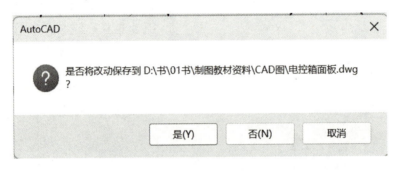

图 1-1-35　存盘提示对话框

学习 AutoCAD 就是学习绘图命令，尽量掌握常用命令的全称与缩写，对于初学者要特别注意观察命令行中的提示，并跟着提示做。与使用菜单和工具栏相比，使用快捷键和命令缩写效率更高。绘图时，一般左手操作键盘，右手操作鼠标。

AutoCAD 一般采用 1∶1 绘图。若需要采用其他比例，则可在标注尺寸前将图形进行比例缩放。

（1）独立完成电控箱面板平面图形的绘制。

（2）给电控箱面板平面图形加上图框和标题栏。

操作提示：

① 用画线命令在细实线层上绘制一大小为 210 mm×297 mm 的矩形（表示图纸的大小为 A4 幅面）。

② 用画线命令在粗实线层上绘制图框。

③ 用偏移和打断命令绘制标题栏，标题栏的格式见图 1-1-4，注意四周为粗实线，内部为细实线。在用打断命令时，可通过提示中的"F"选项来重新定义第一个打断点。

课后习题

1-1-1 在 A4 图框中绘制如图 1-1-36 所示的电气箱底板。材料为不锈钢板 1Cr18Ni9Ti,两表面不加工,抛光处理,其余表面粗糙度为 $Ra6.3$。比例 1∶1。螺纹孔大径为公称直径,小径比大径小 1.2;大径为细实线,修剪掉左下角 1/4,小径为粗实线。

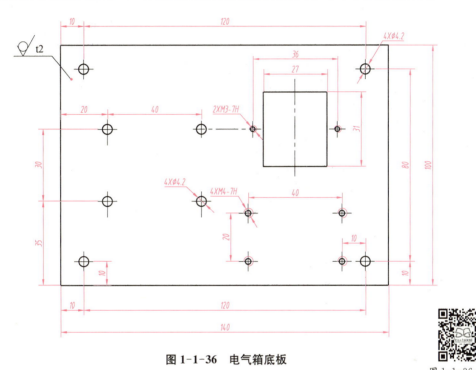

图 1-1-36　电气箱底板

1-1-2 按 1∶1 抄画如图 1-1-37 所示的平面图形,并标注尺寸。

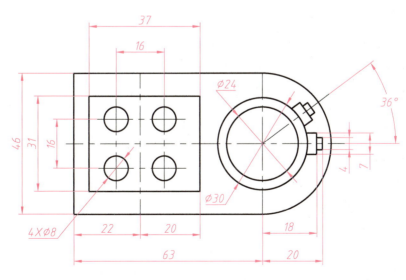

图 1-1-37　平面图

任务2　交换齿轮架机械图样的识读与绘制

零件交换齿轮架的立体图如图1-2-1所示。其结构为一具有复杂弧线外形的板状零件，并带有圆孔、直腰圆孔、弧腰圆孔等。直腰圆孔用于安装带齿轮的轴，位置可上下调节，从而改变中心距。弧腰圆孔内安装有螺栓，不固定时整个轮架绕圆孔轴转动，便于在直腰圆孔上安装的齿轮与其他输入齿轮啮合。其作用是更换齿轮后（齿数改变了），仍然可以通过轴移动或整体转动来改变中心距，保证齿轮的正确啮合。

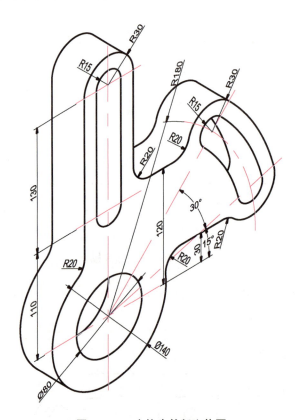

图1-2-1　交换齿轮架立体图

图1-2-2为交换齿轮架的零件图。由于是等厚板状零件，只需一个视图就可以表达。从交换齿轮架的机械图样中可以看出，它与电控箱面板相比，图形更加复杂，尺寸标注形式更多。要完成本任务，必须首先学习国家标准有关尺寸标注的基本规定。而要准确快速地绘制其平面图形，还必须学习AutoCAD有关对象捕捉、对象捕捉追踪以及对象"磁吸"点等知识。交换齿轮架的零件绘制任务分析，见表1-2-1。

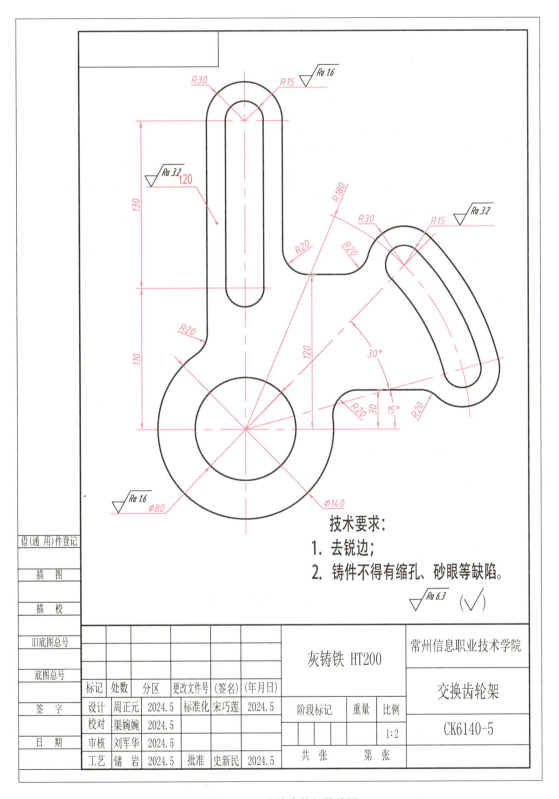

图 1-2-2 交换齿轮架零件图

表 1-2-1　交换齿轮架的零件绘制任务分析

零件作用	车床车削精密齿轮时，通过更换车床驱动箱里面的 4 个交换齿轮，保证主轴转一圈，刀移动一个导程。齿轮更换后，齿数不同，中心距不同，要正确啮合，需要通过交换齿轮架来改变齿轮安装的中心距。
零件实体	
使用场合	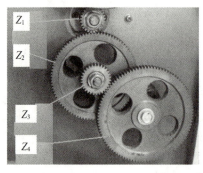
任务模型	
任务解析	要想准确绘制交换齿轮架平面图，不仅要熟悉国家标准关于制图尺寸标注的一般规定，还要掌握 AutoCAD 绘图中对象捕捉的相关知识。
学习目标	1. 熟悉国家标准关于制图尺寸标注的一般规定； 2. 理解绘制带连接弧等较复杂平面图的一般过程和方法； 3. 掌握 AutoCAD 绘图对象捕捉等相关知识，能够较熟练的应用常用绘图和修改命令绘制简单平面图，并标注尺寸。

1.2.1视频

一、尺寸标注

图形只能表示物体的形状结构,物体的大小要通过标注尺寸来确定。

1. 标注尺寸总则

(1) 机件的真实大小应以图样上所注的尺寸数值为依据,与绘图大小及绘图的准确度无关。

(2) 图样中(包括技术要求和其他说明)的尺寸以毫米(mm)为单位时,不需标注计量单位的代号或名称。如采用其他单位,则必须注明相应的计量单位符号。

(3) 图样中所标注的尺寸,是该图样所表示机件的最后完工尺寸,否则应另加说明。

(4) 对机件的每一尺寸,一般只标注一次,并应标注在反映该结构最清晰的图上。

(5) 标注尺寸时,应尽可能使用符号和缩写词。常用的符号和缩写词见表1-2-2。尺寸标注用符号的比例画法如图1-2-3所示(h 为字高,符号的线宽为 $h/10$)。

表1-2-2 常用的符号和缩写词表

名　称	符号和缩写词	名　称	符号和缩写词
直　径	ϕ	45°倒角	C
半　径	R	深　度	↧
球直径	$S\phi$	沉孔或锪平	⌴
球半径	SR	埋头孔	⌵
厚　度	t	均　布	EQS
正方形	□	弧　长	⌒

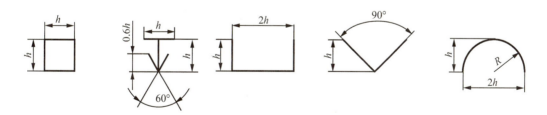

图1-2-3 尺寸标注用符号的比例画法

2. 尺寸的组成

完整的尺寸由尺寸数字、尺寸线和尺寸界线等要素组成,其标注示例如图1-2-4所示。图中的尺寸线终端可以有箭头和斜线两种形式(机械图样中一般采用箭头作为尺寸线的终端),适用于各种类型的图样。

1) 尺寸界线

尺寸界线用细实线绘制,并应由图形的轮廓线、轴线或对称中心线引出。也可利用轮廓线、轴线或对称中心线作尺寸界线。尺寸界线一般应与尺寸线垂直,并超出尺寸线的终端 2～3 mm。

2) 尺寸线

尺寸线用细实线绘制,终端一般采用箭头,箭头的形式如图 1-2-5 所示。标注线性尺寸时,尺寸线应与所标注的线段平行。尺寸线不能用其他图线代替,不得与其他图线重合或画在其延长线上。一般也不得与其他图线相交。当有几条互相平行的尺寸线时,大尺寸要注在小尺寸外面,以免尺寸线与尺寸界线相交。在圆或圆弧上标注直径或半径时,尺寸线一般应通过圆心或延长线通过圆心。

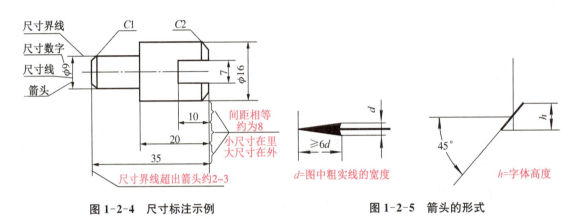

图 1-2-4　尺寸标注示例　　　图 1-2-5　箭头的形式

3) 尺寸数字

线性尺寸数字一般应注写在尺寸线的上方,也允许注写在尺寸线的中断处。倾斜尺寸数字应有头向上的趋势,并尽可能避免在 30°范围内标注尺寸。在标注直径时,应在尺寸数字前加注符号"ϕ";标注半径时,应在数字前加注符号"R"。通常对大于半圆的圆弧标注直径;对小于等于半圆的圆弧标注半径。在标注球面的直径或半径时,应在符号"ϕ"或"R"前再加注符号"S"。

3. 常见的尺寸标注

常见尺寸的标注方法见表 1-2-3。

表 1-2-3　常见尺寸的标注方法

标注内容	示　例		说　明
线形尺寸	(a)	(b)	尺寸线必须与所标注的线段平行,大尺寸要标注在小尺寸的外面。尺寸数字应按图(a)中所示的方向标注。如尺寸线在图示 30°范围内,应按图(b)的形式标注。

(续表)

标注内容	示例	说明
直径尺寸	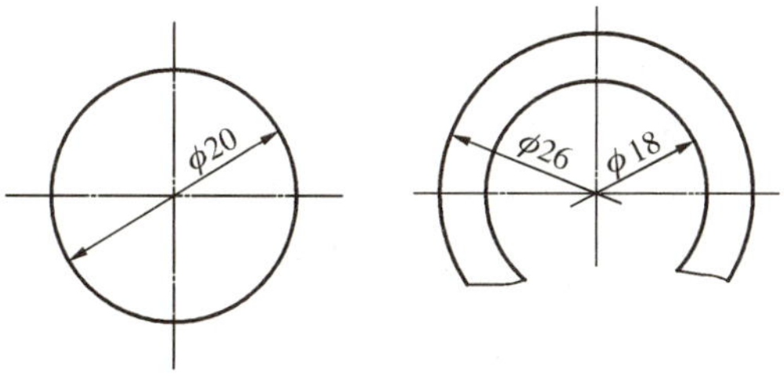	标注圆或大于半圆的圆弧时,尺寸线通过圆心,以圆周为尺寸界线,尺寸数字前加注直径符号"ϕ"。
半径尺寸	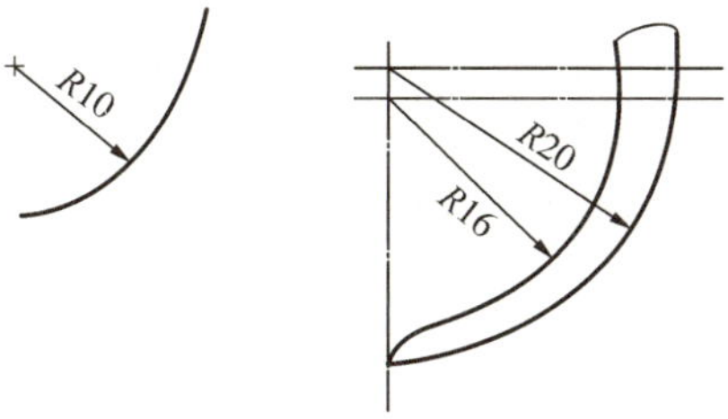	标注小于或等于半圆的圆弧时,尺寸线自圆心引向圆弧,只画一个箭头,尺寸数字前加注半径符号"R"。
大圆弧		当圆弧的半径过大或在图纸范围内无法标注其圆心位置时,可采用折线形式。若圆心位置不需要注明时,则尺寸线可只画靠近箭头的一段。当数字不可避免地要被图线穿过时,在写数字处断开图线。
小尺寸	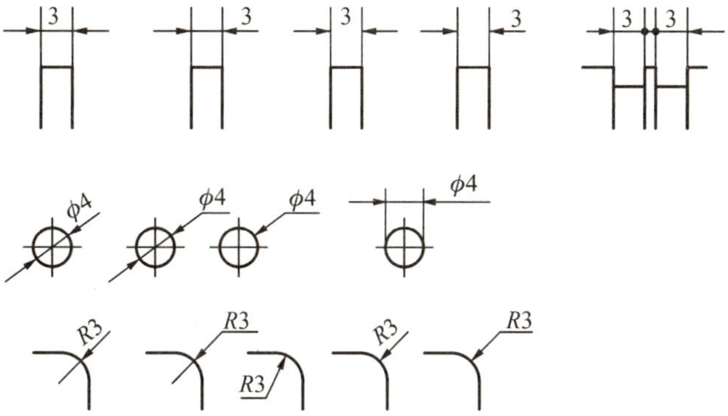	对于小尺寸在没有足够的位置画箭头或标注数字时,箭头可画在外面,或用小圆点代替两个箭头;尺寸数字也可采用旁注或引出标注。
球面	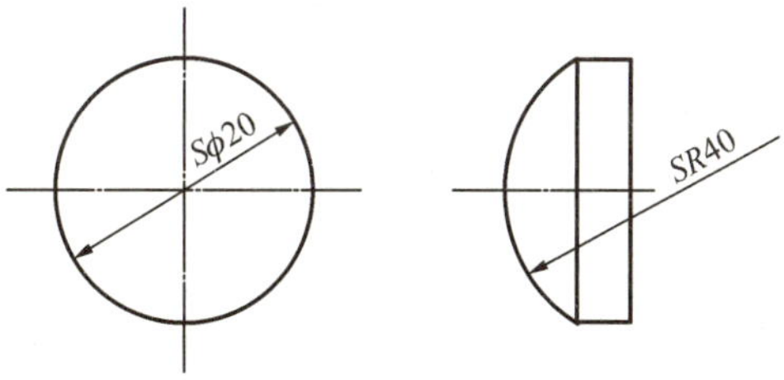	标注球面的直径或半径时,应在尺寸数字前分别加注符号"$S\phi$"或"SR"。

(续表)

标注内容	示例	说明
角度	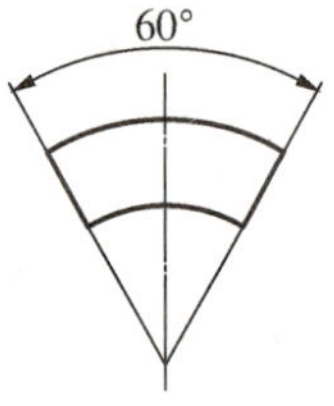 (a) 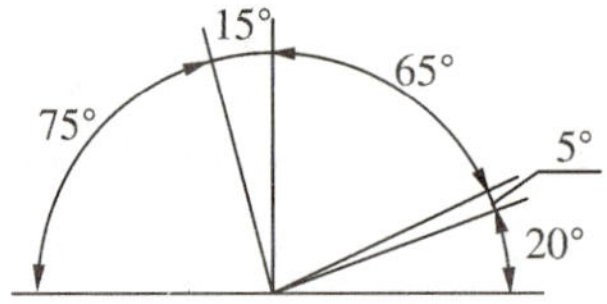 (b)	尺寸界线应沿径向引出，尺寸线画成圆弧，圆心是角的顶点。尺寸数字一律水平书写，一般注写在尺寸线的中断处，必要时也可按图(b)的形式标注。
弦长与弧长	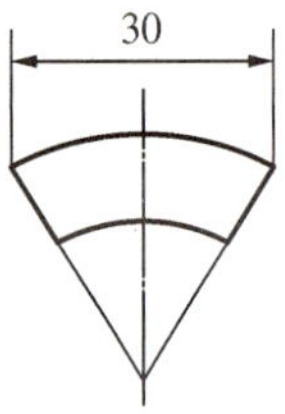 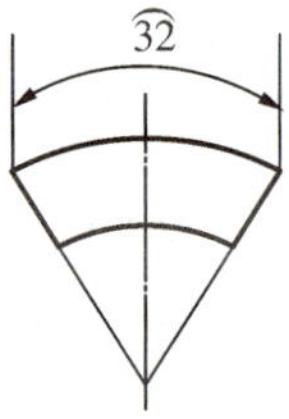	标注弦长和弧长时，尺寸界线应平行于弦的垂直平分线。弧长的尺寸线为同心弧，并应在尺寸数字上方加注符号"⌒"。
只画一半或大于一半时的对称机件	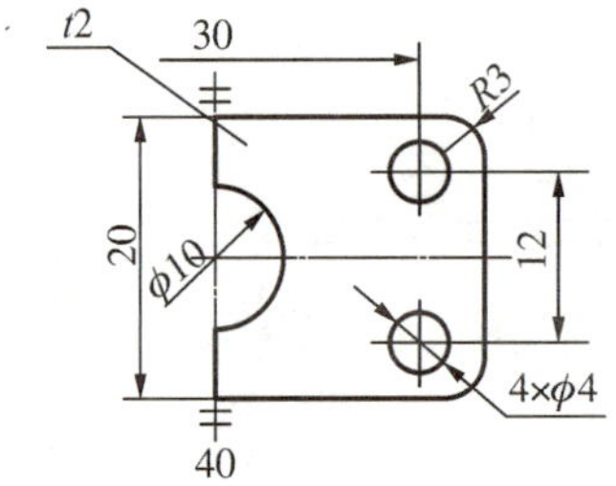	尺寸线应略超过对称中心线或断裂处的边界线，仅在尺寸线的一端画出箭头。标注板状零件的尺寸时，在厚度的尺寸数字前加注符号"t"。
光滑过渡处的尺寸	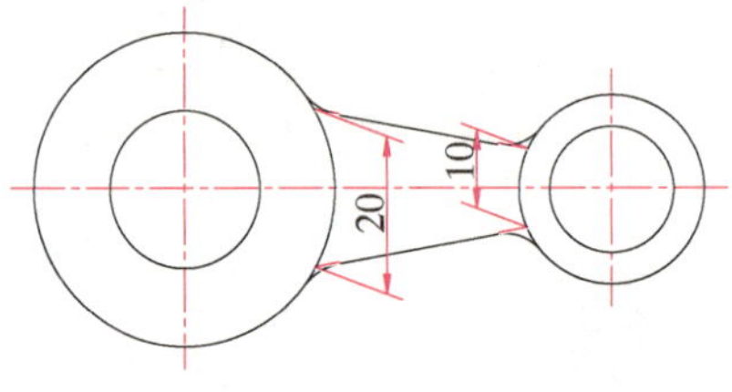	在光滑过渡处，必须用细实线将轮廓线延长，并从它们的交点引出尺寸界线。尺寸界线一般应与尺寸线垂直，必要时允许倾斜。
正方形结构	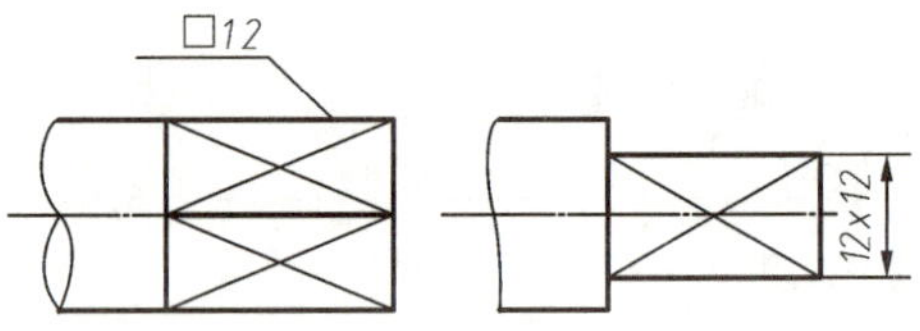	标注机件的剖面为正方形结构的尺寸时，可在边长尺寸数字前加注符号"□"，或用"12×12"。图中相交的两条细实线是平面符号。

二、对象捕捉和对象捕捉追踪

1. 对象捕捉

在绘图和编辑图形时，可借助对象捕捉的方法来迅速、精确地找到对象上的一些特殊

1.2.2视频

的点。例如,在任务 1 中绘图时,在"CIRCLE"命令后,将光标移到直线交点处出现绿色"×"时单击,捕捉到直线交点做圆心;标注尺寸时,在"DIMLINEAR"命令后,将光标移到直线端点,出现绿色"□"时单击,捕捉到线段的端点等。对象捕捉有两种方式,一种上述自动对象捕捉,另一种是单点优先对象捕捉。

(1) 自动对象捕捉。在命令行输入命令"DS",或右键状态栏中"对象捕捉"按钮 ,在弹出的快捷菜单中选"设置",即会弹出如图 1-2-6 所示"草图设置"对话框。在"对象捕捉"选项卡中有 14 种对象捕捉模式,在复选框中打"√"的为启用,可单击"全部选用",全部启用这些模式。单击"确定"按钮,当复选按钮处于点亮状态时,即可执行相应的对象捕捉。

(2) 单点优先对象捕捉。在绘图和编辑图形时,系统提示输入一个点时,用户按下 Shift 键或 Ctrl 键并在图形空白处单击鼠标右键,弹出一个"对象捕捉"快捷菜单,如图 1-2-7 所示,单击其中一种模式,再移动光标到对象的相应特殊点附近,此时只会出现当前模式对应的点的捕捉框,可以实现单点优先对象捕捉。操作一次后会自动退出或保持自动捕捉状态。

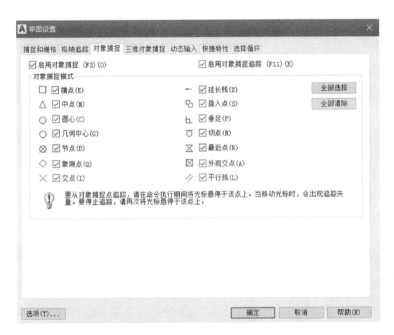

图 1-2-6 "草图设置"对话框中的"对象捕捉"

图 1-2-7 "对象捕捉"快捷菜单

2. 对象捕捉追踪

利用对象捕捉追踪方法,可将捕捉到的点作为参考点,利用显示的对齐路径来定位点。例如,如图 1-2-8(a)所示,在状态栏"对象捕捉"和"对象捕捉追踪"按钮 处于开启状态时,单击"绘图"工具栏中"直线"按钮 ,然后将光标移至矩形框右上角 A 点,待捕捉到端点或垂直点后向左移动光标,单击,可得到与 A 点"高平齐"点。如图 1-2-8(b)所示,在绘图命令后,分别将光标移至 A、B 点,可获得与 A、B 都对齐的 C 点作为绘图起点。

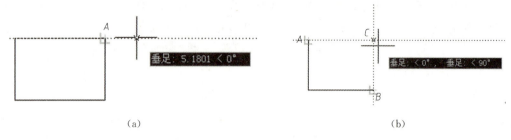

(a)　　　　　　　　　　　　　　(b)

图 1-2-8　"对象捕捉追踪"应用

三、对象"磁吸"点应用

使用 AutoCAD 绘图时,图形元素的形状是有"磁吸"点(也称"夹点")控制的。例如,单击直线、圆及矩形对象就可看到,直线上有两个端点和一个中点的"磁吸"点,圆上有圆心和四个象限的"磁吸"点,矩形包括了四个角的"磁吸"点,如图 1-2-9 所示。当将光标移近这些点附近时,光标会像被磁铁吸引过去一样,对应"磁吸"点会变为绿色。

图 1-2-9　对象的"磁吸"点

"磁吸"点既可以控制图形的形状,又可以编辑图形。例如,单击直线的端点"磁吸"点,移动光标可改变直线的长度;单击直线端点"磁吸"点,移动光标后输入数据,可精确改变其长度,这比编辑命令"延伸"或"打断"还要方便。单击直线的中点"磁吸"点,移动光标,可移动直线位置。同样,单击圆象限点"磁吸"点,移动光标可改变圆半径;单击圆中心点"磁吸"点移动光标,可移动圆的位置。

此外,利用"磁吸"点还可复制、移动、镜像复制图形。

任务实施

本任务实施分认识交换齿轮架机械图样和绘制交换齿轮架平面图形两部分。

一、认识交换齿轮架机械图样

1. 图幅

交换齿轮架零件较大,考虑到图形不是特别复杂,故采用 1∶2 的比例绘图,比例缩小后用 A4 幅面图纸绘制。

2. 标题栏

从标题栏可以看出,该零件名称为交换齿轮架。材料用灰铸铁,牌号为 HT200。单位为"常州信息职业技术学院"。图号"CK6140-5"表示"产品代号为 CK6140 的第 5 个零件"。正式

1.2.3-1 视频

生产的产品零件图责任者签名必须齐全,"S"表示"试制阶段",一般也要 3 人以上签字。

3. 技术要求

这里有两条技术要求,第 1 条为金属制件常用工艺要求。第 2 条规定了铸件铸造后的性能要求。

4. 表面粗糙度要求

在交换齿轮架图中,代号" "表示零件表面的结构要求,也就是零件表面粗糙的程度。根据图中代号标注的位置可知,圆孔和长腰圆孔为主要工作表面,加工后表面粗糙度为 $Ra1.6$。弧形腰圆孔、前后表面的表面粗糙度为 $Ra3.2$,其余非工作面表面粗糙度为 $Ra6.3$。

二、交换齿轮架平面图形绘制

1. 图形分析

(1) 尺寸分析。定位尺寸有 110、130、120、30、$R180$、30°、15°,其余都是定形尺寸。其 X、Y 方向主尺寸基准分别是最大圆($\phi80$)X、Y 两方向的中心线。

1.2.3-2 视频

(2) 线段分析。X 基准线向上 30、120 的两段线段为中间线段。连接线段有周边 5 个 $R20$。其余都是已知线段。

2. 图形绘制

因交换齿轮架是用 A4 幅面绘制,所以画图时可先打开任务 1 中"课堂练习"所完成的带有图框和标题栏的"电控箱面板.dwg"图样,将其作为样板,"另存为"后绘制新图形。具体步骤如下。

(1) 启动 AutoCAD2020 程序,进入开始界面,如图 1-1-10 所示,选择中间"最近使用的文档"中的"电控箱面板"。如果已经进入程序,输入"OPEN"命令,或单击"标准"工具栏按钮 ,弹出"选择文件"对话框,如图 1-2-10 所示。在对话框中找到文件所在的目录,选择"电控箱面板.dwg"并打开。

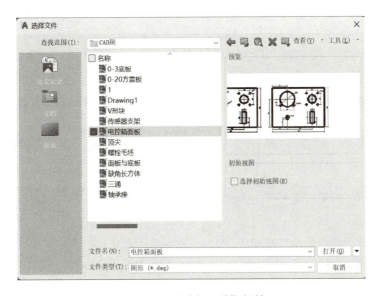

图 1-2-10 "选择文件"对话框

(2) 输入"SAVEAS"命令,或单击下拉菜单"文件"→"另存为",打开"图形另存为"对话框,将文件名"电控箱面板"改为"交换齿轮架.dwg",并存入指定目录。

(3) 用"删除"命令删掉"电控箱面板"图形。此时,与"电控箱面板"图样一样的图幅(包括图框和标题栏)、图层、尺寸标注样式等原样继承,不必重建。

(4) 布图,画出基准线。将图层切换至"细点画线",单击点亮状态栏"正交""对象捕捉""对象捕捉追踪"按钮。

① 用"直线"命令画 Y 向基准线,长约 360,标记为 L1,如图 1-2-11 所示。

② L1 下端向上约 80 处,用"直线"命令画 X 向基准线,长约 90,标记为 L2,如图 1-2-11 所示。

③ 用"偏移"命令将中心线 L2 向上"偏移"110 得到中心线 L3。用同样方法,将中心线 L3 继续向上"偏移"130 到中心线 L4,如图 1-2-11 所示。

④ 用"直线"命令,起点捕捉直线 L1 与 L2 交点 P1,在"指定下一点:"提示下输入:@215＜15,画出 15°基准线 L5,长度超出轮廓线 5 mm。同样方法,用"直线"命令,起点捕捉直线 L1 与 L2 交点 P1,在"指定下一点:"提示下输入:@215＜45,画出 45°基准线 L6,长度超出轮廓线 5 mm。

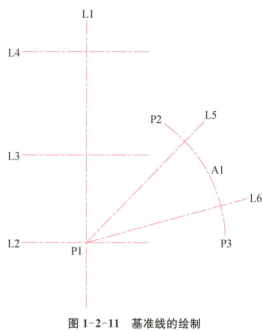

图 1-2-11 基准线的绘制

⑤ 用"画圆"命令,画出半径为 R180 的基准线圆。用"打断"命令自点 P2 逆时针至点 P3 打断基准线圆,得到圆弧 A1,如图 1-2-11 所示。

(5) 画已知线段。将图层切换至"粗实线","正交"模式打开。

① 用"画圆"命令以直线 L1 与直线 L2 交点为圆心,半径为 40、70,画圆 C1、C2。

② 用"画圆"命令,以直线 L3 与直线 L1 交点为圆心,半径为 15,画圆 C3;以直线 L4 与直线 L1 交点为圆心,半径为 15,画圆 C4。用"直线"命令,起点捕捉圆 C3 左象限点,终点捕捉圆 C4 左象限点画切线 L7。同样方法,用"直线"命令,起点捕捉圆 C3 右象限点,终点捕捉圆 C4 右象限点,画切线 L8。

③ 用"修剪"命令以直线 L3、L4 为边界,修剪圆 C3、C4。信息提示及操作如下。

输入"修剪"命令"TRIM"或"TR"或单击工具栏"修剪"按钮,则命令行提示如下。

前设置:投影=UCS,边=无
选择剪切边...
选择对象或〈全部选择〉:找到 1 个   //单击直线 L3,选择第一条修剪边界
选择对象:找到 1 个,总计 2 个   //单击直线 L4,选择第二条修剪边界
选择对象:↙

选择要修剪的对象,或按住 Shift 键选择要延伸的对象,或
[栏选(F)/窗交(C)/投影(P)/边(E)/删除(R)/放弃(U)]:
　　　　　　　　　　　　　　//单击 C3、C4 上不要的部分
选择要修剪的对象,或按住 Shift 键选择要延伸的对象,或
[栏选(F)/窗交(C)/投影(P)/边(E)/删除(R)/放弃(U)]:↙

注意：在使用"修剪"命令时,应先选择修剪边界(一个或多个),按 Enter 键后再单击对象上不要的部分,再次按 Enter 键结束。

④ 用"偏移"命令,将 L7 向左、C4 向上、L8 向右各偏移 15,得到直线 L9、圆弧 A2、直线 L10。如图 1-2-12 所示。

⑤ 用"画圆"命令,以直线 L5 与圆弧 A1 交点为圆心,半径为 15,画圆 C5;用"画圆"命令,以直线 L6 与圆弧 A1 交点为圆心,半径为 15,画圆 C6。

⑥ 用"偏移"命令,将圆弧 A1 分别向左、向右偏移,得到圆弧 A3、A4。选中 A3、A4,将其层换到"粗实线"层。按 Esc 键,"磁吸"点显示转为正常显示。

⑦ 用"修剪"命令,以直线 L5、L6 为边界,剪去圆弧 A3、A4 超出直线 L5 上部、L6 下部的部分,以及圆 C5 在直线 L5 下部、圆 C6 在直线 L6 上部的部分。

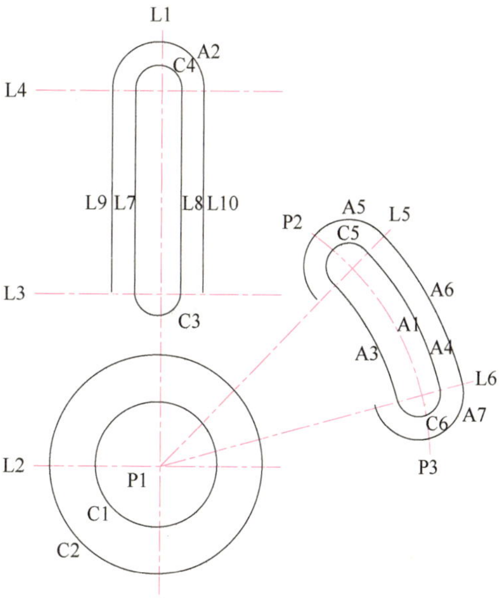

图 1-2-12 已知线段的绘制

⑧ 用"偏移"命令,将剩余 C5 向上、A4 向右、C6 向下各偏移 15,得到圆弧 A5、圆弧 A6、圆弧 A7。如图 1-2-12 所示。

(6) 画中间线段。仍然在"粗实线"层上。

将直线 L2 分别向上偏移 30、120,分别得直线 L11、L12。选中直线 L11、L12,将其层切换到"粗实线"层。如图 1-2-13 所示。

(7) 画连接线段。仍然在"粗实线"层上。

输入"倒圆角"命令"FILLET",或单击工具栏"倒圆角"按钮 ,则命令行提示如下。

当前设置:模式 = 修剪,半径 = 0.0000
选择第一个对象或 [放弃(U)/多段线(P)/半径(R)/修剪(T)多个(M)]:r↙,或单击 R
指定圆角半径〈0.0000〉:20↙　　　　　　　//指定圆角半径为 20
选择第一个对象或 [放弃(U)/多段线(P)/半径(R)/修剪(T)多个(M)]:
　　　　　　　　　　　　　　//单击圆 C2
选择第二个对象,或按住 Shift 键选择要应用角点的对象:
　　　　　　　　　　　　　　//单击直线 L9,画出左侧连接弧 R20,见图 1-2-14。

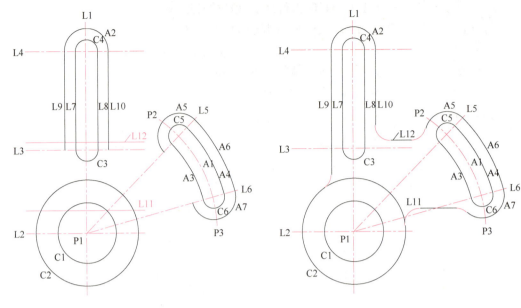

图 1-2-13　画中间线段 L11、L12　　　　图 1-2-14　画连接线段 R20

同样方法,用"倒圆角"命令分别选直线 L10、L12,倒出左上 R20 连接弧;分别选直线 L12、圆弧 A5,倒出右上 R20 连接弧;分别选圆弧 A7、直线 L11,倒出右下 R20 连接弧;分别选直线 L11、圆 C2,倒出左下 R20 连接弧,完成所有连接弧绘制,见图 1-2-14 标红圆弧。

3. 图形整理

(1) 用"修剪"命令,以 2 个与 C2 相切的 R20 连接弧为边界,修剪掉 C2 右上部分。

(2) 调整中心线,使其超出轮廓线 3～5 mm。用"磁吸"点操作,拉长或拉短 L1～L4 两端,使其超出圆或圆弧长度 3～5 mm,如图 1-2-15 所示。

(3) 调整图形比例为 1∶2。输入命令"SCALE"或"SC",或单击"修改"工具栏"缩放"按钮,命令行提示如下。

选择对象:　　　　　　　　　　//"窗选"所有图形
选择对象: ↙　　　　　　　　　//结束选择
指定基点:　　　　　　　　　　//单击图形中间点,此点缩放后位置不变
指定比例因子或[复制(C)参照(R)]⟨1.0000⟩0.5 ↙

此时图形尺寸缩小为原来的二分之一。

4. 尺寸标注

图形缩小后,尺寸必须以原来数值标出。输入"DDIM"命令或单击"注释"工具栏按钮,单击弹出的"标注"样式,再单击弹出的"标注样式管理器",弹出对应对话框,选"ISO-25"为当前样式,单击"替代"按钮,进入"替代当前样式"对话框,单击"主单位"选项卡,设置"比例因子"数值为"2",单击"确定""关闭"按钮后,退出对话框。这样,标注时测得的数值会乘以 2 标出。

将层切换至"细实线"层,确认状态栏中"正交"和"对象捕捉"按钮处于点亮状态。

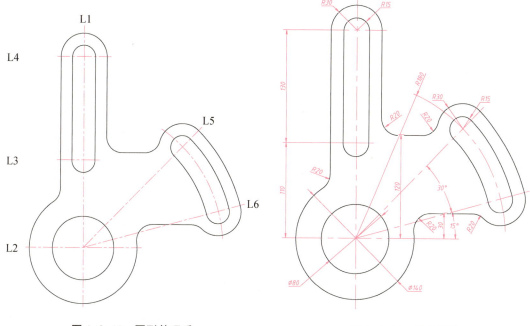

图 1-2-15 图形整理后　　　　　图 1-2-16 尺寸标注

（1）标注"半径"。单击"标注"的下拉按钮▼，在弹出的工具栏按钮列表中单击 ，或输入命令"DIMRADIUS"，从左向右顺时针依次标注 R20、R30、R15、R20、R20、R15、R30、R20、R20。将两组需要水平显示的 R30、R15 选中，单击"注释"右侧的下拉菜单，将其标注样式切换为"水平"，如图 1-2-16 所示。

（2）用"线性标注"命令标注 110、130、120、30。单击"标注"工具栏按钮 ，捕捉单击 L2、L3 左端点，标出尺寸 110。继续单击 L3、L4 左端点，标出尺寸 130，位置与 110 对齐。继续标注尺寸 120 和 30。

（3）用"直径标注"按钮标注 $\phi80$、$\phi140$。单击"标注"右侧的下拉按钮▼，在弹出的工具栏按钮列表中单击 ，单击圆 $\phi80$ 右下部分，标出直径 $\phi80$。单击圆 $\phi140$ 左下部分，标出直径 $\phi140$。如果要让 $\phi80$、$\phi140$ 尺寸数字处于水平位置，需要先将标注样式设置为"水平"，主单位中的"比例因子"数值由 1 设定为 2。

（4）用"角度标注"按钮标注角度 15°、30°。单击"标注"右侧的下拉按钮▼，在弹出的工具栏按钮列表中单击 ，再分别单击 L2 右端、L6 上端，标出角度 15°；单击 L5 右端、L6 右端，标出角度 30°。如图 1-2-16 所示。

5. 填写技术要求及标题栏

由于机械图样中的汉字均采用长仿宋体，故在填写技术要求及标题栏之前，先要建立相应的文字样式，然后用多行文字命令写技术要求及标题栏。步骤如下：

（1）建立文字样式。

① 在命令行中输入命令"STYLE"或"ST"↙，打开"文字样式"对话框，如图 1-2-17 所示。

图 1-2-17 "文字样式"对话框

② 单击"新建"按钮,弹出"新建文字样式"对话框。更改"样式名"为"长仿宋",单击"确定"按钮,回到"文字样式"对话框。

③ 打开"SHX 字体"下拉列表,选"仿宋 GB_2312"。更改"宽度因子"为 0.7。单击"应用"和"置为当前"按钮。单击"关闭"按钮,完成"长仿宋"文字样式设置,见图 1-2-17。

(2) 用"多行文字"命令"MTEXT"书写技术要求及标题栏。

① 单击"文字"工具栏中的按钮 ,在弹出的下拉按钮中,单击多行文字。系统提示:

MTEXT 指定第一角点: 　　　　　　　　　//在要书写技术要求的区域拾取一角点。
指定对角点或[高度(H)/对正(J)/行距(L)/旋转(R)/样式(S)/宽度(W)]:
　　　　　　　//在要书写技术要求的区域拾取另一角点。弹出输入框,如图 1-2-18 所示。

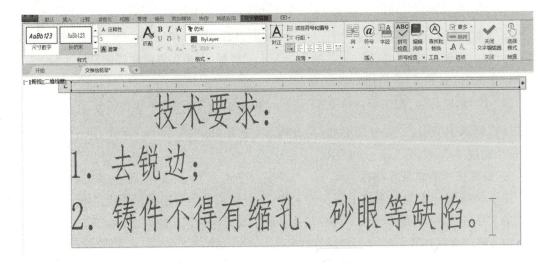

图 1-2-18　输入多行文字

② 在文字输入框左边的下拉列表中选择已建立好的长仿宋体,输入图样中的技术要求内容。注意,在"技术要求"四个字前应输入 6 个空格,并使它为 5 号字(做法是:可选中它,在高度输入框中输入 5)。其余一般也是 5 号,方法相同。

单击"确定"按钮,所输入的文字即出现在图样中所拾取两点的区域内。结果如图 1-2-18 所示。

标题栏中行距相同、字号一致的一列多行汉字如"设计、校核、审核"也可用同样的方法一次输入,字号为 3.5 号。如对文字的对齐格式不满意,可单击"多行文字对正"按钮 ,并选择其中的"正中"选项;如对文字的行距不满意,可单击"行距"按钮 ,并选择其中的"其他"选项,在"段落"对话框中的"段落"处打钩,在"行距"列表中选择"精确",在"设置值"中输入"4.2"(经验值),连按两次 Enter 键即可。

对于行距或字号不同的一些汉字,只能分次输入。

6. 图形文件存盘与线宽显示

方法同模块 1 中任务 1。

本次任务完成之后所得结果如图 1-2-2 所示。

归纳总结

通过任务 1 和任务 2 的学习可以发现,在绘制平面图形时,无论图形复杂与否,画图时总是先画作图基准线,然后再按照先画已知线段,再画中间线段,最后画连接线段的顺序进行。最后,将图形进行修整再标注尺寸。

要特别提醒的是,在绘图过程中要经常按"保存"按钮 ,以免计算机出现故障而丢失所绘图形。

同一个图形可能有多种绘图方法,只有多画、多想,熟练掌握各种命令的用法,熟能生巧,才能快速绘图。

知识拓展

1.2.4 视频

一、斜度

斜度指一直线对另一直线或一平面对另一平面的倾斜程度,其大小用两直线或两平面间夹角的正切来表示,即斜度 $=H/L=\tan\alpha$,如图 1-2-19(a)所示。斜度符号如图 1-2-19(b)所示,h 为字高,符号的线宽为 $h/10$。

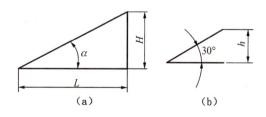

图 1-2-19　斜度的定义与符号

在图样中斜度以 1∶n 的形式标注。标注时,斜度符号的方向应与所标斜度的方向一致,如图 1-2-20 所示。

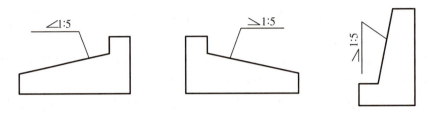

图 1-2-20　斜度的标注

斜度的作图方法如图 1-2-21 所示。过 A 点作水平线,自 A 点在水平线上任取 1 个单位长度 AB,截取 $AC=5AB$。过 C 点作垂线,使 $CD=AB$,连接 AD,即得斜度为 1∶5 的直线。

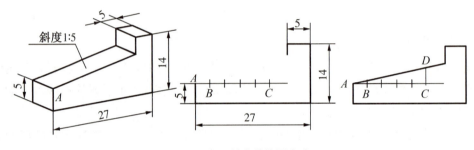

图 1-2-21　斜度的作图方法

二、锥度

锥度是指正圆锥体底圆直径与圆锥高度之比,即锥度 $=D/L=(D-d)/L_1=2\tan\dfrac{\alpha}{2}$,如图 1-2-22 所示。

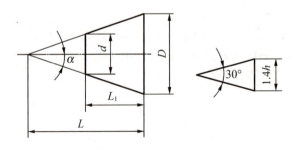

图 1-2-22　锥度的定义和符号

在图样中锥度以 1∶n 的形式标注,锥度符号可按图 1-2-23 绘制。标注时,锥度符号的方向应与所标锥度的方向一致,如图 1-2-23 所示。

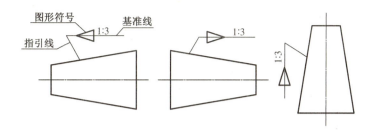

图 1-2-23 锥度的标注

锥度的作图方法如图 1-2-24 所示,过 A 点任取一个单位长度 AB,截取 $AC=3AB$;过 C 点作垂线,分别向上和向下量取半个单位长度,得 D、E 两点,即 $DE=AB$,连接 AD 和 AE,过 F、G 两点分别作 AD 和 AE 的平行线,即得 1∶3 的锥度。

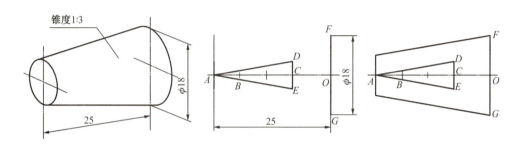

图 1-2-24 锥度的作图方法

课后习题

1-2-1 绘制图 1-2-25 交换齿轮架图。

提示:图形左下方连接线采用画"直线"命令,在提示:指定第 1 个点后,输入"TAN",确认后单击 $R16$ 圆弧,在下一点提示后,输入"TAN",确认后单击 $R34$ 圆弧,按 Esc 键退出即可。

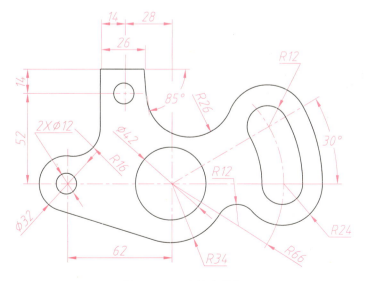

图 1-2-25 交换齿轮架

图 1-2-25 视频

1-2-2 绘制图 1-2-26 所示键槽螺孔图。

提示：5×φ12 孔和相应圆弧，可先画一个，再用"环形阵列"命令，将项目数改为 5 获得。

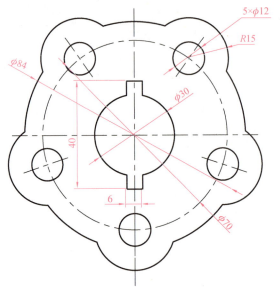

图 1-2-26　键槽螺孔图　　　图 1-2-26 视频

1-2-3 用 1∶1 的比例、A4 的图幅绘制图 1-2-27 所示起重钩，并填写标题栏相关内容。（材料：45 钢。技术要求：调质处理 28～32HRC）。

操作提示：

倒角 C2 采用"倒角"命令"CHAMFER"或"CHA"，或单击工具栏"倒直角"图标，选"D"选项，分别输入第一倒角距离、第二倒角距离均为 2，再分别选需倒角的两条线，操作过程与"倒圆角"命令相似，可参考任务 1 或任务 2 中的"倒圆角"操作过程。

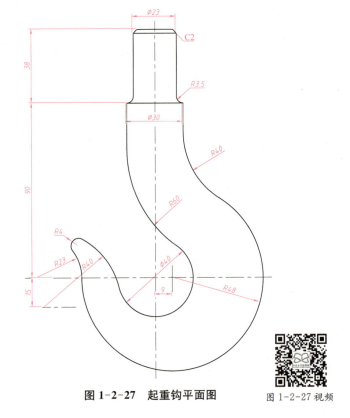

图 1-2-27　起重钩平面图　　　图 1-2-27 视频

模块二

三视图的形成与绘制

能够正确反映物体长、宽、高尺寸的正投影工程图称为三视图,这是工程界一种对物体几何形状约定俗成的抽象表达方式。通常情况下,一个视图只能反映物体一个方位的形状,不能完整反映物体的整体结构形状。而三视图则是在正投影体系中从三个不同方向对同一个物体进行投射的结果,是机械结构表达的基础。本模块选用了五个工业生产中常用的典型零件为载体,介绍简单零件三视图的形成与绘制方法。

任务1　V形支座的三视图形成与绘制

下面以图2-1-1所示V形支座三视图的形成与绘制为例,学习三视图的投影原理和表达方法。

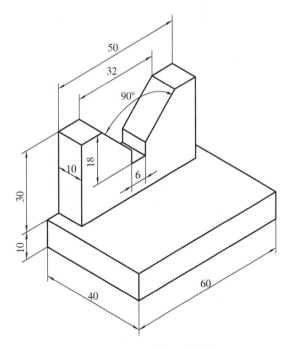

图2-1-1　V形支座立体图

 任务分析

V形支座通常用作轴、套类零件加工或检测过程中的定位元件,是工件加工、检测过程中需要用到的重要工艺装备。要准确无误地绘制出机件的三视图,首先要掌握物体上的基本要素——点、直线及平面的投影特性以及截交线和相贯线的知识。表2-1-1为V形支座任务分析表。

表2-1-1　V形支座任务分析表

零件作用	V形支座通常用作轴、套类零件加工、检测过程中的定位元件,是工件加工、检测过程中需要用到的重要工艺装备。
零件实体	 
使用场合	 
任务模型	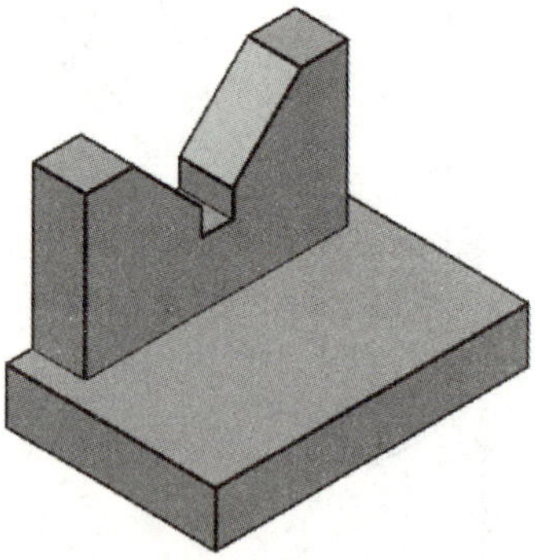
任务解析	想要准确绘制出V形支座的三视图,不仅要搞清楚三视图的形成过程,还要掌握物体上的点、直线及平面的投影特性。
学习目标	1. 了解三视图的形成过程; 2. 掌握物体上的点、直线及平面的投影特性; 3. 学会简单形体三视图的绘制方法。

一、正投影的基本知识

1. 投影的形成

当光线照射到物体上时，会在墙面或地面上产生影子，这就是常说的投影现象，如图 2-1-2。

投影的形成需要三个基本条件：投射线、投影面和物体。假设光线能够透过物体，将物体上所有的轮廓线都投射在平面上，这样得到的影子就能够反映出物体的原有空间形状，这种图形被称为物体的投影图。

图 2-1-2　投影现象

2. 投影的分类

根据投影的性质和应用场景，投影可以分为多种类型。如图 2-1-3 所示，根据投射线类型可分为中心投影法和平行投影法。

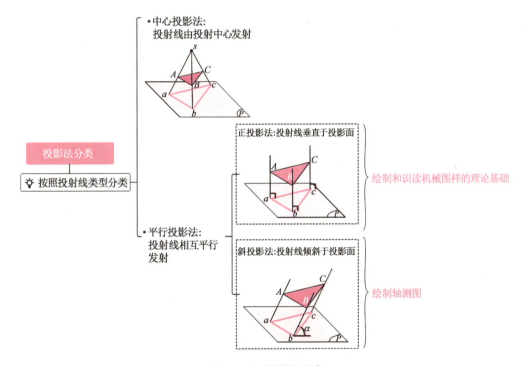

图 2-1-3　投影法分类

其中，平行投影法又可具体分为正投影法和斜投影法两类。

正投影是指光线垂直于投影面，遵循一定的投影规律，将物体投影到投影面上。在工程领域，正射投影被用于机械零件绘制、电路图绘制、地质勘探、地形测绘等方面，有助于工程师更好地了解设计对象的形状和尺寸，为制造和施工提供依据。

斜投影则是平行光以一定的视角将物体按照一定的比例投影到投影面上，使得观察者能够更直观地了解物体的空间形状和尺寸，便于观察物体的三维结构，广泛应用于工程、建筑、艺术等领域。

3. 正投影法的特性

正投影法是一种在工程图学中广泛应用的投影方法，其显著特性有三类：积聚性、真实性和类似性，见表 2-1-2 所示。

表 2-1-2 正投影特性

特性	定义	线投影	面投影
积聚性	物体上垂直于投影面的直线，其投影积聚成一个点；物体上垂直于投影面的平面，其投影积聚成一条线。		
真实性	物体上平行于投影面的平面或直线，可反映物体的真实形状。		
类似性	物体上倾斜于投影面的平面或直线，可得到与物体类似的图形。		

二、三视图的形成与投影规律

2.1.2 视频

学习制图就是学习绘制三维形体的投影方法。由于空间中的形体结构多样，有时候单从一个方向观察形体，不能够全面地反映形体的结构形状。如图 2-1-4 所示，空间中两个形状不同的形体，留在 H 面上的投影却相同，这是由于 H 面上的投影图只能够表达空间形体某一个方向的投影，不能够确定其三维空间的形体形状与位置。因此，在制图的过程中，往往需要从多个角度对立体进行观察和分析，采用多面投影绘制多面投影图，以便更准确地表达出形体的具体结构。

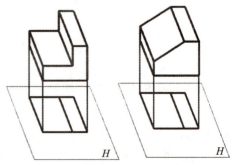

图 2-1-4 立体单面投影

1. 三面投影体系与三视图的形成

在制图过程中通常采用与形体的长、宽、高相对应的三个相互垂直的投影面,来绘制形体的三面投影图,即在水平投影平面 H 面的后方增加正立投影平面 V 面,在 H 面的右方增加侧立投影平面 W 面,如图 2-1-5 所示。三个投影面相互垂直,两两面的交线 OX、OY、OZ 称为投影轴,分别代表物体的长、宽、高三个方向。

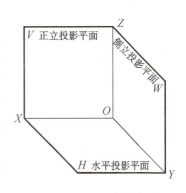

图 2-1-5 三面投影体系

将物体放在三面投影体系中,并依次向 V、H 及 W 面投射,可得到三个投影图。

由前向后投影获得的图形即为物体的正面投影,称为——主视图;

由上向下投影获得的图形即为物体的水平投影,称为——俯视图;

由左向右投影获得的图形即为物体的侧面投影,称为——左视图。

2. 三视图的投影规律

物体在三面投影体系中的投影如图 2-1-6(a) 所示。当投影视图展开时,如图 2-1-6(b) 所示,一般定义物体的左右方向为长度方向,前后方向为宽度方向,上下方向为高度方向,因此,物体的三视图有以下投影规律:

主视图与俯视图——长对正;

主视图与左视图——高平齐;

俯视图与左视图——宽相等。

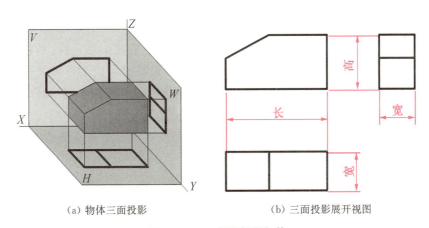

(a) 物体三面投影　　(b) 三面投影展开视图

图 2-1-6 三视图投影规律

上述规律不仅适用于物体的整体视图,对于物体每一处结构的投影也同样适用。

3. 三视图与物体方位的对应关系

首先,三视图中的每个视图只能反映物体的二维方向。

主视图反映了物体在 Z 轴和 X 轴上的尺寸和形状,因此体现物体的上下和左右;

俯视图反映了物体在 X 轴和 Y 轴上的尺寸和形状,因此体现物体的左右和前后;

左视图反映了物体在 Y 轴和 Z 轴上的尺寸和形状,因此体现物体的前后和上下。

对于俯视图和左视图而言,靠近主视图的一侧对应物体的后方,而远离主视图的一侧则对应物体的前方。在俯视图和左视图之间作图时,不但应满足宽相等,还应特别注意线段的量取方向。

如图 2-1-7(b)视图所示,三视图的对应方位关系为:

主视图反映物体的上下和左右;

俯视图反映物体的左右和前后;

左视图反映物体的前后和上下。

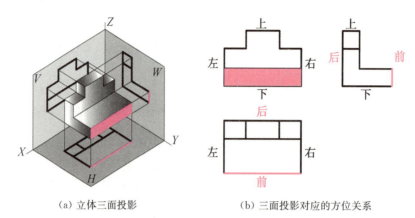

(a) 立体三面投影　　　　(b) 三面投影对应的方位关系

图 2-1-7　三视图对应方位关系

三、点、线、面的三面投影特性

2.1.3 视频

1. 物体上点的投影特性

点是最基本的几何元素,由初等几何学可知两点可以确定一条直线,不在同一条直线上的三个点可以确定一个平面。因其单纯研究点的投影特性可以为正确表达物体及解决空间几何问题奠定必要的理论基础。同时,对于初学投影者也有助于理解距离和相对位置等在体投影中较难想象的空间问题。

空间点及投影表示方法如图 2-1-8 所示。空间点用大写英文字母或罗马字母表示。其投影标记用相应的小写字母或阿拉伯数字表示。点的投影是将点放进三投影面体系后向各投影面作垂线的结果。从图中不难看出,点的每一面投影反映出了该点的两个坐标值:$a(X,Y)$;$a'(X,Z)$;$a''(Y,Z)$。其中,每两面投影都有一个坐标相同,另一坐标不同,这正好跟前面讨论的三视图的"三等"对应关系一致:

a、a' 的 X 坐标相同——a、a' 的连线垂直于 X 轴($aa' \perp OX$ 轴),对应于"主、俯长对正";

a'、a'' 的 Z 坐标相同——a'、a'' 的连线垂直于 Z 轴($a'a'' \perp OZ$ 轴),对应于"主、左高平齐";

a、a'' 的 Y 坐标相同——a、a'' 的连线垂直于 Y 轴($aa_z = a''a_Z$),对应于"俯、左宽相等"。

利用上述关系不难画出点的三面投影图。

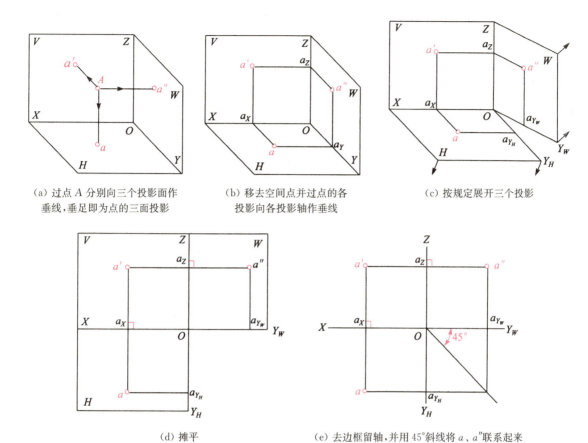

(a) 过点 A 分别向三个投影面作垂线，垂足即为点的三面投影
(b) 移去空间点并过点的各投影向各投影轴作垂线
(c) 按规定展开三个投影
(d) 摊平
(e) 去边框留轴，并用 45° 斜线将 a、a'' 联系起来

图 2-1-8　点的投影过程

【例1】 已知点 A 的两面投影 a、a'，求出 a''，见图 2-1-9(a)。

分析：只要分别作出 a'、a'' 连线和 a、a'' 连线便可得到 a'' 投影。从前述分析知道它们分别垂直于 Z 轴和 Y 轴，由于 Y 轴在展开、摊平时被一分为二，所以先用 45°斜线将它们联系起来，然后再沿图中箭头方向分别作垂线即可，如图 2-1-9(b)所示。

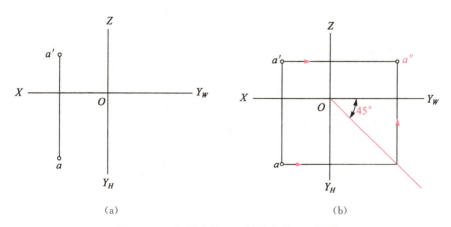

图 2-1-9　根据点的两面投影求第三面投影

【例2】 已知点 A 的三面投影,点 B 在点 A 的右方 15 mm,下方 10 mm,后方 20 mm,求作点 B 的三面投影,见图 2-1-10(a)。

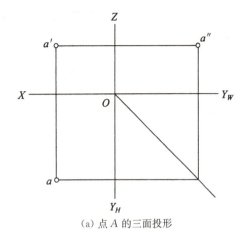

(a) 点 A 的三面投形

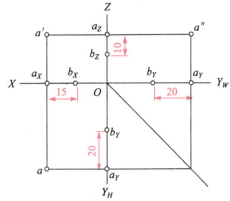

(b) 沿 X 轴自 a_X 向右移动 15 mm 得 b_X;
沿 Y 轴自 a_Y 向后移动 20 mm 得 b_Y;
沿 Z 轴自 a_Z 向下移动 10 mm 得 b_Z

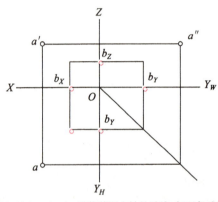

(c) 过 b_X,b_Y,b_Z 处作其所在轴的垂线,每两条垂线在各投影面上的交点即为点 B 在该投影面上的投影

(d) 按规定标记画上小圆点,并标出字母

图 2-1-10 利用两点的相对位置求点的投影

重影点可见性判别的原则:两点之中,对重合投影所在的投影面的距离或坐标值较大的点是可见的,而另一点是不可见的。即前遮后、上遮下、左遮右。

2. 物体上线的投影特性

直线的投影可由直线上两点的同面投影连接得到。如表 2-1-3 中所示,分别作出直线上两端点的三面投影,将其同面投影相连,即得到直线的三面投影。

直线按照与投影面的相对位置可以分为以下几类,如图 2-1-11 所示。

1) 特殊位置直线

垂直或平行于投影面的直线,称为特殊位置直线。

(1) 投影面垂直线。与一个投影面垂直的直线,称为投影面垂直线。垂直于 H 面的直线,称为铅垂线;垂直于 V 面的直线,称为正垂线;垂直于 W 面的直线,称为侧垂线。

由于该类直线与一个投影面垂直而与另两个投影面平行,所以其三面投影应为一个面的投影积聚成点,另两面投影反映实长。

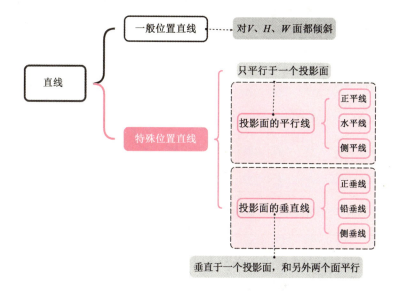

图 2-1-11 直线分类

各种投影面垂直线的投影特性见表 2-1-3。

（2）投影面平行线。只平行于一个投影面而与另两个投影面倾斜的直线，称为投影面平行线。只平行于 H 面的直线，称为水平线；只平行于 V 面的直线，称为正平线；只平行于 W 面的直线，称为侧平线。

由于该类直线与一个投影面平行而与另两个投影面倾斜，所以其三面投影应为一个投影为倾斜的直线，且反映实长，另两个投影类似（线段缩短）。

表 2-1-3 投影面垂直线的投影特性

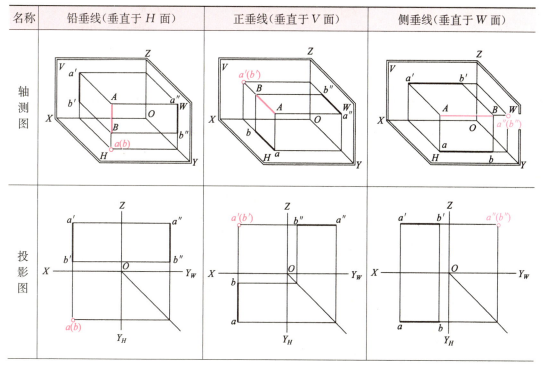

名称	铅垂线（垂直于 H 面）	正垂线（垂直于 V 面）	侧垂线（垂直于 W 面）
直观图	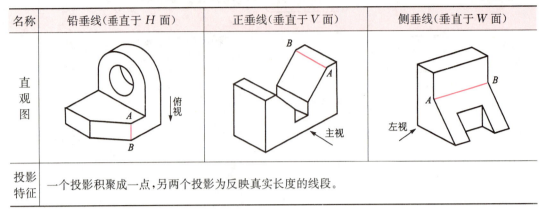		
投影特征	一个投影积聚成一点，另两个投影为反映真实长度的线段。		

各种投影面平行线的投影特性见表 2-1-4。

表 2-1-4 投影面平行线的投影特性

名称	水平线（平行于 H 面）	正平线（平行于 V 面）	侧平线（平行于 W 面）
轴测图	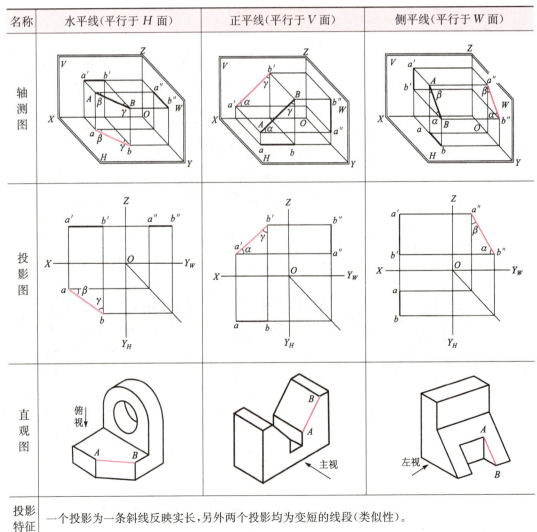		
投影图			
直观图			
投影特征	一个投影为一条斜线反映实长，另外两个投影均为变短的线段（类似性）。		

2) 一般位置直线

与三个投影面都倾斜的直线,称为一般位置直线。一般位置直线的空间情形及图形特点见表 2-1-5。

表 2-1-5　一般位置直线的特性

直观图	端点投影	三面投影图

投影特征:三个投影是斜线,投影长度均缩短(类似性)。

3. 物体上面的投影特性

物体上的平面是由若干条线段围成的平面图形,因此,立体上平面的投影就是这些线段的投影。平面的三面投影也应符合"长对正、高平齐、宽相等"的投影规律。

空间平面根据其对三个投影面的位置不同,可分为三类:投影面垂直面、投影面平行面和一般位置平面。投影面垂直面和投影面平行面又称为特殊位置平面。如图 2-1-12 所示。

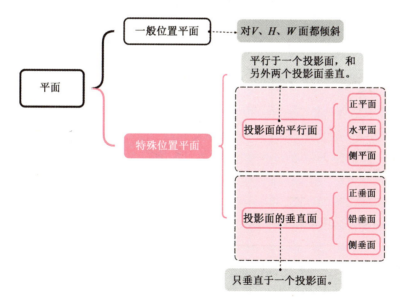

图 2-1-12　平面的分类

1) 特殊位置平面

与三个投影面中任意一个投影面垂直或平行的平面,称为特殊位置平面。

(1) 投影面垂直面。只垂直于一个投影面,而与另两个投影面倾斜的平面,称为投影面垂直面。垂直于 H 面的平面,称为铅垂面;垂直于 V 面的平面,称为正垂面;垂直于 W 面的平面,称为侧垂面。

由于该类平面与一个投影面垂直而与另两个投影面倾斜,所以其三面投影应为一个投影积聚成倾斜的直线(积聚性),另两个投影类似(缩小了的类似形)。

各种投影面垂直面的投影特性见表 2-1-6。

表 2-1-6 投影面垂直面的投影特性

名称	铅垂面(垂直于 H 面)	正垂面(垂直于 V 面)	侧垂面(垂直于 W 面)
轴测图	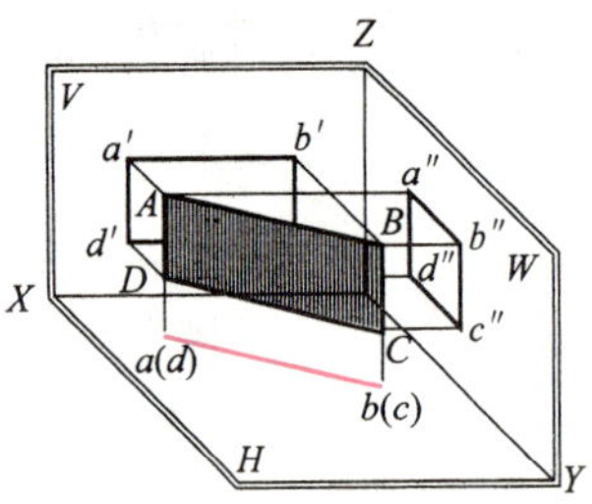	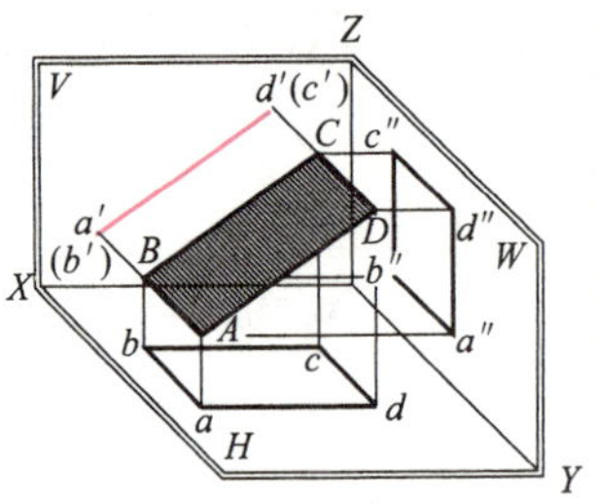	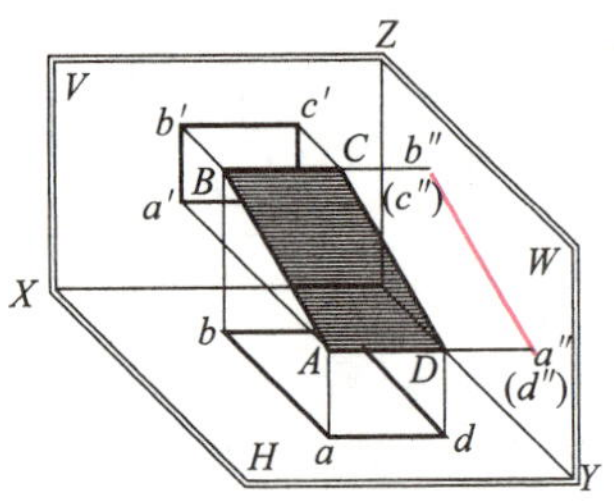
投影图	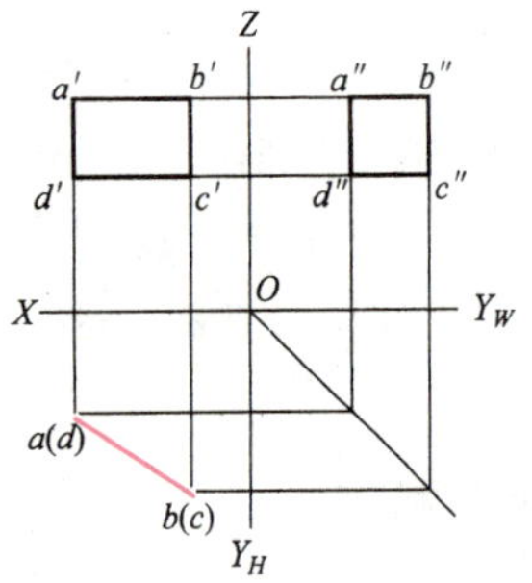	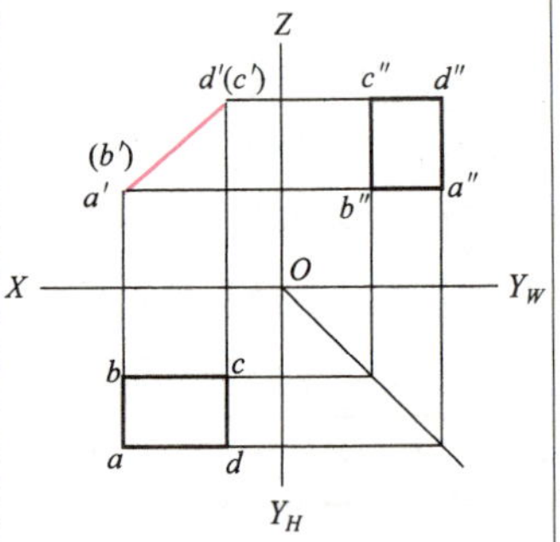	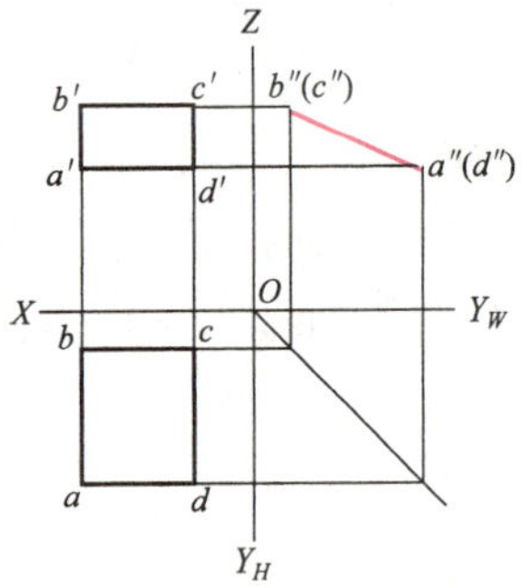
直观图	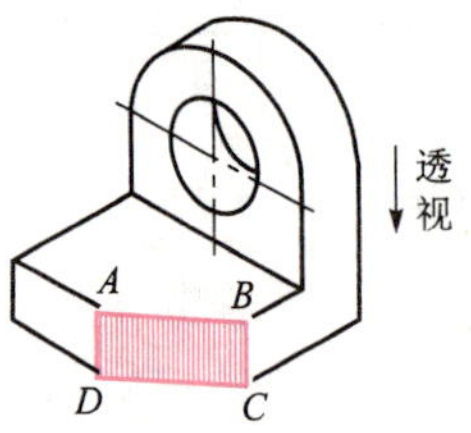	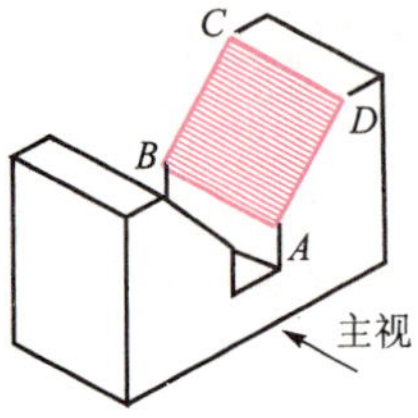	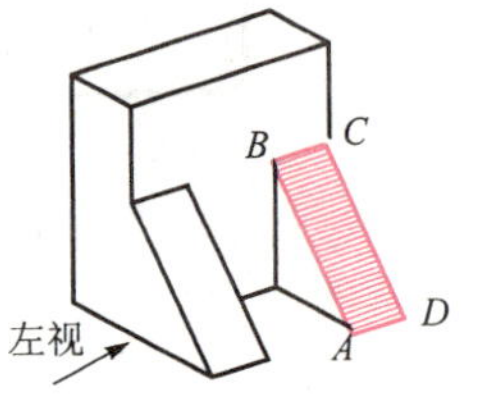
投影特征	一个投影呈斜线,另两线框往小变。		

(2) 投影面平行面。与一个投影面平行的平面,称为投影面平行面。平行于 H 面的平面,称为水平面;平行于 V 面的平面,称为正平面;平行于 W 面的平面,称为侧平面。

由于该类平面与一个投影面平行而与另两个投影面垂直,所以其三面投影应为一个投影反映真实形状的线框,另两个投影积聚成直线。

各种投影面平行面的投影特性见表 2-1-7。

表 2-1-7 投影面平行面的投影特性

名称	水平面(平行于 H 面)	正平面(平行于 V 面)	侧平面(平行于 W 面)
轴测图	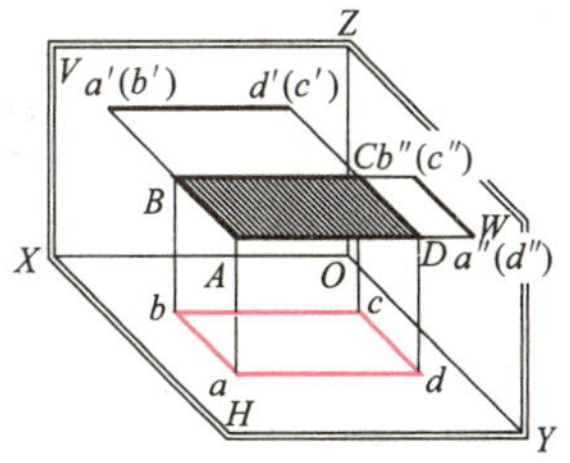	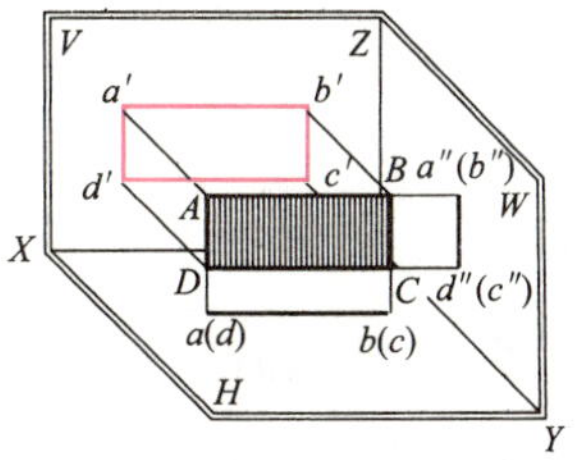	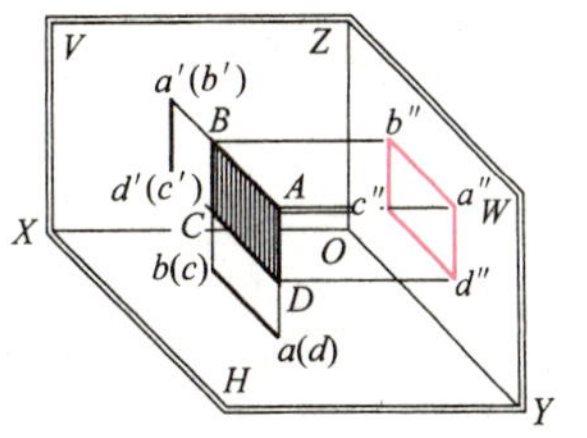
投影图	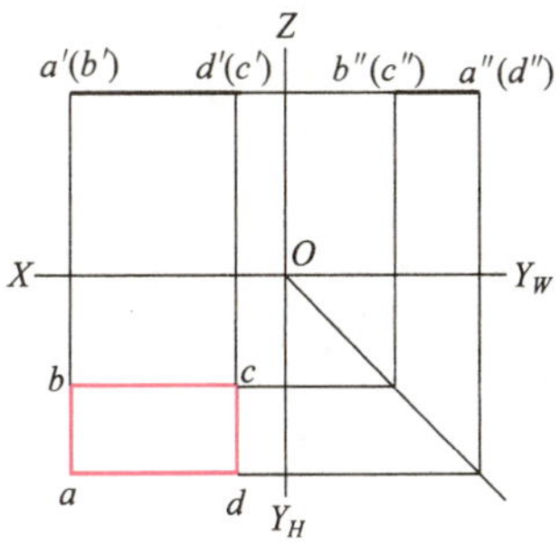	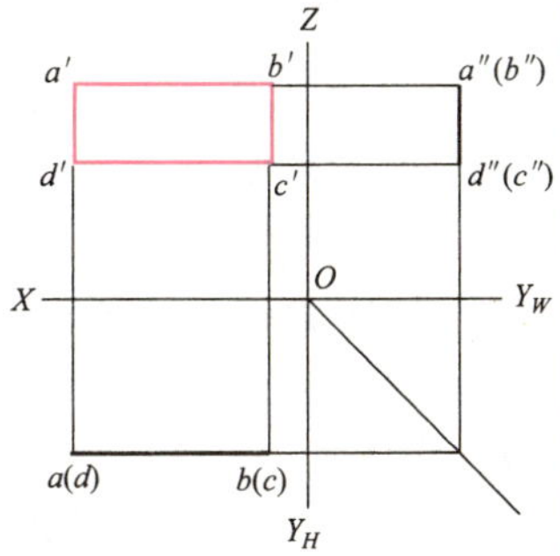	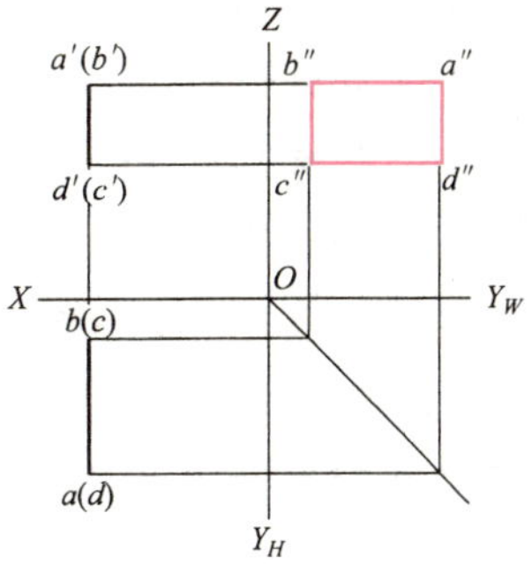
直观图	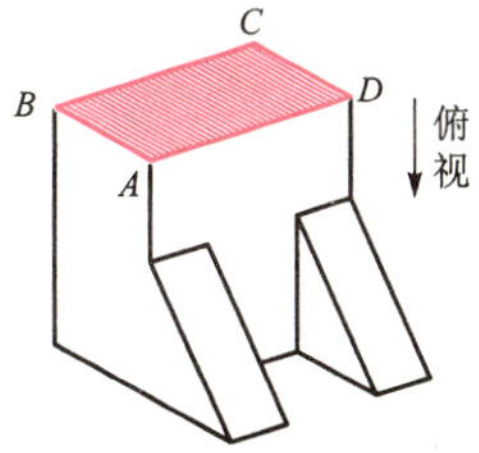	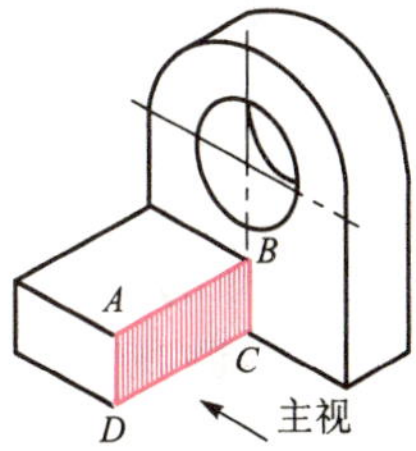	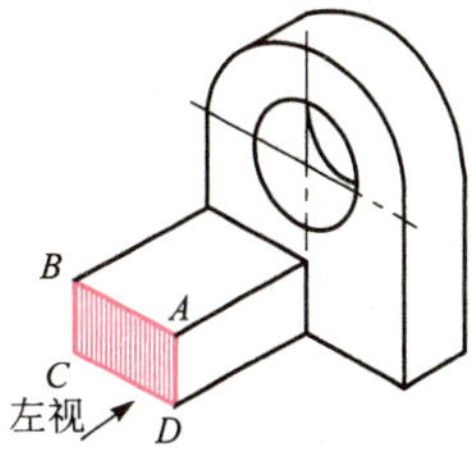
投影特征	一个投影为反映实形的线框，另外两个投影积聚为一条直线。		

2）一般位置平面

对三个投影面都倾斜的平面，称为一般位置平面。其空间情形及投影图形特点见表 2-1-8。

表 2-1-8 一般位置平面的投影特性

直观图 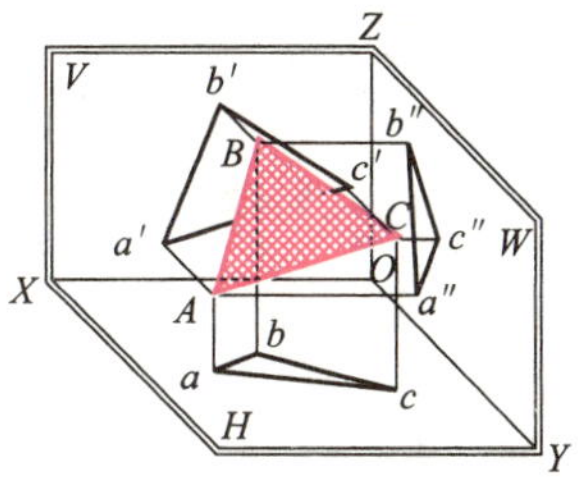	端点投影 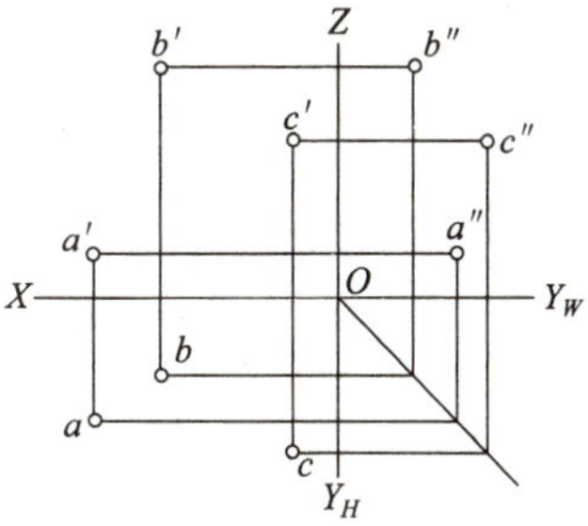	三面投影图 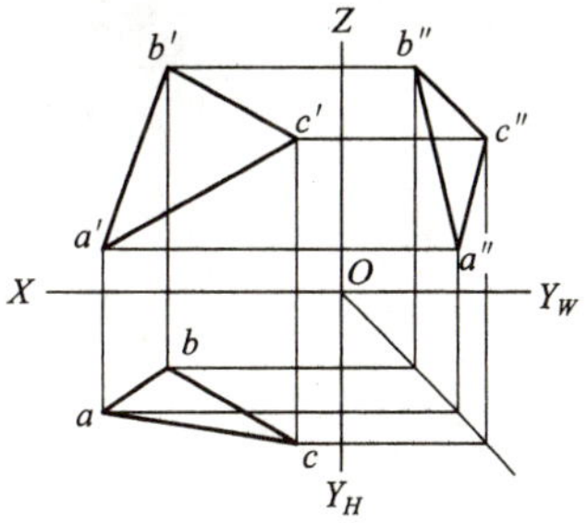

投影特性：三个投影都为线框，形状类似大变小。

学习了点、线、面的投影特性后,下面应用所学知识,分析一下本节任务:V形支座上的线、面的投影特性,在此基础上,完成三视图的绘制。

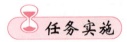

一、V形支座三视图的形成

想要绘制出V形支座的三视图,首先需要了解V形块的形体结构与尺寸大小,并确定主视方向。如图2-1-13所示,V形支座由长方体形状的底板和V形立板结构两部分组成。从立体图的尺寸标注可以清晰了解V形块的各部分结构尺寸。

主视方向选择时需要注意:主视图是表达组合体的一组视图中最主要的视图。当主视图的投射方向确定之后,俯、左视图投射方向随之确定。V形支座主视方向选择,如图2-1-14(a)所示,三面投影展开后如图2-1-14(b)所示。

为了准确地画出V形支座三视图,下面应用前面所学知识,对V形支座上的线、面的投影特性进行以下分析。V形支座上的典型棱线的投影分析见表2-1-9所示,其他棱线的投影可类比得出。

2.1.4视频

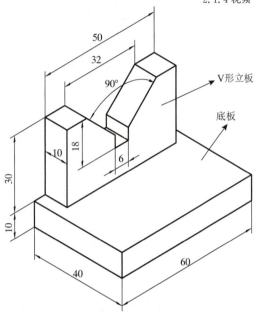

图 2-1-13 V形支座的组成

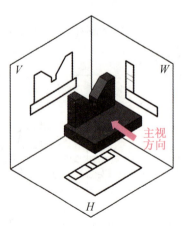

(a) V形支座主视方向选择

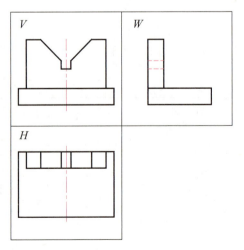

(b) V形支座投影视图展开

图 2-1-14 V形支座主视方向选择与投影展开

表 2-1-9　V形支座典型棱线的三面投影分析

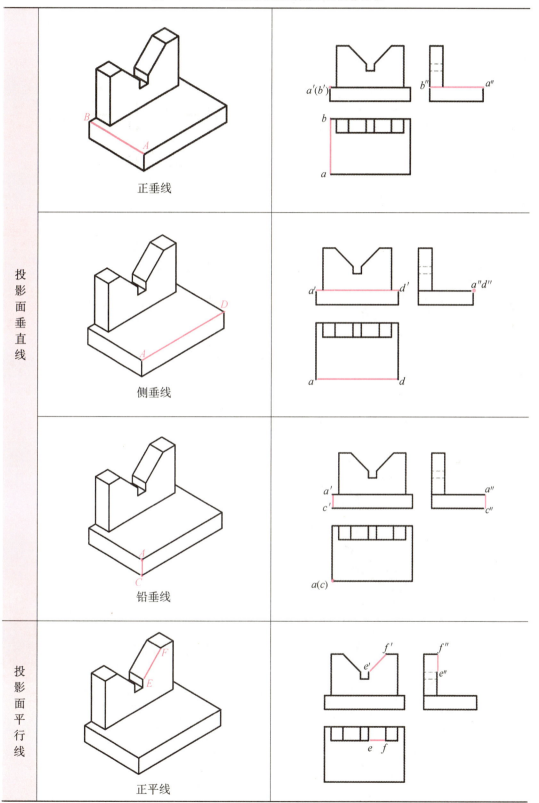

V形支座上的典型平面的投影分析见表2-1-10。其他平面的投影可类比得出。

表 2-1-10　V形支座典型平面的三面投影分析

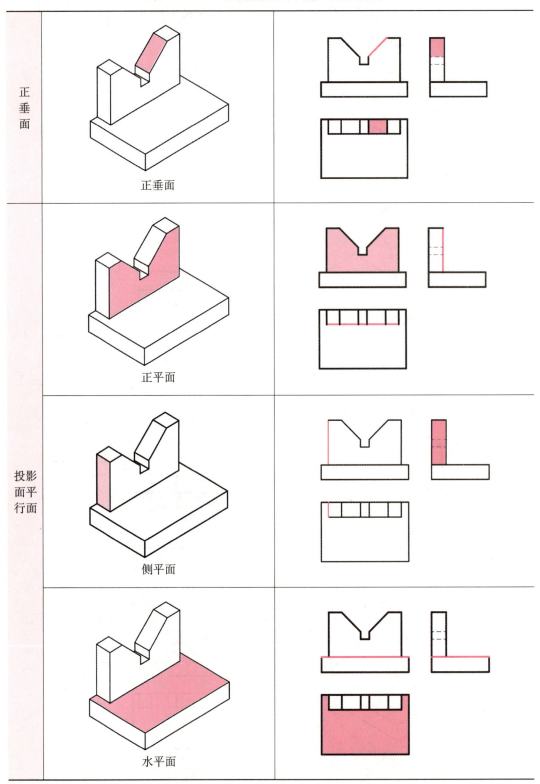

绘制 V 形支座三视图时应注意投影原则和对应的方位关系,图 2-1-15(a)所示为绘制三视图绘制时应遵守的投影原则与尺寸关系:长对正、高平齐、宽相等。图 2-1-15(b)所示为 V 形支座三视图的方位对应关系,绘图时也可以对照思考。

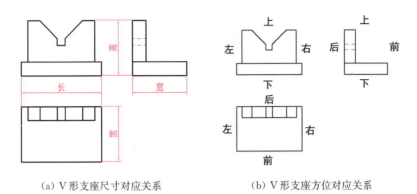

(a) V 形支座尺寸对应关系　　　　(b) V 形支座方位对应关系

图 2-1-15　V 形支座尺寸、方位对应关系

二、V 形支座三视图的绘制

在分析了 V 形支座的结构特点与投影特征后,下面具体介绍该结构三视图的绘图步骤。

1. 绘制作图基准线

根据图 2-1-16(a)所示尺寸,打开 AutoCAD 软件,新建绘图模板,选择"A4"标准模板。将状态栏中的"正交""对象捕捉""对象捕捉追踪"按钮点亮,选用"粗实线"图层;使用"直线"命令,绘制主视图底面长 60、左视图底面宽 40、后侧面高 40、俯视图后侧面长为 60 的基准线。再在主视图底面基准线中点向上 40 mm、俯视图后侧面中点向前 40 mm 绘制,并将图层切换到"细点画线"层,完成对称中心线绘制。三个视图在布局时,注意间距大小适宜,绘图过程中严格遵循"长对正、高平齐、宽相等"的作图原则,如图 2-1-16(b)所示。

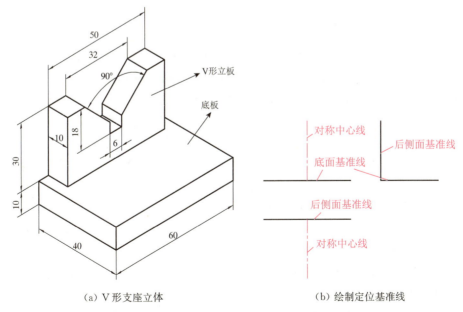

(a) V 形支座立体　　　　(b) 绘制定位基准线

图 2-1-16　V 形支座立体与三视图定位基准线绘制

2. 绘制 V 形支座底板三视图

从图 2-1-17(a)中读取 V 形支座底板尺寸长度为 60,宽度为 40,高度为 10。选用"粗实线"图层,使用"偏移"绘图命令,将主视图和左视图底面基准线向上偏移 10,用"直线"命令连接主视图的左右和左视图的前侧面积聚的投影线。同法,将俯视图后侧面线向前"偏移" 40,用"直线"命令连接左右侧面积聚的投影线,完成底板三视图的绘制,如图 2-1-17(b)所示。

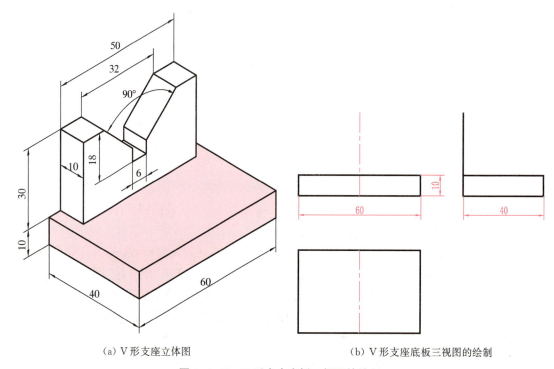

(a) V 形支座立体图　　　　　　(b) V 形支座底板三视图的绘制

图 2-1-17　V 形支座底板三视图的绘制

3. 绘制 V 形支座立板外形三视图

从图 2-1-18(a)中读取 V 形支座立板外形尺寸,长度为 50,宽度为 10,高度为 30。使用"偏移"绘图命令,将主视图和俯视图中心线分别向左右两侧偏移 25,将偏移后的图线转换到"粗实线"图层。将主视图底板上边线向上偏移 30 后,选择"修剪"命令,修剪掉多余的图线,完成主视图的绘制。俯视图:选择"偏移"命令,将后侧面基准线向前偏移 10,用"修剪"命令修剪掉多余的图线,完成俯视图绘制。左视图:选择左视图底板上边线向上偏移 30,将后侧面基准线向前侧偏移 10,用"修剪"命令修剪掉多余的图线,完成左视图的绘制,如图 2-1-18(b)所示。

4. 绘制 V 形支座立板 V 形槽三视图

从图 2-1-18(a)中读取 V 形支座 V 形槽尺寸,长度为 32,宽度为 10,总高度为 18,V 形槽口夹角为 90°。使用"偏移"绘图命令,将主视图中心线向左右两侧偏移 16,将偏移后的图线转换为"粗实线"图层,找到和立板上边线的两个交点。选用"粗实线"图层,用"直线"命令,以左侧交点为起点,输入"20 tab −45",绘制长度 20,倾斜角度为 −45° 的斜线。用"镜像"命令,选择刚才绘制好的斜线,选择中心线为镜像线,镜像斜线。"偏移"命令,将"中心线"

向左右两侧偏移3,将偏移后的图线转换到"粗实线"图层。使用"偏移"绘图命令,将主视图立板上边线向下偏移18。用"修剪"命令,参照图2-1-18(c)修剪掉多余的图线,完成主视图的绘制。按照"长对正"原则,补画俯视图棱线;按照"高平齐"原则绘制V形槽槽底棱线和斜面相交处棱线,注意V形槽从侧面观察时位于立板内部,左视图中不可见,因此选用"虚线"表达,如图2-1-18(c)所示。

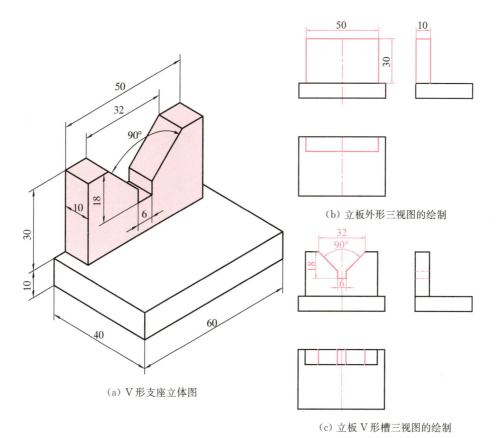

(a) V形支座立体图

(b) 立板外形三视图的绘制

(c) 立板V形槽三视图的绘制

图 2-1-18　V形支座立板V形槽三视图的绘制

5. 整理图线

三视图绘制完成后,整理中心线到超出轮廓线3～5。使用"打断"命令整理三视图中的中心线,删除多余辅助线,调整线型比例(中心线、虚线线型比例调整),完成V形支座三视图的绘制,如图2-1-19所示。

注意: 绘图过程中严格遵循"长对正、高平齐、宽相等"的作图原则。可见轮廓线以粗实线绘制。不可见轮廓线以虚线绘制,当两者重叠时,则须按粗实线画出。

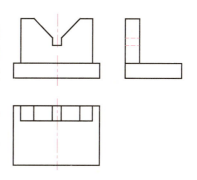

图 2-1-19　V形支座三视图

(1) 标出图2-1-20中平面 P、Q 的另外两个投影,并填空。

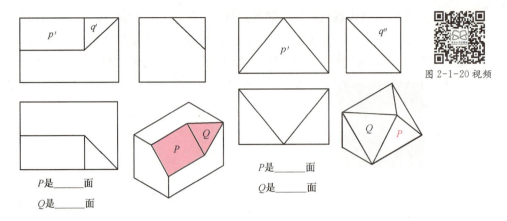

P是_____面
Q是_____面

P是_____面
Q是_____面

图 2-1-20 面的识别

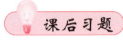 课后习题

2-1-1　根据图 2-1-21 所示的立体图,用 AutoCAD 软件绘制三视图。

图 2-1-20 视频

图 2-1-21 视频

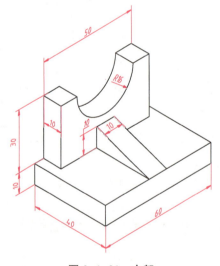

图 2-1-21　支架

任务 2　螺栓毛坯三视图的形成与绘制

　　螺纹紧固零件是机械装配中不可或缺的重要元件,它们以其独特的螺旋结构为各类机械设备提供稳定、可靠的连接和固定功能。螺纹紧固零件的种类繁多,包括螺栓、螺母、螺柱、螺钉等,每一种都有其特定的应用场景和功能特点。例如,螺栓和螺母通过相互旋合,可以实现对两个或多个部件的紧固连接;而螺钉则可以直接旋入被连接件的螺纹孔中,实现快速、简便的固定。

在批量化设计和制造螺纹紧固零件时,为了提高生产效率、降低成本,往往先进行坯料加工,在此基础上再加工螺纹,形成最终的产品。坯料加工的过程,是螺纹紧固零件生产的关键环节之一,它决定了产品的初始形态和基础质量。在坯料加工完成后,便可进入螺纹加工阶段。螺纹加工通常采用切削或滚压等方法,将螺纹形状精确地加工在坯料上。图 2-2-1 为螺栓毛坯的立体图。

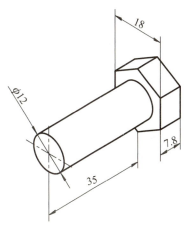

图 2-2-1 螺栓毛坯立体图

任务分析

从图 2-2-1 可以看出,螺栓立体由基本几何体圆柱体和六棱柱叠加而成。下面本节就以螺栓毛坯为例,介绍基本几何体三视图的画法。

表 2-2-1 螺栓毛坯三视图绘制任务分析

零件作用	螺栓是日常生活和工业生产中不可或缺的连接零件。其应用领域包括电子产品、机械产品、数码产品、电力设备、机电机械产品、船舶、车辆和水利工程等。因其运用范围较广,而被称为工业之米。螺栓毛坯是加工螺栓时的坯料,在此基础上加工螺纹,即可完成螺栓制作。螺栓由头部和螺杆(带有外螺纹的圆柱体)两部分组成,一般需与螺母配合使用。
零件实体	螺栓毛坯 全螺纹螺栓 螺栓、螺母、垫圈
使用场合	螺栓毛坯是用于加工螺栓的坯料。螺栓是工业生产中常用的紧固零件,主要用于需要连接较薄零件或承受冲击、振动或交变载荷的场合。
任务模型	
任务解析	螺栓毛坯结构可以看作是由圆柱体和六棱柱组合而成的简单形体。因此,想要精准地绘制出螺栓毛坯的三视图,就需要了解基本几何体圆柱体和六棱柱的三视图画法。
学习目标	1. 了解基本几何体的主要类型; 2. 学会基本几何体三视图画法; 3. 学会螺栓毛坯三视图的绘制方法。

任何机件都可看成是由棱柱、棱锥、圆柱、圆锥、圆球等基本几何体按一定的方式切割或叠加而成的,如图 2-2-2 所示支座,因此基本几何体是构成机件结构的基础。本节主要以点、线、面的投影原理为基础,介绍常见基本几何体三视图的形成、画法及表面取点等内容。

一、基本几何体分类

图 2-2-2 立体的形成

体是由面围成的,空间中的面包括平面和曲面。如:长方体是由六个平面组成,圆柱体是由两个平面和一个曲面组成。根据各几何体的表面性质,常见的几何体可分为平面立体和曲面立体两类,如图 2-2-3 所示。

图 2-2-3 基本几何体分类

2.2.1 视频

二、平面立体三视图的绘制

表面都是由平面围成的立体,称为平面立体。工程上常用的平面立体主要有棱柱、棱锥和棱台。由于平面立体是由平面围成,而平面是由直线围成,直线是由点连成,所以求平面立体的投影实际上就是求构成立体的点、线、面的投影。以下具体介绍常见平面立体的三视图画法及其表面取点方法。

1. 棱柱

1) 正六棱柱三视图绘制

正六棱柱有两个正六边形面互相平行,其余各面都是四边形,并且每相邻两个四边形的公共边都互相平行,六个侧棱均与底面垂直,如图 2-2-4 所示。

将正六棱柱放置在三投影面体系中,使得其上、下底面与 H 面平行,前、后两个侧面与 V 面平行。这时,左、右四个侧面与 H 面垂直,

图 2-2-4 正六棱柱

六条侧棱均垂直于 H 面。正六棱柱三面投影与展开,如图 2-2-5 所示。

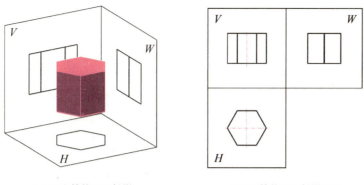

(a) 正六棱柱三面投影　　(b) 六棱柱三面投影展开

图 2-2-5　正六棱柱三面投影与展开

为保证六棱柱的投影对应关系,三视图应满足:主视图和俯视图长度对正,主视图和左视图高度平齐,俯视图和左视图宽度相等。

2) 六棱柱的三视图绘制步骤

(1) 绘制作图基准线。在绘图时,选用"直线"命令,首先在"细点画线"图层对三视图的中心轴线进行绘制。再转换至"粗实线"图层,绘制主视图和左视图的底面基准线,如图 2-2-6 (a)所示。

(2) 绘制六棱柱俯视图。顶面和底面为水平面,故在 H 面的投影反映实形——正六边形。六个侧面均与 H 面垂直,故在 H 面的投影积聚为六边形的六条边。绘制六棱柱俯视图时,切换至"粗实线"图层,用"正多边形"绘图命令,输入"侧面数"为 6,"指定多边形中心"单击中心线交点,选择"内接于圆"选项,在适当位置单击,绘制正六边形,如图 2-2-6(b)所示。

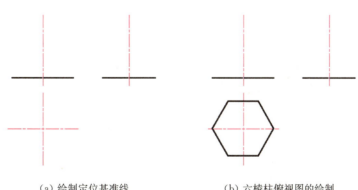

(a) 绘制定位基准线　　(b) 六棱柱俯视图的绘制

图 2-2-6　绘图基准与六棱柱俯视图的绘制

(3) 绘制六棱柱主视图。六棱柱主视图是三个相连的矩形,中间矩形是前后两个侧面(为正平面)的真实性投影,左右两个矩形是其余四个侧面(为铅垂面)的类似性投影,上下两条线是顶面和底面(为水平面)的积聚性投影。根据"长对正"的绘图原则,使用"粗实线"层,对正俯视图的各条棱边进行绘制,得到六棱柱主视图,如图 2-2-7(a)所示。

(4) 绘制六棱柱左视图。正六棱柱左视图是两个相连的矩形,是左右四个侧面的类似性投影,前后两个侧面的投影积聚为前后两条直线,顶面和底面的投影积聚为上下两条直线。根据"高平齐、宽相等"的绘图原则,在俯视图中测量出"X"的距离,使用"偏移"命令,两侧偏移左视图的中心轴线"X"的距离,转化线型为"粗实线",根据"高平齐"的原则绘制出顶面、底面位置,修剪去多余线段。注意中间棱线位置不要遗漏,最终绘制完成的六棱柱三视图,如图 2-2-7(b)所示。

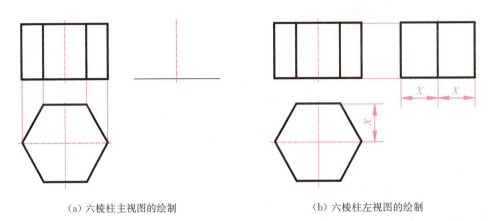

（a）六棱柱主视图的绘制　　　　　　　　（b）六棱柱左视图的绘制

图 2-2-7　六棱柱主视图、左视图的绘制

3）六棱柱表面取点

由于棱柱的表面都是平面,所以在棱柱的表面上取点与在平面上取点的方法相同,即"面上取线,线上取点"的方法。六棱柱顶面上的点依旧位于六棱柱顶面的三面投影上,如图 2-2-8 所示。

由于棱柱的表面都是平面,所以在棱柱的表面上取点与在平面上取点的方法相同。但是由于是在立体表面的点,其投影会出现遮挡问题,即点的投影有可能被其他的平面遮挡,出现投影点不可见的现象。因此,在立体表面作出点的投影之后,需要对其可见性进行判断,判断依据:若点所在平面的投影可见,该平面上点的投影也可见。反之,若点所在平面的投影不可见,该平面上点的投影也不可见。若平面的投影积聚成直线,平面上点的投影一般作为可见处理。求解时,还需要注意点的水平投影和侧面投影的宽度要相等。正六棱柱的表面取点方法如图 2-2-9 所示。

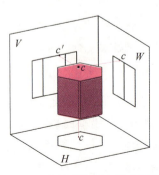

图 2-2-8　六棱柱顶面点的三面投影

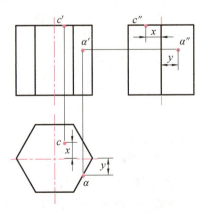

图 2-2-9　六棱柱表面取点

2. 棱锥

1) 三棱锥三视图分析

如图 2-2-10 所示正三棱锥,由一个底面和若干侧棱面组成。侧棱线交于有限远的一点——锥顶 S,处于图示位置时,其底面 ABC 是水平面,在俯视图上反映实形。侧棱面 $\triangle SAC$ 为侧垂面,侧面投影积聚成一直线,水平投影和正面投影都是类似形。棱面 $\triangle SAB$ 和 $\triangle SBC$ 为一般位置平面,其三面投影均为类似形。棱线 SB 为侧平线,棱线 SA、SC 为一般位置直线,棱线 AC 为侧垂线,棱线 AB、BC 为水平线。

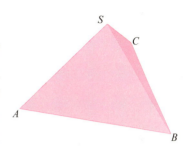

图 2-2-10 正三棱锥立体图

正三棱锥三面投影及其视图如图 2-2-11 所示。

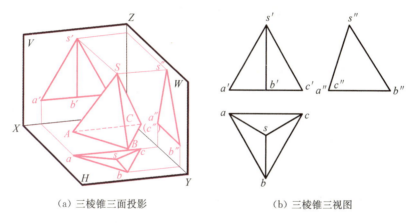

(a) 三棱锥三面投影　　　　(b) 三棱锥三视图

图 2-2-11 三棱锥三面投影及三视图

根据三棱锥形体分析,三棱锥底面为水平面,其投影在主视图和左视图中积聚为一条直线,俯视图反映实形,如图 2-2-12(a)所示。三棱锥左、右两侧面为一般位置平面,其投影在三视图中反映为类似的三边形,如图 2-2-12(b)所示。三棱锥后侧面为侧垂面,其投影在左视图中积聚为一条直线,主视图和俯视图反映为类似的三边形,如图 2-2-12(c)所示。

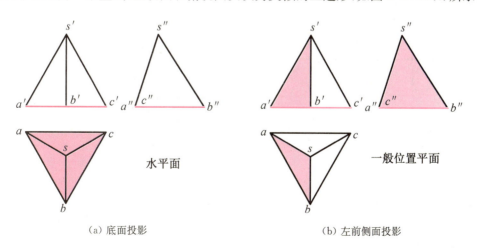

(a) 底面投影　　　　　　　　(b) 左前侧面投影

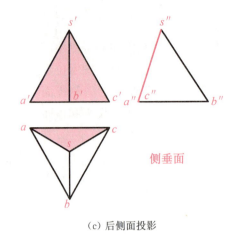

(c) 后侧面投影

图 2-2-12 三棱锥投影分析

2) 三棱锥三视图的绘制

画正三棱锥的三视图时,应先画出底面 △ABC 的各面投影,如图 2-2-12 所示;再画出锥顶 S 的各面投影,连接各顶点的同面投影,即为正三棱锥的三视图。注意:正三棱锥的侧面投影不是等腰三角形。

三棱锥三视图的绘图步骤如下。

(1) 绘制作图基准线。打开 AutoCAD 软件,状态栏"正交""对象捕捉""对象捕捉追踪"按钮点亮,选用"细点画线"图层,使用"直线"命令,绘制三视图对称中心线。切换至"粗实线"层绘制底面基准线,确定各视图的位置,如图 2-2-13(a)所示。

(2) 绘制三棱锥俯视图。在"粗实线"图层,使用"正多边形"绘图命令,输入"侧面数"为3,"指定多边形中心"单击中心线交点,选择"内接于圆"选项,在适当位置单击,绘制正三角形。使用"直线"绘图命令,连接三角形的角点和圆心位置,得到三棱锥的俯视图,如图 2-2-13(b)所示。

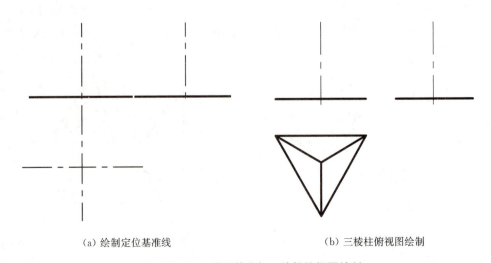

(a) 绘制定位基准线　　　　　　(b) 三棱柱俯视图绘制

图 2-2-13　绘图基准与三棱柱俯视图绘制

（3）绘制三棱锥主视图。按"长对正"的投影关系，确定三棱锥主视图中的底边长度，转换底边线型到"粗实线"，确定三棱锥的顶点位置后，用"直线"命令分别连接底边两端点和顶点、底边中心点到顶点，画出三棱锥主视图，如图 2-2-14(a)所示。

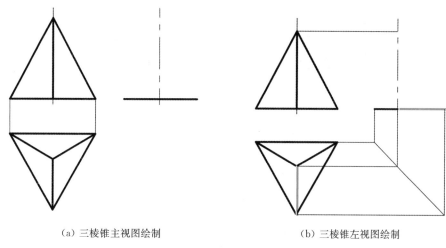

(a) 三棱锥主视图绘制　　　　　(b) 三棱锥左视图绘制

图 2-2-14　三棱锥主视图、左视图绘制

（4）绘制三棱锥左视图。根据"高平齐、宽相等"的关系绘制左视图（宽度可从俯视图中量取），如图 2-2-14(b)所示。

（5）整理中心线长度。中心线应超出轮廓线 3~5 mm，使用"打断"命令整理三视图中的中心线，删除多余线条，完成三棱锥三视图绘制，如图 2-2-15 所示。

3）三棱锥表面取点

正三棱锥的表面有特殊位置平面，也有一般位置平面。特殊位置平面上的点的投影，可利用该平面投影的积聚性直接作图；一般位置平面上点的投影，可通过在平面上作辅助线的方法求得。

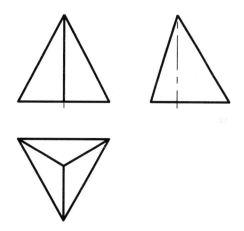

图 2-2-15　三棱锥三视图

棱锥体表面取点采用平面上取点的方法。即"面上取线，线上取点"的方法。

如图 2-2-16(a) 所示，已知棱面 △SAB 上点 M 的正面投影 m'，求点 M 的其他两面投影。棱面 △SAB 是一般位置平面，先过锥顶 S 及点 M 作一辅助线，求出辅助线的其他两面投影 1 和 1″。在主视图中连接顶点 s' 和 m'，延长辅助线到底边 1′ 点。根据点在直线上的投影特性，只要求出三棱锥表面素线 $s'1'$ 的水平和侧面投影，M 的另外两个投影一定在线上。下面只需要使用"长对正、高平齐、宽相等"的原则，对应求解，就可以由 m' 求出其水平投影 m 和侧面投影 m''，如图 2-2-16(b)所示。

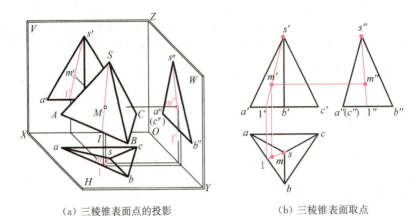

(a) 三棱锥表面点的投影　　　　(b) 三棱锥表面取点

图 2-2-16　三棱锥表面取点

三、曲面立体三视图的绘制

曲面立体的表面通常为曲面,曲面中最常见的为回转曲面,表面有回转曲面的立体称为回转体。回转曲面是由一线段(该线段称为回转曲面的母线)绕空间另一直线作定轴旋转运动而形成的光滑曲面,母线在回转面上的任意位置均被称为素线,常见的回转体有圆柱、圆锥、圆球、圆环等。

1. 圆柱

1) 圆柱的三视图分析

圆柱是由两个大小相等、相互平行的圆形(底面)以及连接两个底面的一个曲面(侧面)围成的几何体。圆柱面是由直线 AB 绕着与它平行的轴线 OO' 旋转而成,如图 2-2-17 所示。直线 AB 称为母线,圆柱面上与轴线 OO' 平行的任一直线称为圆柱面的素线。无穷多的素线围成圆柱面,其中有四条素线被称为轮廓素线。

如图 2-2-18 所示,圆柱的正面投影是一个矩形线框。其左、右两轮廓线是两组由投射线组成的平面与 V 面的交线,也正是圆柱面上最左、最右素线的投影,它们把圆柱面分为前后两部分。其投影前半部分可见,后半部分不可见,而这两条素线是可见与不可见的分界线。最左、最右素线的侧面投影和轴线的侧面投影重合(不需画出),水平投影在横向中心线与圆周的交点处。矩形线框的上、下两边分别为圆柱顶面、底面的积聚性投影。

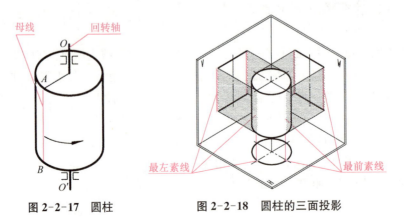

图 2-2-17　圆柱　　　　图 2-2-18　圆柱的三面投影

2) 圆柱三视图的绘制

如图 2-2-19 所示，Ⅰ Ⅱ、Ⅲ Ⅳ 为最左和最前的两条轮廓素线。Ⅰ Ⅱ 的正面投影 $1'2'$ 在投影图中居左位，而侧面投影 $1''2''$ 居中位，其水平投影积聚为点 1(2)。Ⅲ Ⅳ 的侧面投影 $3''4''$ 在投影图中居前位，正面投影 $3'4'$ 居中位，其水平投影积聚成一个点 3(4)。

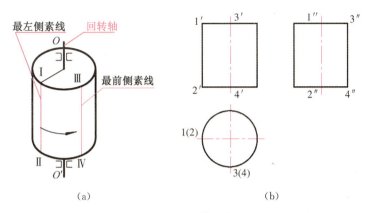

图 2-2-19 圆柱三视图

圆柱三视图的具体绘图步骤如下：

(1) 绘制作图基准线。打开 AutoCAD 软件，状态栏"正交""对象捕捉""对象捕捉追踪"按钮点亮，在"细点画线"图层，用"直线"命令，根据"长对正、高平齐、宽相等"的原则绘制三视图对称中心线，切换到"0"层绘制圆柱底面基准线，确定各视图的位置，如图 2-2-20(a)所示。

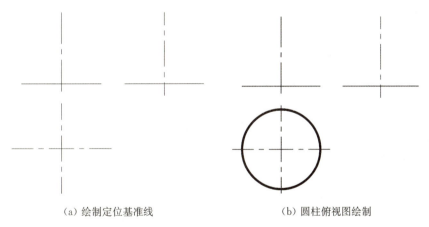

(a) 绘制定位基准线　　　　　　(b) 圆柱俯视图绘制

图 2-2-20 绘图基准与圆柱俯视图绘制

(2) 绘制圆柱俯视图。选用"粗实线"图层，使用"圆形"绘图命令，选择圆心半径画圆，根据圆柱底面圆的半径画俯视图，如图 2-2-20(b)所示。

(3) 绘制圆柱主视图。根据"长对正"的投影关系绘制主视图，根据圆柱俯视图中圆的半径长度确定主视图底边长度，转换底边线型到"粗实线"，确定圆柱的高度位置后，分别连接底边两端点和顶面两端点，画出圆柱主视图，如图 2-2-21(a)所示。

(4) 绘制圆柱左视图。根据"高平齐、宽相等"的关系绘制出圆柱左视图（宽度为俯视图圆的直径），如图 2-2-21(b)所示。

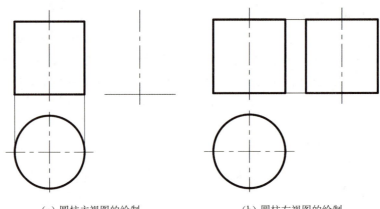

(a) 圆柱主视图的绘制　　　　　(b) 圆柱左视图的绘制

图 2-2-21　圆柱主视图、左视图的绘制

（5）整理中心线长度。中心线应超出轮廓线 3～5，使用"打断"命令整理三视图中的中心线，删除多余辅助线，完成圆柱三视图的绘制。

3）圆柱表面取点

如图 2-2-22(a)所示，圆柱表面上点的投影均可用柱面投影的积聚性来求得。圆柱曲面上所有的点在水平投影中都积聚在圆周上。上顶面和下底面上的点在主视图和左视图上分别积聚在了上下两条直线上。如图 2-2-22(b)所示，若已知 A 点的正面投影 a'，求其侧面投影 a'' 和水平投影 a，则可先根据"长对正"的原则，在俯视图的圆周上找到水平投影 a 的位置，再根据"高平齐，宽相等"的原则，找到其侧面投影 a''。

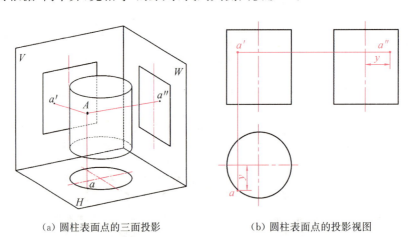

(a) 圆柱表面点的三面投影　　　　　(b) 圆柱表面点的投影视图

图 2-2-22　圆柱表面点的三面投影与展开视图

2. 圆锥

如图 2-2-23 所示，圆锥体由圆锥面和底面组成。圆锥面是由直线 SA 绕与它相交的轴线 OO' 旋转而成。S 称为锥顶，直线 SA 称为母线。圆锥面上过锥顶的任一直线称为圆锥面的素线。

1）圆锥三视图分析

圆锥体的投影图如图 2-2-24 所示，水平投影

图 2-2-23　圆锥

为一圆,另两个投影为等边三角形,圆锥的正面投影,两腰位置 SA、SB 分别为圆锥面上最左、最右的两条轮廓素线,圆锥的侧面投影,前后位置 SC、SD 分别为圆锥面上最前、最后的两条轮廓素线。三角形的底边为圆锥底面的投影。

2)圆锥三视图的绘制

如图 2-2-25 所示,圆锥的俯视图为圆形,反映圆锥底面的实形,同时也表示圆锥面的投影。主、左视图的等腰三角形线框,其下边为圆锥底面的积聚性投影。主视图中三角形的左、右两边,分别表示圆锥面最左、最右素线 SA、SB(反映实长)的投影,它们是圆锥面正面投影可见与不可见部分的分界线。左视图中三角形的两边,分别表示圆锥面最前、最后素线 SC、SD 的投影(反映实长)。

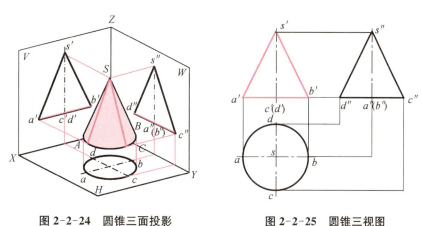

图 2-2-24　圆锥三面投影　　　　图 2-2-25　圆锥三视图

圆锥三视图的绘图步骤如下:

(1)绘制作图基准线。打开 AutoCAD 软件,状态栏"正交""对象捕捉""对象捕捉追踪"按钮点亮,在"细点画线"图层,使用"直线"命令,根据"长对正、高平齐、宽相等"的原则绘制三视图对称中心线,切换到"粗实线"图层绘制圆柱底面基准线,确定各视图的位置,如图 2-2-26(a)所示。

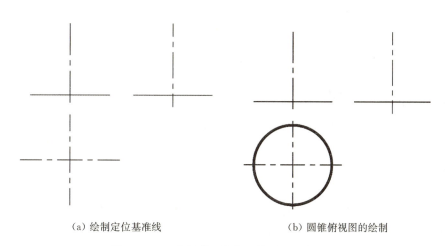

(a) 绘制定位基准线　　　　(b) 圆锥俯视图的绘制

图 2-2-26　定位基准线与圆锥俯视图的绘制

（2）绘制圆锥俯视图。与圆柱的绘图方法一样，选择"粗实线"图层，使用"圆"绘图命令，用圆心半径画圆，根据圆柱底面圆的半径画俯视图，如图 2-2-26(b)所示。

（3）绘制圆锥主视图。根据"长对正"的投影关系绘制主视图，根据圆锥俯视图中圆的半径长度确定主视图底边长度，转换底边线型到"粗实线"。再根据圆锥的高度在主视图的中心线上定出锥顶的位置，分别连接底边两端点和锥顶，画出圆锥主视图，如图 2-2-27(a)所示。

（4）绘制圆锥左视图。根据"高平齐、宽相等"的关系绘制出圆锥左视图（宽度为俯视图圆的直径），如图 2-2-27(b)所示。

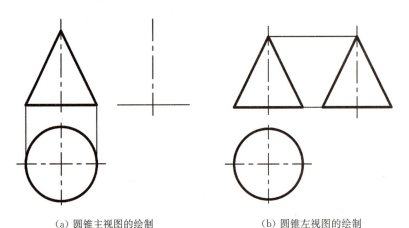

(a) 圆锥主视图的绘制　　　　　　(b) 圆锥左视图的绘制

图 2-2-27　圆锥主视图、左视图的绘制

（5）整理中心线长度。中心线应超出轮廓线 3～5 mm，使用"打断"命令整理三视图中的中心线，删除多余辅助线，完成圆锥三视图的绘制。

3）圆锥表面取点

圆锥表面点的投影可见性由点所在的投影面的方位所决定：正面上点的投影，前半曲面可见，后半曲面不可见。侧面上点的投影，左半曲面可见，右半曲面不可见。水平投影，整个圆锥面上的点均可见，如图 2-2-28 所示。

下面以这道题目为例，具体介绍下圆锥表面取点的方法：已知圆锥表面上的点 M 的正面投影 m'，求其水平投影 m 和侧面投影 m''。

由于圆锥体的投影无积聚性，在圆锥面上取点仍采用面上取点的方法，即"面上取线，线上取点"。具体可分为以下两种方法：

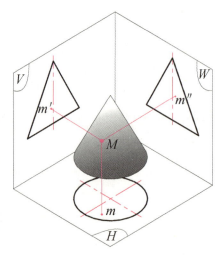

图 2-2-28　圆锥表面点的三面投影

（1）辅助素线法：即过锥顶 S 作一条过点 M 的素线交底面于 A 点，绑定 M 点，M 点的三面投影会落在辅助素线 SA 的三面投影上，求解方法如图 2-2-29(a)所示。

（2）辅助圆法：重点是找到曲面上点所在位置的辅助圆半径，由此找到这个辅助圆的三面投影，求取 M 的投影，如图 2-2-29(b)所示。

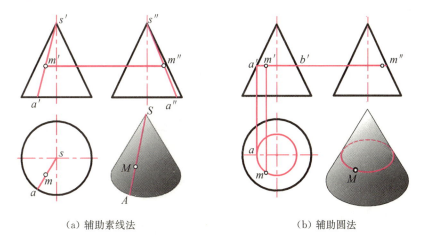

(a) 辅助素线法　　　　　　　(b) 辅助圆法

图 2-2-29　圆锥表面取点

3. 圆球

如图 2-2-30 所示,圆球为圆的母线以它的直径为轴旋转 360°而形成的立体。

1) 圆球三视图分析

如图 2-2-31 所示,圆球的三个投影视图分别为三个与圆球的直径相等的圆,它们分别是圆球上三个方向轮廓素线的投影。

V 面投影:该轮廓素线为前半球面与后半球面的分界线,所以轮廓素线之前的所有球面均可见,其后不可见。

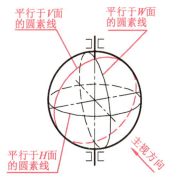

图 2-2-30　圆球

H 面投影:该轮廓素线为上半球面与下半球面的分界线,所以轮廓素线之上的所有球面均可见,其余不可见。

W 面投影:该轮廓素线为左半球面与右半球面的分界线,所以轮廓素线之左的所有球面均可见,其右不可见。

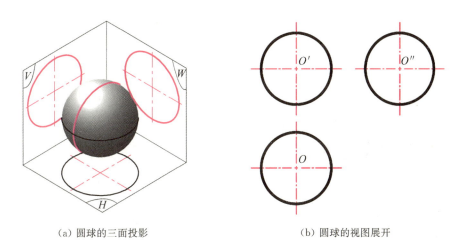

(a) 圆球的三面投影　　　　　　　(b) 圆球的视图展开

图 2-2-31　圆球的三面投影与视图展开

2）圆球三视图的绘制

圆球的三个视图分别为三个与圆球直径相等的圆。圆球三视图的绘图步骤如下：

（1）绘制作图基准线。打开 AutoCAD 软件，状态栏"正交""对象捕捉""对象捕捉追踪"按钮点亮，在"细点画线"图层，使用"直线"命令，根据"长对正、高平齐、宽相等"的原则绘制三视图的对称中心线，如图 2-2-32(a) 所示。

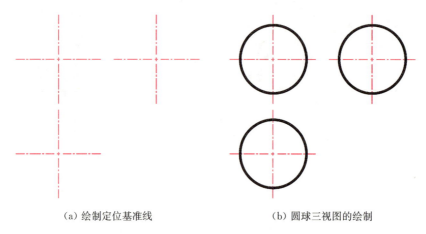

(a) 绘制定位基准线　　　　　　(b) 圆球三视图的绘制

图 2-2-32　绘图基准与圆球三视图的绘制

（2）绘制圆球三视图。在"粗实线"层，使用"圆形"绘图命令，选择圆心半径画圆，根据圆球的半径画出三视图，如图 2-2-32(b) 所示。

（3）整理中心线长度。中心线应超出轮廓线 3～5，使用"打断"命令整理三视图中的中心线，完成圆球三视图的绘制。

3）圆球表面取点

如图 2-2-33 所示，圆球的投影无积聚性，在球面上无任何直线可寻，所以在球面上取点，定点必须先定线，只能使用辅助圆法。

圆球表面取点的方法：已知圆球表面上的点 M 的正面投影 (m')，求作水平投影 m 和侧面投影 m''。求解的重点是找到曲面上点所在位置的辅助圆半径，由此找到这个辅助圆的三面投影，求取 M 的投影，如图 2-2-34 所示。

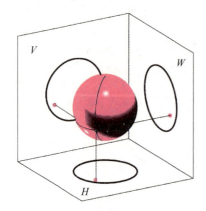

图 2-2-33　圆球表面点的三面投影

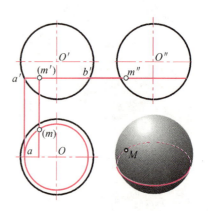

图 2-2-34　圆球表面取点

任务实施

2.2.3视频

一、螺栓毛坯的三视图的形成

1. 分析螺栓毛坯的形体结构与尺寸大小

螺栓毛坯由两部分组成,分别为圆柱体形状的螺纹加工柱体和正六棱柱形状的螺栓头结构。从图 2-2-35 所示的螺栓毛坯立体的尺寸标注可以清晰地了解螺栓毛坯的各部分结构尺寸。

2. 确定螺栓毛坯的主视图方向

形体的主视图应能够反映出形体的大部分结构特征,并尽可能少地出现虚线结构。选择横向放置螺栓毛坯零件,螺栓头部正面可见四根棱线,侧面投影为正六边形。如图 2-2-36(a)所示为螺栓毛坯的三面投影。三面投影体系沿着 Y 轴展开,得到螺栓毛坯的投影三视图,如图 2-2-36(b)所示。

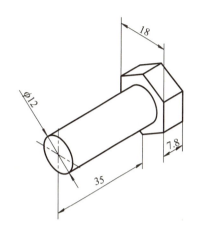

图 2-2-35　螺栓毛坯立体的尺寸标注

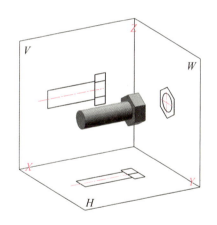

(a)螺栓毛坯主视方向选择

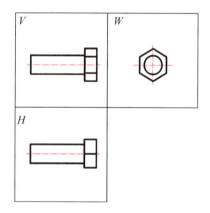

(b)螺栓毛坯投影视图展开

图 2-2-36　螺栓毛坯主视方向选择与投影展开

二、螺栓毛坯三视图的绘制

由于螺栓毛坯可以看作是圆柱体与六棱柱叠加而成的立体,学习了圆柱体与六棱柱的三视图画法,就可以综合运用所学知识,完成螺栓毛坯三视图的绘制。

螺栓毛坯三视图的具体绘图步骤如下:

(1)绘制作图基准线。打开 AutoCAD 软件,状态栏"正交""对象捕捉""对象捕捉追踪"按钮点亮,在"细点画线"图层,使用"直线"命令,绘制三视图对称中心线,绘图过程中严格遵循"长对正、高平齐、宽相等"的作图原则,如图 2-2-37(a)所示。

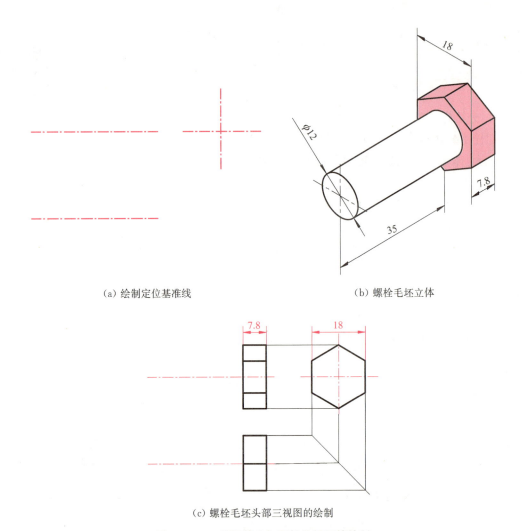

(a) 绘制定位基准线　　　　　(b) 螺栓毛坯立体

(c) 螺栓毛坯头部三视图的绘制

图 2-2-37　绘图基准与圆柱俯视图的绘制

(2) 绘制螺栓毛坯头部三视图。从图 2-2-37(b) 中读取螺栓毛坯头部尺寸,在"粗实线"图层画粗实线。在左视图,使用"多边形"绘图命令,输入"侧面数"为 6,"指定多边形中心"单击中心线交点,选择"外切于圆"选项,在适当位置单击,绘制正六边形。在主视图,根据"高平齐"原则,螺栓头部厚度为 7.8,完成主视图。在俯视图,根据"长对正、宽相等"原则,按照左视图宽度 18,可使用"直线"命令绘制出俯视图,如图 2-2-37(c) 所示。

(3) 绘制螺栓毛坯柱体三视图。从图 2-2-38(a) 中读取螺栓毛坯柱体尺寸,选用"粗实线"图层,使用"圆形"绘图命令,使用"圆心半径"命令,选择左视图中心为圆心,输入半径"6 mm",得到柱体侧面投影。直接将主视图和俯视图中心轴线两侧偏移 6,切换线型为"粗实线"。选用"偏移"命令,选择螺栓头部左侧面投影,向左侧偏移柱体长度 35,选择"修剪"命令,修剪掉多余线条,得到螺栓毛坯柱体三视图,如图 2-2-38(b) 所示。

(4) 整理其余图线。中心线应超出轮廓线 3~5 mm,使用"打断"命令整理三视图中的中心线,删除多余辅助线,调整线型比例(中心线、虚线线型比例调整),完成螺栓毛坯三视图的绘制,如图 2-2-38(c) 所示。

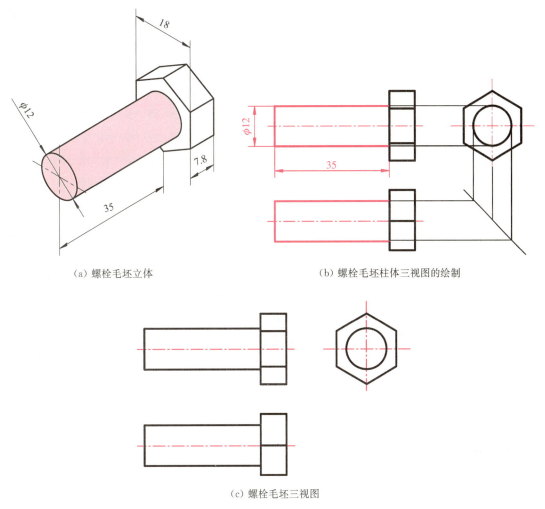

(a) 螺栓毛坯立体　　(b) 螺栓毛坯柱体三视图的绘制

(c) 螺栓毛坯三视图

图 2-2-38　螺栓毛坯三视图绘制

立体三视图的绘图步骤具体可分为以下几点：

（1）分析立体的结构形状，选定主视方向（能够体现形体大部分的可见结构特征）；

（2）绘制作图基准线（即形体的对称中心线、底面基准线、侧面基准线等），确定各视图的位置；

（3）根据立体结构分析，分别绘制出各部分形体对应的主、俯、左视图；

（4）去除辅助线，整理中心线长度到超出轮廓线 2~5，调整线型比例（中心线、虚线线型比例调整），完成三视图的绘制。

课堂练习

（1）参照图 2-2-39 所示的螺母毛坯立体图，根据螺栓毛坯三视图的绘制方法，在 AutoCAD 软件中，完成螺母毛坯三视图的绘制。

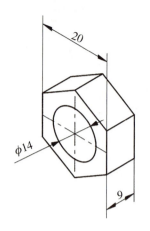

图 2-2-39 视频

图 2-2-39 螺母毛坯立体图

2.2.4 视频

表达一个立体的形状和大小,不一定要画出三个视图,有时画一个或两个视图即可。当然,有时三个视图也不能完整表达物体的形状,则需画更多的视图。例如,表示上述圆柱、圆锥时,若只表达形状,不标注尺寸,则用主、俯两个视图即可。若标注尺寸,上述圆柱、圆锥和圆球仅画一个视图即可。

一、平面立体的视图表达与尺寸标注

基本几何体平面立体的表达仅需要两个视图再辅助尺寸标注即可。如图 2-2-40 所示,棱柱[图(a)、(b)]、棱锥[图(c)]标注底面尺寸和高,棱台[图(d)]标注顶底面尺寸和高。

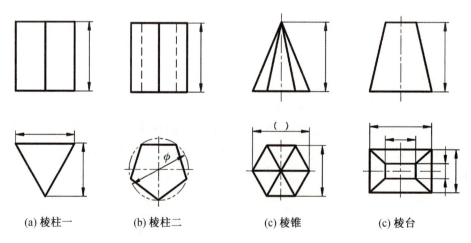

(a) 棱柱一　　(b) 棱柱二　　(c) 棱锥　　(c) 棱台

图 2-2-40 平面立体的视图表达与尺寸标注

二、曲面立体的视图表达与尺寸标注

曲面立体也称为回转体,在表达时,多采用一幅主视图再辅助相应的尺寸标注来表示。

如图 2-2-41 所示,曲面立体圆柱[图(a)]、圆台[图(b)]、圆环[图(c)]、圆球[图(d)]的视图表达均为一幅视图结合相应的尺寸标注。

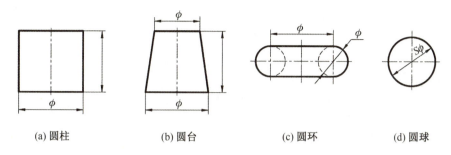

(a) 圆柱　　　　(b) 圆台　　　　(c) 圆环　　　　(d) 圆球

图 2-2-41　平面立体的视图表达与尺寸标注

课后习题

2-2-1　如图 2-2-42 所示,根据两视图,补画第三视图。

2-2-2　如图 2-2-43 所示,根据两视图,补画第三视图。

图 2-2-42 视频　图 2-2-43 视频

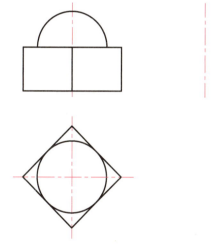

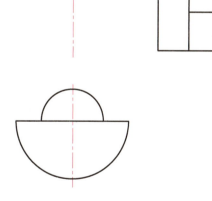

图 2-2-42　根据主、俯视图求左视图　　　图 2-2-43　根据俯、左视图求主视图

任务 3　楔块三视图的形成与绘制

复杂形体可以看成由若干基本体(平面体和曲面体)组合而成。工程上常见的形体多数具有立体被切割或两立体相交而成的特点,如图 2-3-1 所示。本节以图 2-3-2 所示的楔块为例,学习当基本几何体被切割后所形成的形体的投影及立体表面交线投影的画法。

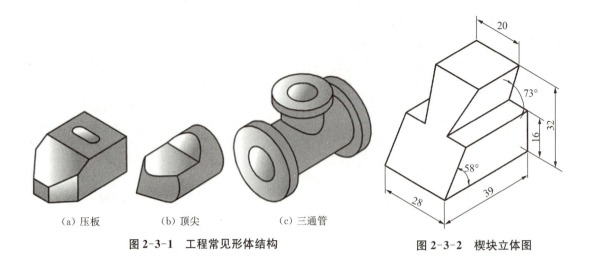

(a) 压板　　　　(b) 顶尖　　　　(c) 三通管

图 2-3-1　工程常见形体结构

图 2-3-2　楔块立体图

任务分析

楔块是指形状像楔子的一种物体，常用于机床夹具的夹紧装置或零件夹紧。如图 2-3-2 所示，其结构为一燕尾形，用于导向；左侧面与水平面成一楔角，用于斜面夹紧。楔块任务分析见表 2-3-1。

表 2-3-1　楔块任务分析表

零件作用	在机械领域中，楔块常用于机床夹具的夹紧装置或零件夹紧。机械楔块通常由金属或塑料制成，具有较高的强度和硬度。机械楔块在其他零件装配后，通过斜面移动使其楔紧。燕尾能够保证零件左右移动时不会歪斜，起到导向作用。
零件实体	 
使用场合	 
任务模型	

	(续表)
任务解析	楔块结构可以看作是基本几何体八棱柱被截平面截切掉左上部分形成的切割形体。因此，想要精准地绘制出楔块的三视图，就需要学习基本几何体截切形成的截交线的画法。
学习目标	1. 了解截交线的概念与性质； 2. 学会基本几何体(平面立体)截交线的画法； 3. 学会楔块三视图的绘制方法。

在工业生产过程中，大多数零件结构是由基本体切割加工产生。用平面切割立体，平面与立体表面的交线称为截交线，该平面为截平面，由截交线围成的平面图形称为截断面，如图 2-3-3 所示。

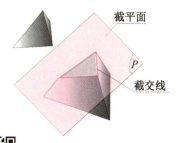

图 2-3-3 截交线的概念

一、平面立体截交线的性质

（1）截交线是一封闭的平面多边形。

（2）截交线的每条边是截平面与棱面的交线。

（3）截交线是截平面与立体表面的共有线，截交线上的点既在截平面上，又在立体表面上，是截平面与立体表面的共有点。

（4）截交线的形状取决于立体的形状和立体与截平面的相对位置。

二、求平面立体截交线的方法

（1）棱线法：求各棱线与截平面交点的方法称为棱线法。

（2）棱面法：求各棱面与截平面交线的方法称为棱面法。

三、求平面立体截交线的步骤

（1）进行空间投影分析，在已知的投影面上找出截平面与立体的共有点。

（2）采用棱线法，根据已知点投影求出未知点投影。

（3）依次连接各截交线上的点，注意次序一定不能有错。

（4）分析各棱线并判断其可见性，注意被挡在后方的棱线。

（5）检查截交线的类似性。

四、平面立体的截交线投影分析

1. 棱柱截交线的分析与绘制

如图 2-3-4 所示，六棱柱和四棱锥均被截去了一部分，留下的即是截平面与其表面的交线，即截交线。通过观察可以知道，截交线的形状跟立体的形状和截切的位置有关。想要绘制出平面立体的截交线，关键是找到截平面与棱线的交点。

现以图 2-3-4(a)正垂面截切六棱柱为例，学习棱柱截交线的画法。

(a) 六棱柱截切

(b) 四棱锥截切

图 2-3-4 平面立体的截交线

使用 AutoCAD 软件绘制未截切前平面立体六棱柱的完整视图，如图 2-2-5 所示。六棱柱三视图的绘制方法可以参照上一任务中的内容。

(1) 进行空间投影分析，在已知的投影面上找出截平面与立体的共有点。分析出截交线的形状为六边形，在主、俯视图上依次标出截平面与六棱柱表面的共有点的正面投影和水平投影，如图 2-3-5(a) 所示。

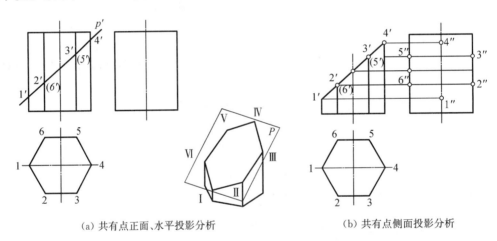

(a) 共有点正面、水平投影分析　　　　　(b) 共有点侧面投影分析

图 2-3-5 六棱柱截交线的共有点投影分析

(2) 采用棱线法，根据已知点的投影求出未知点的投影。根据截交线六边形各顶点的正面和水平投影，按照"高平齐、宽相等"的原则，分析共有点的侧面投影位置，作出截交线的侧面投影 $1''、2''、3''、4''、5''$ 和 $6''$，并进行标记，如图 2-3-5(b) 所示。

(3) 按照次序，依次连接各点。在左视图中，切换"粗实线"图层，使用"直线"命令，将共有点的侧面投影 $1''、2''、3''、4''、5''$ 和 $6''$ 按照各点的顺序从下向上，从前向后依次连接，见图 2-3-6(a)。

(4) 分析各棱线剩余部分结构，判断其可见性。选择"修剪"命令，修剪掉各棱线被截平面切除的部分，注意判断后方棱线的可见性，将中间部分的棱线转换为"细虚线"，如图 2-3-6(b) 所示。注意：当细虚线位于棱线的延长线上时，应断开。

(5) 检查截交线的类似性，调整中心线的长度到超出轮廓线 3~5，完成六棱柱截交线的三视图绘制。

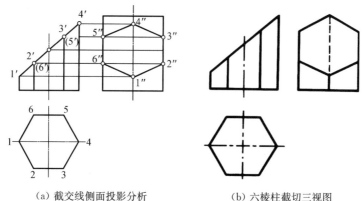

(a) 截交线侧面投影分析　　(b) 六棱柱截切三视图

图 2-3-6　六棱柱截交线的绘制

2. 棱锥截交线的分析与绘制

如图 2-3-4(b) 所示，正四棱锥被正垂面截切。先绘制出四棱锥未被切割前的三视图，并在主视图中绘制出切割面位置，如图 2-3-7(a) 所示。

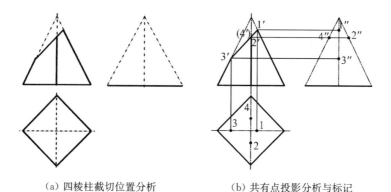

(a) 四棱柱截切位置分析　　(b) 共有点投影分析与标记

图 2-3-7　四棱锥截交线的共有点投影分析

（1）分析截交线的形状为四边形，用棱线法求出截平面与四条棱线的四个交点，在主、俯视图上依次标出共有点的投影，如图 2-3-7(b) 所示。

（2）根据截交线四边形各顶点的正面和水平投影，作出共有点的侧面投影 1″、2″、3″和 4″，如图 2-3-8(a) 所示。

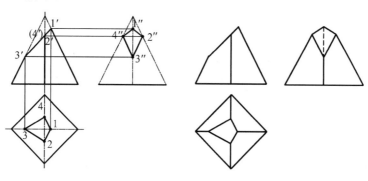

(a) 截交线侧面投影分析　　(b) 四棱锥截切三视图

图 2-3-8　四棱锥截交线的绘制

(3) 在俯视图和左视图上将棱线上各交点依次连接,得到截交线的水平投影和侧面投影。

(4) 分析各棱线剩余部分结构,判断其可见性。选择"修剪"命令,修剪掉各棱线被截平面切除的部分,注意判断后方棱线的可见性,将中间部分的棱线转换为"细虚线",如图 2-3-8(b) 所示。注意:当细虚线位于棱线的延长线上时,应断开。

(5) 检查截交线的类似性,调整中心线的长度到超出轮廓线 3～5,完成四棱锥截交线的三视图绘制。

一、楔块三视图的形成

如图 2-3-9(b) 所示的楔块,它首先是由长方体被前后对称地切去两个四棱柱后形成的一个八棱柱体[图 2-3-9(a)],然后被一正垂面斜截而形成。要想完成楔块三视图的绘制,首先要学习平面体八棱柱的截交线画法。

主视图是表达组合体的一组视图中最主要的视图。当主视图的投射方向确定之后,俯、左视图投射方向随之确定。楔块主视方向的选择,如图 2-3-10(a) 所示,三面投影展开后如图 2-3-10(b) 所示,八棱柱被正垂面切割,截交线的主视图积聚成一直线,俯视图与左视图中的投影为类似的八边形投影。

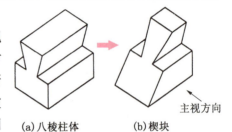

(a) 八棱柱体　　(b) 楔块

图 2-3-9　楔块形成过程

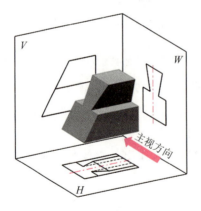

(a) 楔块主视方向的选择

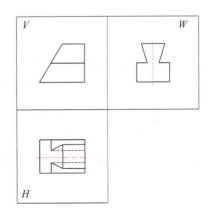

(b) 楔块投影展开

图 2-3-10　楔块主视方向的选择与投影展开

二、楔块三视图的绘制

通过以上分析,下面来完成楔块三视图的绘制。

1. 图框的选择

用 AutoCAD 绘图时,根据图 2-3-2 所示楔块的尺寸大小及复杂程度,可选择打开 A4 图框样板,1∶1 比例绘图。绘图时,可以先在中间偏上的位置进行三视图定位,再进行绘图。

2. 绘制楔块完整体——八棱柱的三视图

(1) 初始设置,状态栏中"正交""对象捕捉""对象捕捉追踪"按钮点亮,在"粗实线"图层。

(2) 根据"长对正、高平齐、宽相等"的原则,用"直线"命令绘制:主、俯视图基准线长39,左视图基准线宽28。

(3) 选用"粗实线"图层绘制:选择绘图工具栏中的矩形命令,根据楔块轴测图上的外形尺寸,画出被切割前长方体的三视图。再选择"细点画线"图层,为俯视图和左视图添加对称中心线,如图 2-3-11(a)所示。

(4) 画左视图。尺寸从立体图中读取,采用偏移命令,先确定顶面尺寸为 20,以右侧端点为起点,输入任意长度,如"20"后,按 Tab 键,转换输入倾斜角度 107°,得到燕尾形斜边。采用分解命令分解矩形,然后底边向上偏移 16,左侧结构直接采用镜像命令绘制,修剪掉相交处的多余线条,完成前、后被切去的八棱柱的左视图绘制,如图 2-3-11(b)所示。

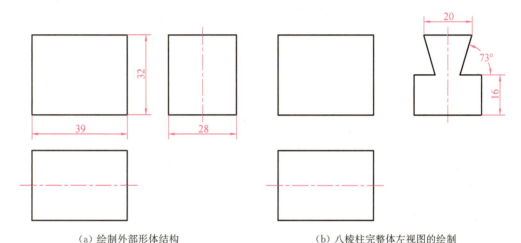

(a) 绘制外部形体结构　　　　　　　(b) 八棱柱完整体左视图的绘制

图 2-3-11　基准形体与八棱柱完整体左视图的绘制

注意: 绘制俯视图时,X 处的尺寸可以直接从左视图量取,通过中心线对称偏移得到。此处从上向下观察为被遮挡住的棱线,要使用细虚线绘制,如图 2-3-12(b)所示。

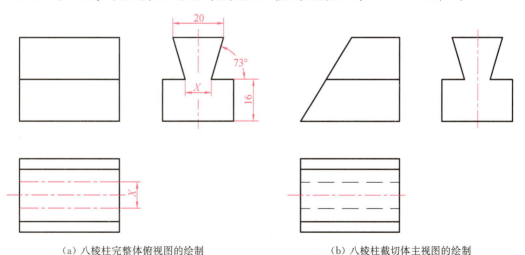

(a) 八棱柱完整体俯视图的绘制　　　　　　(b) 八棱柱截切体主视图的绘制

图 2-3-12　八棱柱完整体俯视图与截切体主视图的绘制

3. 八棱柱被正垂面截切截交线的绘制

（1）主视图：从立体图中读取截平面与水平面的夹角为 58°，以底面左侧端点为起点，绘制一条长度为 50，倾斜角度为 58° 的斜线，绘制截切面的正面投影，然后删除左侧多余直线，完成八棱柱被正垂面斜切后产生的截交线的投影，如图 2-3-12(b) 所示。

（2）由于被正垂面切割后左视图不变，左视图为八边形，从而判断截交线为八边形。因此，画截交线的投影可从主视图及左视图入手，通过找出八边形八个顶点在 V 面和 W 面的投影，进而找到八个顶点在 H 面的投影，如图 2-3-13(a) 所示。

（3）在主视图和左视图中按照从前往后的顺序依次标记各点的投影，根据"长对正"的原则，对应点所在的棱线，在俯视图中找到各点的水平投影，并按 1、2、3、4、5、6、7、8、1 的顺序依次连接各点。判断投影的可见性，检查、修剪、删除多余图线，完成楔块的三视图，如图 2-3-13(b) 所示。

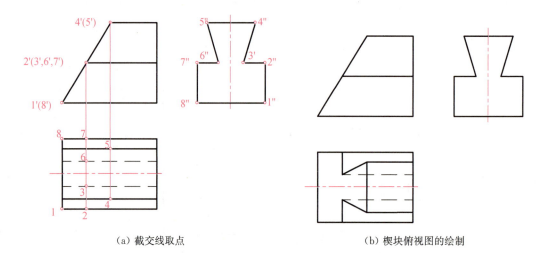

(a) 截交线取点　　　　　　　　(b) 楔块俯视图的绘制

图 2-3-13　楔块三视图的绘制

（1）分析图 2-3-14 中截交线的投影，参照立体图补画左视图。

图 2-3-14 视频

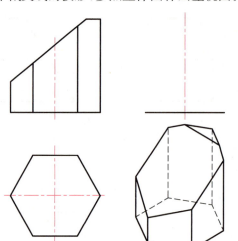

图 2-3-14　参照立体图补画左视图

凸、凹形柱体截切对比分析。

如图 2-3-15(a)所示为凸形柱体被正垂面切割后的三视图,截交线的主视图积聚成一直线,俯视图与左视图中的投影为类似形。

如图 2-3-15(b)所示为凹形柱体被侧垂面切割后的三视图,截交线的左视图积聚成一直线,主视图和俯视图中的投影为类似形。

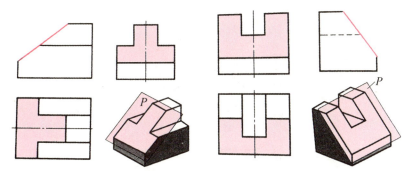

(a) 正垂面切割凸形柱体　　　　(b) 侧垂面切割凹形柱体

图 2-3-15　凸、凹形柱体截切对比分析

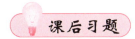

2-3-1　参照图 2-3-16 所示的立体图,补画第三视图。

图 2-3-16 视频

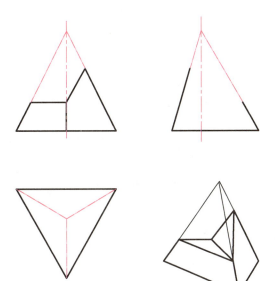

图 2-3-16　参照立体图补画第三视图

任务4　顶尖三视图的形成与绘制

绘制平面立体截交线的重点是取截平面与棱线和立体表面的交点。在学习了平面立体的截交线画法后，本任务将学习曲面立体截交线的绘制方法。

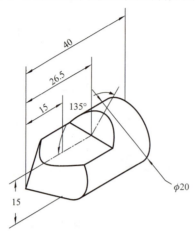

图 2-4-1　顶尖立体图

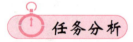

下面以机械加工中车床或磨床的通用机床夹具——顶尖为例，学习曲面立体截交线的绘制方法。顶尖立体图，见图 2-4-1。顶尖三视图的绘制任务分析，见表 2-4-1。

表 2-4-1　顶尖三视图的绘制任务分析表

零件作用	顶尖是机械加工中车床或磨床的通用机床夹具，用于轴类零件安装，有固定顶尖和活动顶尖两种。在车削、磨削加工轴类零件时，采用"双顶尖"或"一端夹持、另外一端顶住中心孔"的方法定位夹紧工件。上部切除一部分是为了避免砂轮或车刀与顶尖夹持部分相碰。
零件实体	
使用场合	顶尖是机械加工中机床通用夹具中的一种。其尾部带有锥柄，安装在机床主轴锥孔或尾座套筒锥孔中，其头部尖锥顶在工件中心孔中。

(续表)

任务模型	
任务解析	顶尖结构可以看作是由圆锥体和圆柱体组合后,被一个水平面和正垂面截切所形成的形体。因此,要想绘制出顶尖的三视图,就需要了解基本几何体圆柱体和圆锥体的截交线画法。
学习目标	1. 了解回转体表面截交线的形成; 2. 学会曲面立体(圆柱、圆锥、球)截交线的画法; 3. 学会顶尖三视图的绘制方法。

2.4.1视频

一、回转体表面的截交线

回转体表面的截交线是截平面与回转体截切后,在回转体表面产生的交线,如图 2-4-2 所示。与平面立体截交线类似,曲面立体的截交线是截平面与回转体表面的共有线。其形状取决于回转体表面的形状及截平面与回转体轴线的相对位置。平面与回转曲面体相交时,其截交线一般为封闭的平面曲线或直线,或直线与平面曲线组成的封闭的平面图形。作图的基本方法是求出曲面体表面上若干条素线与截平面的交点,然后光滑连接而成。

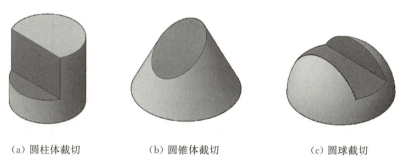

(a)圆柱体截切　　　(b)圆锥体截切　　　(c)圆球截切

图 2-4-2　回转体表面的截交线

二、回转体的截交线投影分析

1. 圆柱截切的分析

1)圆柱截交线类型分析

截平面与圆柱面交线的形状取决于截平面与圆柱轴线的相对位置,如图 2-4-3 所示,截平面与圆柱轴线的相对位置可以分为三种情况:

(1) 截平面与圆柱轴线平行：截交线为两条平行直线。两平行线之间的距离取决于截平面与轴线的距离，如图 2-4-3(a)所示。

(2) 截平面与圆柱轴线垂直：截交线为圆，如图 2-4-3(b)所示。

(3) 截平面与圆柱轴线倾斜：截交线为椭圆，如图 2-4-3(c)所示。

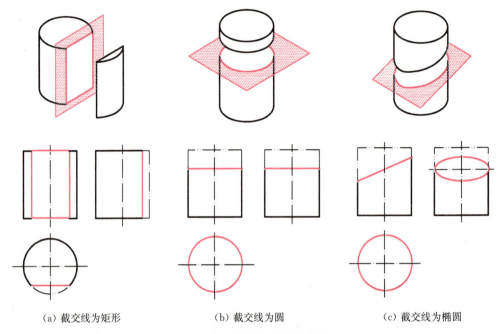

(a) 截交线为矩形　　　(b) 截交线为圆　　　(c) 截交线为椭圆

图 2-4-3　圆柱体表面截交线

2) 圆柱体截交线的画法分析

如图 2-4-4 所示，求作带切口的圆柱体的侧面投影。

通过观察可知，图 2-4-4 所示圆柱体被一个水平面 P 和一个侧平面 Q 截切。在"粗实线"层：

(1) 画圆柱体完整的左视图。在绘图时，首先根据"高平齐"的原则，选用"粗实线"图层，打开"正交"功能，使用"直线"命令，绘制圆柱的底面和顶面位置线。根据宽相等原则，使用"细点画线"图层绘制中心轴线。用"偏移"命令，以圆半径为距离，两侧偏移中心轴线得到最前、最后素线，将其线型由"中心线"切换为"粗实线"，修剪掉多余线条，绘制出圆柱体未截切前的侧面投影，如图 2-4-5(a)所示。

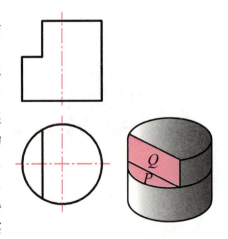

图 2-4-4　带切口的圆柱体

(2) 主视图中的水平切口 p' 在俯视图中的投影 p，如图 2-4-5(b)所示，根据"高平齐"的原则找到其侧面投影的位置。

(3) 主视图中的侧平面 Q 在俯视图中的投影积聚为一条直线，根据"高平齐、宽相等"

的原则可以确定 a''、b''、c''、d'' 的位置,选用"粗实线"图层,使用"直线"命令依次连线,得到 Q 面的侧面投影,如图 2-4-5(c)所示。删除作图辅助点、辅助线,整理,完成带切口的圆柱体左视图的绘制,如图 2-4-5(d)所示。

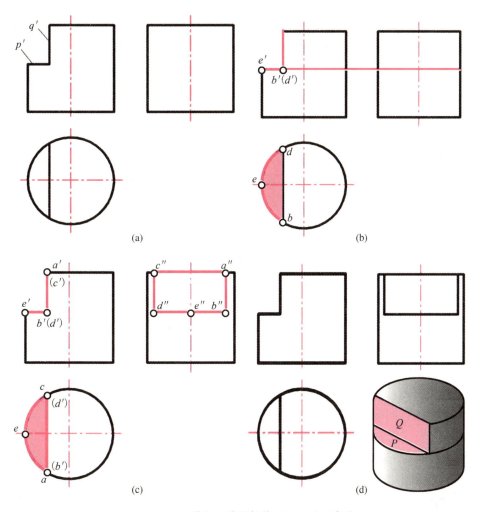

图 2-4-5　带切口的圆柱体三视图绘制步骤

2. 圆锥截切的分析

1) 圆锥截交线类型分析

如图 2-4-6 所示的五种圆锥体表面截交线,取决于截平面与圆锥轴线的相对位置。其相对位置及截交线的投影特性如下:

(1) 当截平面切过圆锥锥顶时,截交线为两条相交直线,如图 2-4-6(a)所示;
(2) 当截平面与圆锥的中心轴线垂直时,截交线为圆,如图 2-4-6(b)所示;
(3) 当截平面与圆锥的中心轴线倾斜时,截交线为椭圆,如图 2-4-6(c)所示;
(4) 当截平面与圆锥的某一条素线平行时,截交线为抛物线,如图 2-4-6(d)所示;
(5) 当截平面与圆锥的中心轴线平行时,截交线为双曲线,如图 2-4-6(e)所示。

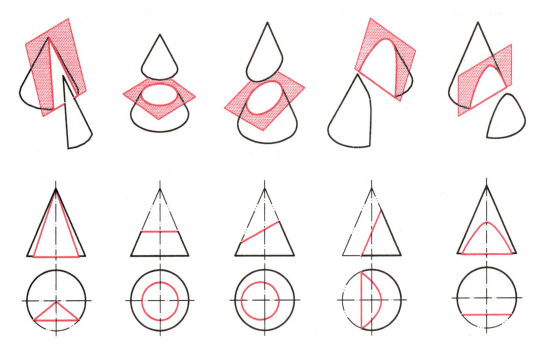

(a) 过锥顶-两相交直线　(b) 与轴线垂直-圆　(c) 与轴线倾斜-椭圆　(d) 与素线平行-抛物线　(e) 与轴线平行-双曲线

图 2-4-6　圆锥体表面五种截交线

2) 圆锥体截交线的画法分析

求作如图 2-4-7 所示圆锥被正平面切割后的正面投影。

通过观察可知，如图 2-4-7 所示的圆锥体被与圆锥的中心轴线平行的截平面截切，截交线为双曲线。

（1）画完整的圆柱主视图：在绘图时，首先根据"长对正、高平齐"的原则，选择"细点画线"图层，使用"直线"命令绘制圆锥中心轴线，并在"粗实线"图层，绘制出圆柱体未截切前的正面投影，如图 2-4-8(a)图所示。

（2）求特殊点投影：分析截平面与圆锥相交的最低位置点 A、B，根据长对正的原则在主视图中取出

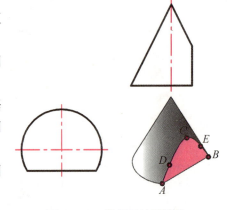

图 2-4-7　带切口的圆锥体

A、B 点的正面投影 a'、b'，如图 2-4-8(b)所示；根据"高平齐"的原则，找到最高点 C 的正面投影 c' 位置，如图 2-4-8(c)。

（3）求一般点投影：根据中间点 D、E 水平投影 d、e，作辅助圆，根据辅助圆最大直径，按照"长对正"原则确定正面投影 d'、e'，根据"高平齐"的原则确定侧面投影 d''、(e'')，如图 2-4-8(d)所示。

（4）连线成图：选择"粗实线"图层，用"样条曲线"命令，依次单击点 a'、d'、c'、e'、b' 形成截交线的正面投影，如图 2-4-8(e)所示。删除作图辅助点、辅助线，整理，完成带切口的圆锥体的主视图绘制，如图 2-4-5(f)所示。

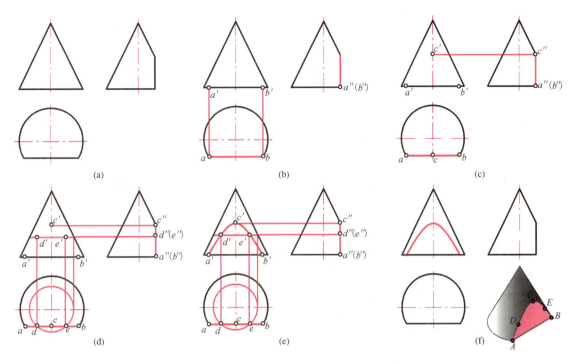

图 2-4-8　圆柱体被正平面切割后主视图绘制步骤

3. 圆球截切的分析

1) 圆球截交线的类型分析

圆球被截切,或者则说圆球与平面相交,截交线的形状都是圆,但根据截平面与投影面的相对位置不同,其截交线的投影可能为圆、椭圆或积聚成一条直线。截交线在所平行的投影面上的投影为一圆,其余两面投影积聚为直线,该直线的长度等于切口圆的直径,其直径的大小与截平面至球心的距离 B 有关,如图 2-4-9 所示。

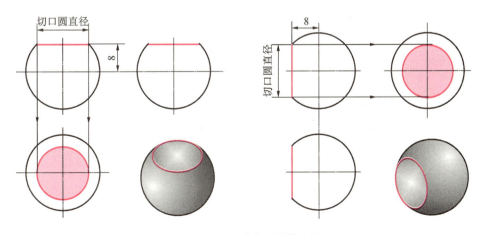

图 2-4-9　圆球表面的截交线

2) 圆球截交线的画法分析

如图 2-4-10 所示,补画半球被截平面 P、Q 切割后的俯视图和左视图。

通过观察可知,图 2-4-10 所示半球体被水平面和侧平面在半球上半部分截切。

(1) 绘制球未被截切的水平投影和侧面投影。首先根据"长对正、高平齐"的原则,在"细点画线"图层,使用"直线"命令绘制圆球中心轴线。在"粗实线"图层,使用"圆"命令,绘制出球体未截切的水平投影和侧面投影,如图 2-4-11(a)所示。

(2) 分析截平面与圆球相交的最低、最左位置点 B,根据"长对正"的原

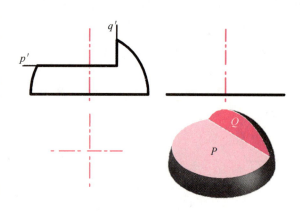

图 2-4-10　圆球表面的截交线

则在俯视图中确定投影 b,根据点 b 绘制切口水平投影,如图 2-4-11(b)所示。

(3) 根据"长对正"的原则,找到最低点前点 A 和后点 C 的水平投影 a、c 的位置,用"直线"命令连接,得到切口水平投影,如图 2-4-11(c)所示。

(4) 根据 Q 面最高点 D 的正面投影 d',确定其水平投影 d。根据"长对正、高平齐、宽相等"原则,由正面投影 a'、b'、c'、d' 及水平投影 a、b、c、d 确定其侧面投影 a''、b''、c''、d'',如图 2-4-11(d)所示。

(5) 连线成图。用"直线"命令连接点 c''、b''、a'';用"圆弧"命令依次单击 a''、d''、c'',如图 2-4-11(e)所示,得到截切面的侧面投影。修剪掉左视图 $a''c''$ 以上圆弧,整理,完成带切口的圆锥体的俯视图、左视图的绘制,如图 2-4-11(f)所示。

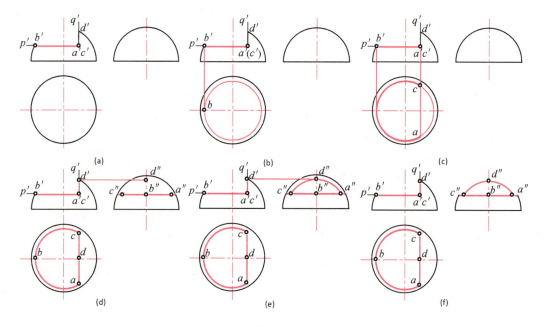

图 2-4-11　圆球表面的截交线

任务实施

2.4.2 视频

一、顶尖三视图的形成

如图 2-4-12 所示,顶尖形体是由同轴的圆锥和圆柱组合后,被水平面和正垂面切割而形成。因此,绘制顶尖三视图就是绘制圆柱体和圆锥体截切后产生的截交线投影。

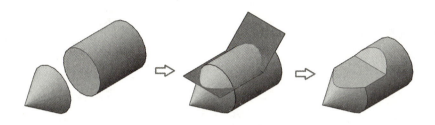

图 2-4-12　顶尖立体的形成过程

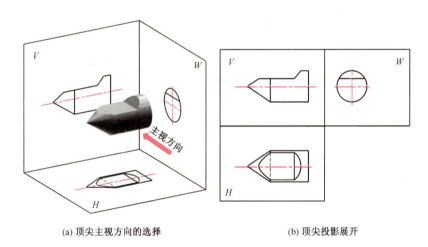

(a) 顶尖主视方向的选择　　　　　(b) 顶尖投影展开

图 2-4-13　顶尖主视图方向选择与投影展开

绘制形体的三视图,首先要确定主视图。主视图的选择原则是:应选择最能反映该组合体形状特征和位置特征的视图作为主视图,同时还应考虑尽可能减少其他视图中的虚线。在绘制顶尖时,应按照其工作状态横置摆放,主视方向的选择如图 2-4-13(a) 所示,能够将截切后的形体特征表现清楚,三面投影体系展开后如图 2-4-13(b) 所示。

根据图 2-4-1 所示顶尖立体图上所注写的尺寸,可以先绘制出立体被截切前的三视图,再通过截面取点,依次绘制出圆锥与圆柱的截交线,最后判定轮廓的可见性,完成顶尖三视图的绘制,绘制完成的三视图如图 2-4-14 所示。

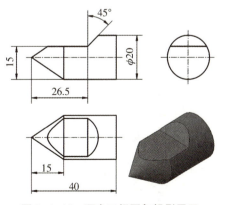

图 2-4-14　顶尖三视图与投影展开

二、顶尖三视图的绘制

1. 图框选择

用 AutoCAD 绘图时,根据图 2-4-15 所示顶针尺寸大小及复杂程度,可选择打开 A4 图框样板,1∶1 比例绘图。绘图时,可以先在中间偏上的位置上进行三视图定位,再进行绘图。

2. 初始设置及基准线绘制

(1) 初始设置,状态栏中"正交""对象捕捉""对象捕捉追踪"按钮点亮,在"细点画线"图层上绘图。

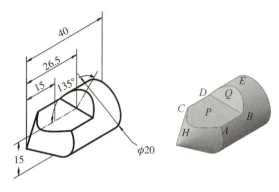

图 2-4-15 顶尖轴测图与截平面交点

(2) 绘制基准线。根据"长对正、高平齐、宽相等"的原则,用"直线"命令绘制:主视图、俯视图中长 40 的水平中心轴线,左视图中垂直正交的长 26 左右的圆的十字对称中心线,见图 2-4-16(a)所示。

3. 画出顶尖完整体的主视图、俯视图、左视图

在"粗实线"图层上绘图。

(1) 根据"长对正、高平齐、宽相等"的原则,用"偏移"命令绘制:将主视图、俯视图中心轴线向上、下双向偏移 10,将偏移后得到的线转换为"粗实线"图层。分别将主视图上、下两外轮廓线的右侧端点连接,将俯视图前、后两外轮廓线的右侧端点连接,得到顶尖右侧面投影线,尺寸部分见图 2-4-16(b)所示。

(2) 用"偏移"命令绘制:将主视图、俯视图右端面投影线分别向左侧偏移 25,得到圆锥底面边线投影。连接中心线左端点和圆锥底面边线与上、下素线交点,得到左侧圆锥部分的投影。单击主、俯视图中心线,用"磁吸"点法,将中心线两端分别拉长 3。

(3) 使用"圆"绘图命令绘制:以左视图中心轴线交点为圆心,10 为半径绘制圆,得到左视图,见图 2-4-16(b)所示。

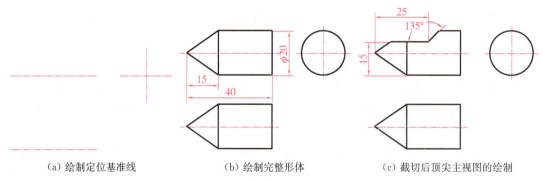

(a) 绘制定位基准线　　　(b) 绘制完整形体　　　(c) 截切后顶尖主视图的绘制

图 2-4-16 基准与完整体三视图的绘制

4. 绘制截交线投影

如图 2-4-15 所示,顶尖由同轴的圆锥和圆柱组成后,被水平面 P 和正垂面 Q 切割而成。P 平面与圆锥面的交线为双曲线,与圆柱面的交线为两条侧垂线 AB、CD。Q 平面与圆柱面的交线为椭圆弧。P、Q 两平面的交线 BD 为正垂线。由于 P 面和 Q 面的正面投影以及 P 面和圆柱面的侧面投影都有积聚性,难点是求作截交线的水平投影。下面,根据图 2-4-15 所示顶尖尺寸,补画截交线的三面投影。

1) 截交线正面投影的绘制

用"偏移"命令,将主视图中的下方素线向上偏移 15 mm,得到水平面所在的高度位置线。将主视图中圆柱的右端面向左侧偏移 15 mm,得到和水平面位置线的交点。以此交点为"旋转"基点,将竖向直线旋转 $-45°$,用"延伸"命令,将旋转后的直线延伸到圆柱最上侧素线位置,见图 2-4-16(c),修剪掉多余直线,完成截交线正面投影的绘制。

2) 截交线侧面投影的绘制

根据"高平齐"的原则,水平面 P 在左视图中积聚为一条直线。正垂面 Q 截切圆柱产生的截交线上所有的点,积聚在直线分割的上侧圆弧上。因此,在绘制截交线的侧面投影时,只需要根据"高平齐"的原则,绘制出水平面 P 和正垂面 Q 的交线的投影即可,如图 2-4-17(a)所示。

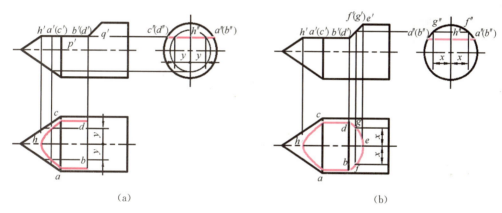

图 2-4-17 侧面及水平投影绘制

3) 截交线水平投影的绘制

(1) 水平面 P 截切圆柱所产生的截交线在俯视图中为两条直线。使用线性标注,量取左视图中 $a''c''$ 的尺寸,取两位小数为 17.32,将俯视图中的中心线向上下各偏移 8.66(17.32/2＝8.66),并转换为"粗实线"图层。从正面投影 b' 作投影线,得到水平投影 ab 和 cd,见图 2-4-17(a)。

(2) 水平面 P 截切圆锥所产生的截交线在俯视图中为双曲线。通过圆锥表面取点的方法求取。如图 2-4-17(a),首先利用"长对正"的原则,使用"粗实线"层,绘制辅助线,得到俯视图中最左点 h 的位置,最低点 a 和最高点 c 的位置。然后,在左视图中找到该部分投影的两个一般位置点(到中心线距离为 y),根据"长对正、宽相等"原则,采用圆锥表面取点的辅助圆法,得到两个一般位置点的水平投影位置。最后选用"粗实线"图层,使用"样条曲线"的绘图命令,依次连接这五个点,得到该部分截交线的水平投影,见图 2-4-17(a)。

(3) 正垂面 Q 截切圆柱所产生的截交线为椭圆弧。椭圆弧的最右点为 e',根据"长对正"原则作出水平投影 e。连接 d、b 两点得到 P 面和 Q 面截交线的水平投影。在椭圆弧侧面投影的适当位置(距中心线距离 x),按照"高平齐、宽相等"原则,求出对应正面和水平投影。使用"样条曲线"的绘图命令,从前往后依次光滑连接 b、f、e、g、d 五点后,单击回车键确认,即可得到椭圆弧的水平投影,如图 2-4-17(b)所示。

5. 判断轮廓的可见性

由顶尖立体分析可知,截切后,圆锥与圆柱的交线下半部分存在,但看不见,水平投影 ac 中间段应用细虚线表示。首先选择"打断于点"命令,将 ac 在与双曲线圆弧的两交点处打断,单击中间线段,转换图层到"细虚线"。注意:两端剩余部分的粗实线保留,细虚线若位于粗实线的延长线上,中间应有间隙,如图 2-4-18(a)所示。删除辅助点,整理后完成的顶尖三视图见图 2-4-18(b)所示。

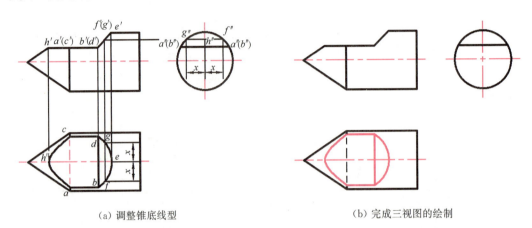

(a) 调整锥底线型　　　　　　　　(b) 完成三视图的绘制

图 2-4-18　锥底线型调整与三视图绘制完成

 归纳总结

在求取立体截交线时重点就是找到截平面与立体的共有点。这就要求读者要熟练掌握曲面立体表面取点的方法。了解截平面截切位置不同,截交线形状上的变化。取点时,可从特殊位置点和一般位置点的求取两方面进行考虑。

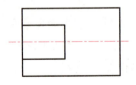 课堂练习

(1) 识读图 2-4-19 中的两视图,想象空间形状,并补画俯视图。

图 2-4-19 视频

 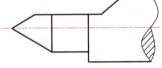 

(a) 圆柱截切体　　　　　　　　　(b) 复合截切体

图 2-4-19　根据两视图补画俯视图

图 2-4-20 视频

2-4-1 如图 2-4-20 所示，根据两视图，补画截切体的左视图。

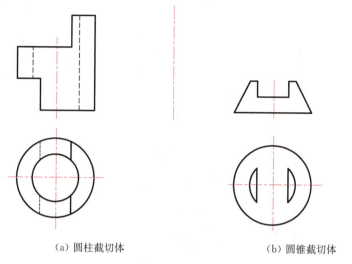

（a）圆柱截切体　　　　（b）圆锥截切体

图 2-4-20　补画视图

任务5　三通管三视图的形成与绘制

工业生产中采用焊接、铸造等工艺生产的焊接件、铸件，它们的形体结构往往是两回转体相交的结构。在表达此类结构时，需要考虑立体相交所产生的交线的绘制方法。图 2-5-1 所示为三通管，它是由正交的两个空心圆柱垂直相交而成。要绘制出三通管的三视图，关键是要会画两圆柱垂直相交后交线的投影。

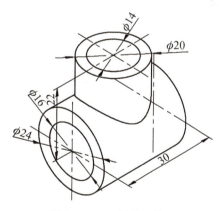

图 2-5-1　三通管立体图

两立体表面相交产生的交线，称为相贯线。要会画两圆柱垂直相交后交线的投影，需要了解相贯线的基本性质，掌握不同直径圆柱相交后相贯线的变化规律，以便准确表达管类零件的表达方法。三通管视图形成任务分析，见表 2-5-1。

表 2-5-1　三通管任务分析表

零件作用	三通管,是水路连接时用的一种管接头,通过三通管可以实现一路水和两路水之间的连接。
零件实体	
使用场合	三通管是水路、油路等连接时的管接头,用于流体一入二出或截止阀。
任务模型	
任务解析	三通管是由正交的两个空心圆柱叠加而成的。圆柱的投影前面已经讲过,想要完成三通管的三视图绘制,必须学会两圆柱正交所产生的表面交线的画法。
学习目标	1. 了解相贯线的性质; 2. 学会圆柱体垂直正交相贯线的画法; 3. 学会三通管三视图的绘制方法。

两立体相交称为相贯,其表面产生的交线称为相贯线,如图 2-5-2 所示。

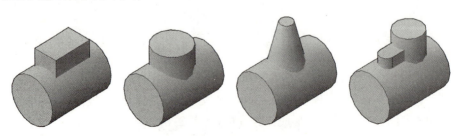

图 2-5-2　立体表面的相贯线

一、相贯线的性质和形状

相贯线具有下列基本性质。

(1) 表面性：相贯线位于两立体的表面上。

(2) 封闭性：相贯线一般是封闭的空间曲线或折线，特殊情况下是平面曲线或直线。

(3) 共有性：相贯线是两立体表面的共有线，也是两立体表面的分界线。相贯线上的所有点都是两立体表面上的共有点。

求解相贯线就是求解相贯线上一系列的点(特殊点、一般点)，之后按顺序光滑连接各点的投影，即得相贯线的投影。

二、回转体(圆柱正交)相贯线的画法

立体与立体的相贯类型较多，根据本任务的实施需求，本节将重点以圆柱体正交相贯为例，讨论回转体与回转体相贯线的画法。

2.5.1视频

1. 两个不等径圆柱体相贯线的画法

两直径不同的圆柱体轴线垂直相交，相贯线为封闭的空间曲线，见图 2-5-3 所示。小圆柱面水平投影积聚，故相贯线的水平投影与小圆柱面的水平投影重合，为一整圆。大圆柱面侧面投影积聚，故相贯线的侧面投影与大圆柱面的侧面投影重合，但只占小圆柱面侧面投影轮廓范围内的一段圆弧。

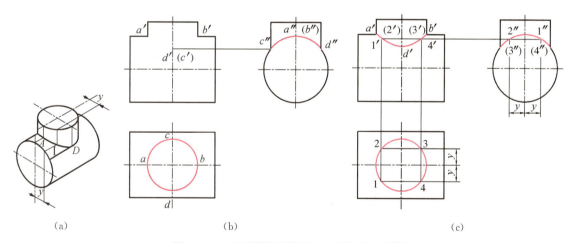

图 2-5-3　两不等径圆柱正交时相贯线的投影

绘制两不等径圆柱正交时的相贯线有以下两种方法。

1) 表面取点法

(1) 求特殊点。在相贯线的水平投影上找出最左、最右、最后、最前点 a、b、c、d(A、B 同时也是相贯线上的最高点，C、D 同时也是相贯线上的最低点)，根据相贯线的性质，可求得特殊点的正面投影 a'、b'、c'、d'，其中 c'、d' 要利用 c''、d'' 根据"高平齐"的原则求得，见图 2-5-3(a)、(b)所示。

(2) 求一般点。在特殊点之间找出四个对称的一般点Ⅰ、Ⅱ、Ⅲ、Ⅳ[Ⅰ点的空间位置见图 2-5-3(a)]。它们的水平投影为 1、2、3、4。根据宽相等可先求得 $1''$、$2''$、$3''$、$4''$，再求其正面

投影 $1'$、$2'$、$3'$、$4'$,见图 2-5-3(c)所示。

(3) 光滑连接。用"样条曲线"命令依次单击点 a'、$1'$、c'、$3'$、b' 形成主视图相贯线。因为相贯线前后对称,其正面投影的不可见部分与可见部分重合,故在正面投影中,只需画出前半段,见图 2-5-3(c)所示。

2) 简化画法

国家标准规定,允许采用简化画法作出两不等径圆柱正交相贯线的投影,即以圆弧代替非圆曲线。当平行于正面的两个不等径圆柱轴线垂直相交时,绘制相贯线的正面投影,用"圆弧"命令,依次单击点 a'、d'、b' 形成主视图相贯线,见图 2-5-4。

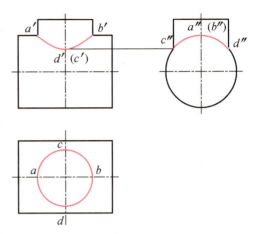

图 2-5-4 不等径圆柱正交相贯线的简化画法

2. 圆柱直径的大小对相贯线形状的影响

两个不等径正交圆柱的相贯线在非圆视图上的投影总是弯向大圆柱的中心轴线,如图 2-5-5(a)、2-5-5(c)所示。当两圆柱的直径相等时,相贯线在空间为两个相交的椭圆,它们在非圆视图上的投影积聚为垂直相交的两直线,如图 2-5-5(b)所示。

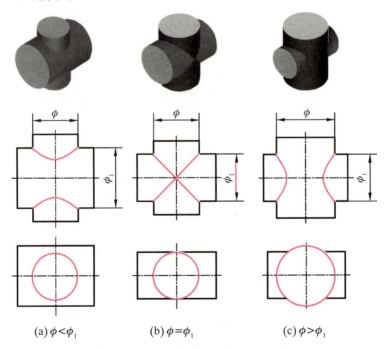

(a) $\phi < \phi_1$ (b) $\phi = \phi_1$ (c) $\phi > \phi_1$

图 2-5-5 两圆柱直径的变化对相贯线的影响

3. 两圆柱正交的类型

两立体相贯,无论是实体与实体、实体与虚体,还是虚体与虚体,相贯线的作图方法与步骤均一致。实体的曲面通常也被称为外表面,而虚体的曲面通常被称为内表面。具有内表面的立体在求其相贯线的作图过程中,由于轮廓素线的不可见性,切记要用虚线表示其存在,如图 2-5-6 所示为内、外表面圆柱体的相贯线,图 2-5-7 所示为内、外表面圆柱体相贯线的位置。

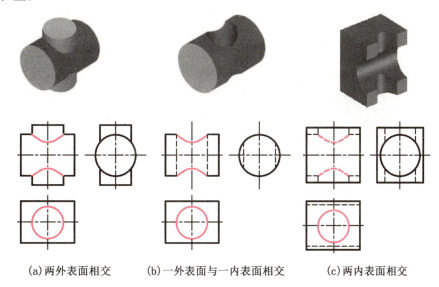

(a)两外表面相交　　(b)一外表面与一内表面相交　　(c)两内表面相交

图 2-5-6　内、外表面圆柱体的相贯线

两圆柱面正交共存在三种情况:外-外圆柱面正交、外-内圆柱面正交和内-内圆柱面正交。无论哪种情况,相贯线在非圆视图中的投影求法都是一样的。用圆弧代替作图时,要以大圆柱面的半径为半径画圆弧,特别注意圆弧要弯向大圆柱面的中心轴线。

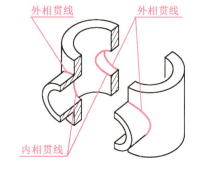

图 2-5-7　内部、外部相贯线

 任务实施

2.5.2 视频

一、三通管三视图形成

如图 2-5-8 所示,三通管由两个不等径的空心圆柱体垂直正交形成,在绘图时,不仅要考虑外部圆柱正交所产生的相贯线结构,还要考虑内部圆柱所形成的相贯线。

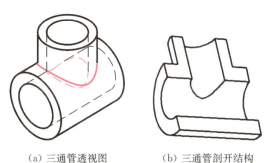

(a)三通管透视图　　(b)三通管剖开结构

图 2-5-8　三通管形体分析

根据前面所学的知识点我们知道,立体的主视方向要尽可能体现立体的结构特征,如图 2-5-9 所示为三通管三视图的主视方向选择与视图展开。

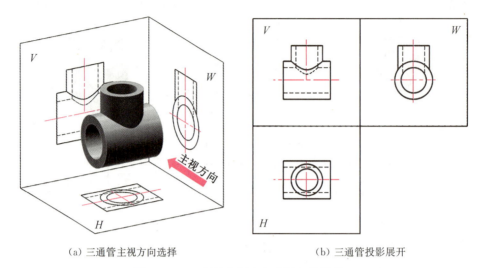

(a) 三通管主视方向选择　　　　　　　(b) 三通管投影展开

图 2-5-9　三通管主视方向选择与投影展开

二、三通管三视图的绘制

1. 图框的选择

用 AutoCAD 绘图时,根据图 2-5-1 所示三通管的尺寸大小及复杂程度,选择打开 A4 图框样板,1∶1 比例绘图。绘图时,可以选在中间偏上的位置进行绘图。

2. 初始设置及基准线的绘制

(1) 初始设置,状态栏中"正交""对象捕捉""对象捕捉追踪"按钮点亮,在"细点画线"层上绘图。

(2) 绘制基准线。根据"长对正、高平齐、宽相等"的原则:

① 用"直线"命令绘制主视图、俯视图中长 30 的水平中心线。

② 主视图中以中心线中点为起点向上画长 22 的中心线。

③ 俯视图中以中心线中点为基准点,用"旋转"命令,单击"复制 C"选项,角度 90°,得到长、高均为 30 的十字形中心线。

④ 将主视图"复制"到左视图位置,作为左视图的基准线,见图 2-5-10(a)。

3. 绘制三通管外圆柱三视图

将图层切换到"粗实线"层。

(1) 绘制水平圆柱外形三视图

① 用"偏移"命令,将主视图、俯视图水平中心线分别向上、下偏移 12,得到横向大圆柱体上下、前后的轮廓素线。单击选中四条素线,转换图层到"粗实线"层。使用"直线"命令连接主视图、俯视图素线的两侧端点,得到大圆柱左右两侧面投影。

② 在左视图中,用"圆"命令绘图:以中心轴交点为圆心,以 12 为半径画圆,得到横向大圆柱的侧面投影,如图 2-5-10(b) 所示。

(2) 绘制竖直圆柱外形三视图

① 用"偏移"命令,将主视图、左视图竖向中心线分别向两侧偏移10,并转换到"粗实线"层。用"直线"命令连接竖管上端点,得到竖向小圆柱体左右、前后的轮廓素线和顶面投影。

② 在俯视图中,选择"圆"命令,以中心线交点为圆心,以10为半径画圆,得到竖向小圆柱的水平投影,如图2-5-10(b)所示。注意:主视图中两圆柱体垂直正交后的交线应按照相贯线的画法绘制,此处用"修剪"命令删去,如图2-5-10(b)所示。

(3) 外圆柱相贯线的绘制

应用相贯线的简化画法来绘制相贯线。

① 用"直线"命令,从左视图竖圆柱最后素线与水平圆交点向主视图竖中心线作辅助投影线,找到相贯线最低点。

② 使用"圆弧"的绘图命令,依次单击主视图相贯线左最高点、最低点、右最高点,完成外圆柱相贯线的绘制,见图2-5-10(b)。

4. 绘制三通管内圆柱三视图

将图层切换到"虚线"层。

绘制内圆柱三视图的步骤与外圆柱三视图类似。

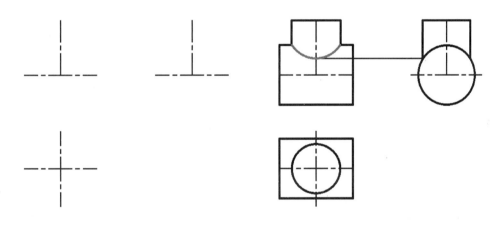

(a) 三通管三视图的基准线　　　　　　　(b) 绘制三通管外圆柱三视图

图 2-5-10　绘制三通管外圆柱三视图

(1) 绘制水平内圆柱三视图

① 用"偏移"命令,将主视图、俯视图水平中心线分别向上、下偏移8,得到横向内圆柱体上下、前后的轮廓素线。单击选中四条素线,转换图层到"虚线"层。

② 在左视图中,用"圆"命令绘图:以中心轴交点为圆心,"8 mm"为半径画圆,得到横向内圆柱的侧面投影,转换到"粗实线"层,如图2-5-11(a)所示。

(2) 绘制竖直内圆柱三视图

① 用"偏移"命令,将主视图、左视图竖向中心线向两侧偏移7,并转换到"虚线"层。用"直线"命令连接竖管上端点,得到竖向小圆柱体左右、前后的轮廓素线和顶面投影。

② 在俯视图中,选择"圆"命令,以中心线交点为圆心,以"7 mm"为半径画圆,得到竖向小圆柱的水平投影,转换到"粗实线"层,如图 2-5-11(a)所示。注意:主视图中两圆柱体垂直正交后的交线应按照相贯线的画法绘制,此处用"修剪"命令删去,如图 2-5-11(a)所示。

(3) 内圆柱相贯线的绘制

应用相贯线的简化画法来绘制相贯线。

① 用"直线"命令,从左视图内竖圆柱最后素线与内水平圆交点向主视图竖中心线作辅助投影线,找到相贯线最低点。

② 使用"圆弧"的绘图命令,依次单击主视图内相贯线左最高点、最低点、右最高点,完成内圆柱相贯线的绘制。将各视图中心线调整到超出轮廓线 3,删除辅助线,整理后见图 2-5-11(b)所示。

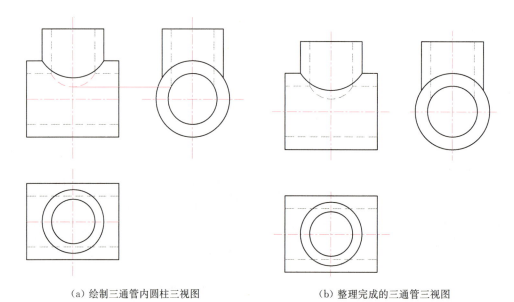

(a) 绘制三通管内圆柱三视图　　　　(b) 整理完成的三通管三视图

图 2-5-11　绘制三通管内圆柱三视图

(1) 补全图 2-5-12 中的相贯线,完成主视图的绘制。

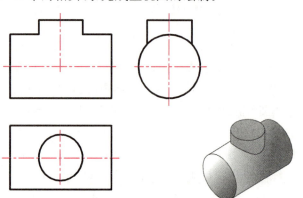

图 2-5-12　三视图的绘制

(2) 补全图 2-5-13 中视图的缺线,完成三视图的绘制。

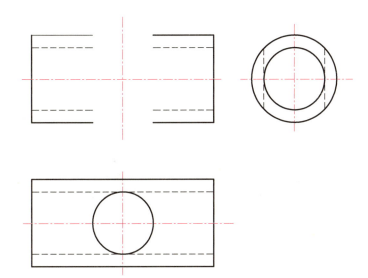

图 2-5-13 视频

图 2-5-13　三视图的绘制

——相贯线的特殊情况

(1) 当若干个回转体叠加且具有公共轴线时,相贯线为垂直于公共轴线的圆,在与轴线平行的投影面上的投影为一直线段,如图 2-5-14 所示。

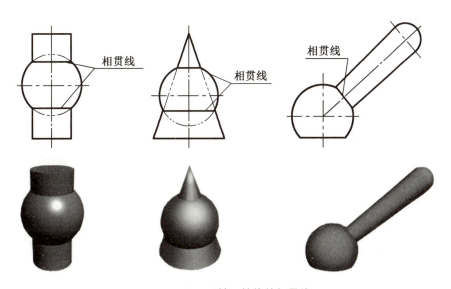

图 2-5-14　同轴回转体的相贯线

(2) 圆柱与圆柱或圆锥相交,相贯线为椭圆,在与轴线平行的投影面上的投影为直线,如图 2-5-15 所示。

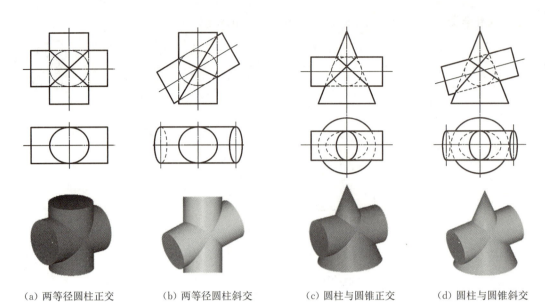

(a) 两等径圆柱正交　　(b) 两等径圆柱斜交　　(c) 圆柱与圆锥正交　　(d) 圆柱与圆锥斜交

图 2-5-15　两圆柱或圆柱与圆锥的相贯线

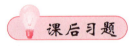

2-5-1　如图 2-5-16 所示,已知相贯体的俯视图、左视图,求作主视图。

图 2-5-16 视频

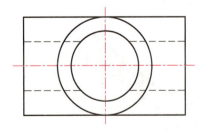

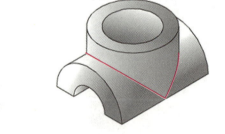

图 2-5-16　三视图的绘制

模块三

组合体三视图的形成与绘制

任何复杂的机器零件,从形体的角度来分析,都可以看成是由若干基本形体(圆柱、圆锥、圆球等),按一定的方式(叠加、切割或穿孔等)组合而成的。由两个或两个以上的基本形体组合构成的整体,称为组合体。

任务1 轴承座三视图的形成与绘制

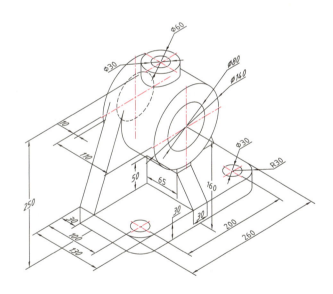

图 3-1-1 轴承座立体图

轴承座由注油管、圆筒、支撑板、肋板和底板组成,其立体图如图 3-1-1 所示。其作用是可以对低速重载轴提供滑动支撑。该零件实体、使用场合、任务模型等,见表 3-1-1 轴承座任务分析。

表 3-1-1　轴承座任务分析表

零件作用	一般成对使用，可以对低速重载轴提供滑动支撑。
零件实体	
使用场合	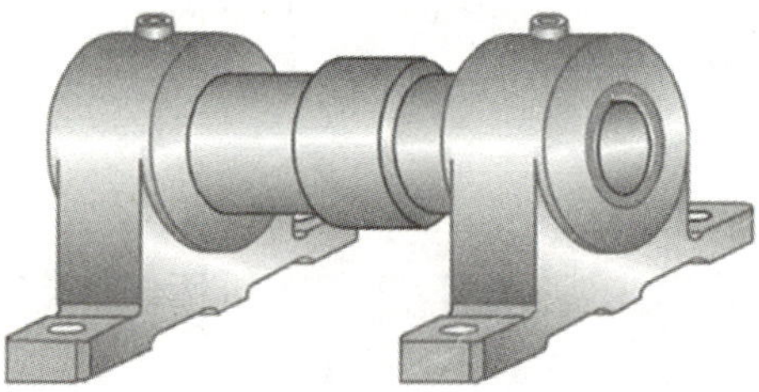
任务模型	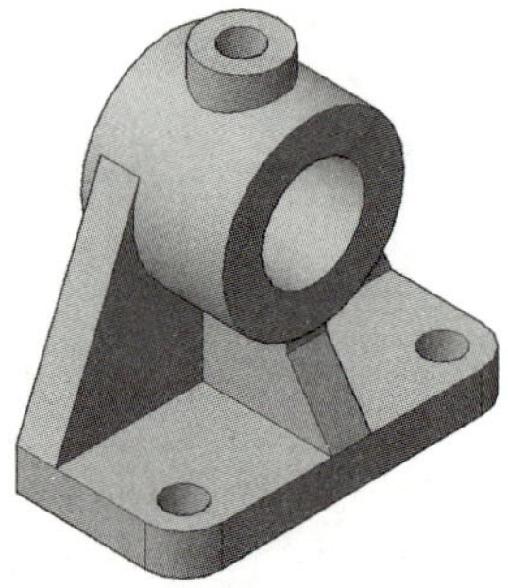
任务解析	要想正确表达轴承座，不仅要了解组合体的构成，理解组合体相邻表面之间的连接关系及画法，还要掌握组合体三视图的画法。
学习目标	1. 了解组合体的构成。 2. 理解组合体相邻表面之间的连接关系及画法。 3. 掌握组合体三视图的画法。

 相关知识

3.1.1 视频

一、组合体的构成

组合体按其构成的方式，可分为叠加型和切割型两种。叠加型组合体是由若干基本形体叠加而成的，切割型组合体是由基本形体经过切割或穿孔后形成的，多数组合体则是既有叠加又有切割的综合型。图 3-1-2(a)所示为支座，它可看成是由一块长方形底板(穿孔，即切去一个圆柱体)、两块尺寸相同的梯形立板、一块半圆形立板(穿孔，即切去一个圆柱体)叠加起来组成的综合型组合体，如图 3-1-2(b)所示。

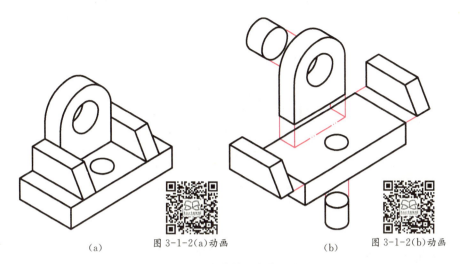

图 3-1-2　支座的组合体构成

画组合体的三视图时,可采用"先分后合"的方法。即假想将组合体分解成若干个基本形体,然后按其相对位置逐个画出各基本形体的投影,综合起来,即可得到整个组合体的视图。这样,就可以把一个比较复杂的问题分解成几个简单的问题加以解决。

为了便于画图,通过分析,将组合体分解成若干个基本形体,并搞清它们之间相对位置和组合形式的方法,称为形体分析法。

二、组合体相邻表面之间的连接关系及画法

讨论相邻两形体间的连接形式,利于分析结合处两形体分界线的投影。

1. 共面

如图 3-1-3(a)所示,当两形体的邻接表面共面时,在共面处没有交线,如图 3-1-3(b)所示。图 3-1-3(c)所示为多画线的错误图例。

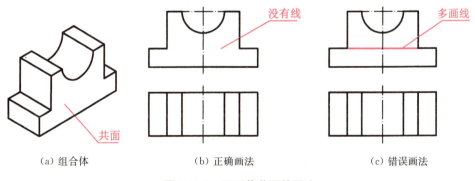

(a) 组合体　　　　(b) 正确画法　　　　(c) 错误画法

图 3-1-3　两形体共面的画法

如图 3-1-4(a)所示,当两形体的邻接表面不共面时,在两形体的连接处应画出交线,如图 3-1-4(b)所示。图 3-1-4(c)所示为漏画线的错误图例。

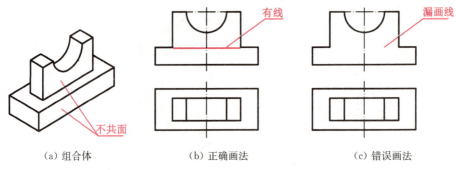

(a) 组合体　　　　(b) 正确画法　　　　(c) 错误画法

图 3-1-4　两形体不共面的画法

2. 相切

图 3-1-5(a)中的组合体由耳板和圆筒组成。耳板前后两平面与左右两大小圆柱面光滑连接，即相切。在水平投影中，表现为直线和圆弧相切。在其正面和侧面投影中，相切处不画线，耳板上表面的投影只画至切点处，如图 3-1-5(b)所示。图 3-1-5(c)所示为在相切处画线的错误图例。

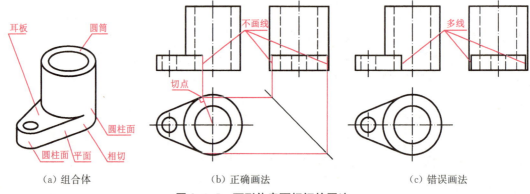

(a) 组合体　　　　(b) 正确画法　　　　(c) 错误画法

图 3-1-5　两形体表面相切的画法

3. 相交

图 3-1-6(a)中的组合体也是由耳板和圆筒组成的，但耳板前后两平面平行，与左右两大小圆柱面相交。在水平投影中，表现为直线和圆弧相交。在其正面和侧面投影中，应画出交线，如图 3-1-6(b)所示。图 3-1-6(c)所示为在相交处漏画线的错误图例。

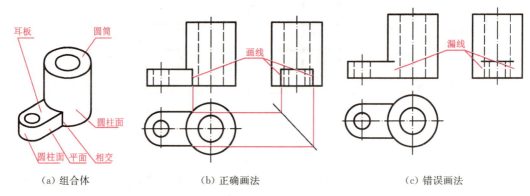

(a) 组合体　　　　(b) 正确画法　　　　(c) 错误画法

图 3-1-6　两形体表面相交的画法

如图 3-1-7(a)、(c)所示，无论是两实心形体相邻表面相交，还是实心形体与空心形体相邻表面相交，只要形体的大小和相对位置一致，其交线就完全相同。当两实心形体相交时，两实心形体已融为一体，圆柱面上原来的一段轮廓线已不存在，如图 3-1-7(b)所示。圆柱被穿矩形孔后，圆柱面上原来的一段轮廓线已被切掉，如图 3-1-7(d)所示。

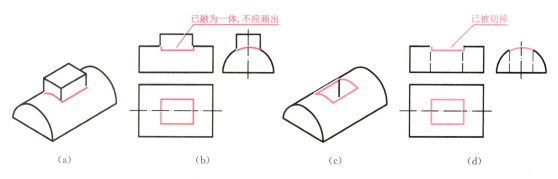

图 3-1-7　两形体表面相交的画法

三、组合体三视图的画法

形体分析法是将复杂形体简单化的一种思维方法。画组合体视图一般采用形体分析法，即将组合体分解为若干基本形体，分析它们的相对位置和组合形式，逐个画出各基本形体的三视图。

1. 形体分析

看到组合体实物（或轴测图）后，首先应对它进行形体分析。要搞清楚它的前后、左右和上下六个面的形状，并根据其结构特点，想一想大致可以分成几个组成部分，它们之间的相对位置关系如何，是什么样的组合形式等。图 3-1-8(a)所示为支座，按它的结构特点可分为直立圆筒、水平圆筒、底板和肋板四个部分，如图 3-1-8(b)所示。水平圆筒和直立圆筒垂直相贯，且两孔贯通。底板的右侧面和直立圆筒左侧外表面相切；肋板与底板叠加，与直立圆筒相截交。

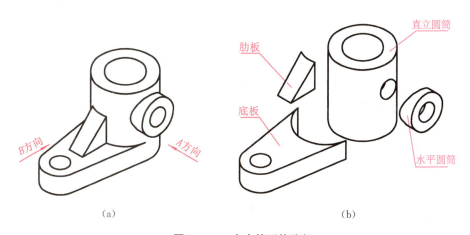

图 3-1-8　支座的形体分析

2. 视图选择

视图选择的内容包含主视图的选择和视图数量的确定。

1) 主视图的选择

主视图是表达组合体的一组视图中最主要的视图。当主视图的投射方向确定之后，俯、左视图投射方向随之确定。选择主视图应符合以下三条要求：

（1）反映组合体的结构特征。一般应把反映组合体各部分形状和相对位置较多的一面作为主视图的投射方向。

（2）符合组合体的自然安放位置，主要面应平行于基本投影面。

（3）尽量减少其他视图的细虚线。

如图 3-1-8(a)所示，将支座按自然位置安放后，按箭头所示的 A、B 两个投射方向，可得到两组不同的三视图，如图 3-1-9 所示。从两组不同的三视图可以看出，选择 A 方向作为主视图的投射方向，显然比 B 方向好。因为组成支座的基本形体以及它们之间的相对位置关系等，A 方向主视图中表达最清晰，能反映支座的整体结构形状特征，且细虚线相对较少。

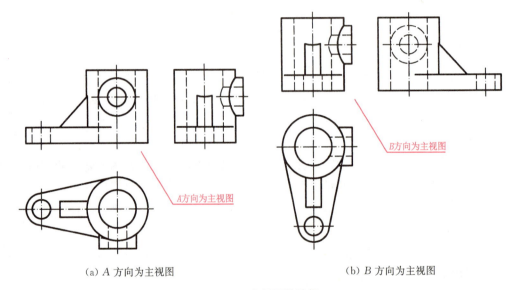

(a) A 方向为主视图　　　　　　　(b) B 方向为主视图

图 3-1-9　主视图的选择

2) 视图数量的确定

在组合体形状表达完整、清晰的前提下，其视图数量越少越好。支座的主视图按 A 方向确定后，还要画出俯视图，表达底板的形状和两孔的中心位置，并用左视图表达水平圆筒的形状和位置。因此，要完整表达出该支座的形状，需要画出主、俯、左三个视图。

3. 叠加型组合体的画法

1) 选择比例，确定图幅

视图确定以后，便要根据组合体的大小和复杂程度，选定作图比例和图幅。应注意，所选的幅面要比绘制视图所需的面积大一些，以便标注尺寸和画标题栏。

2) 布置视图

布图时，应将视图匀称地布置在幅面上，视图间的空白处应保证能注全所需的尺寸。

3)绘制底稿

支座的画图步骤如图 3-1-10 所示。为了迅速而正确地画出组合体的三视图,画底稿时应注意以下两点:

(1)画图的先后顺序,一般应从形状特征明显的视图入手。先画主要部分,后画次要部分;先画可见部分,后画不可见部分;先画圆或圆弧,后画直线。

(2)画图时,组合体的每一组成部分,最好是三个视图配合着画,即不要先把一个视画完再画另一个视图。这样不但可以提高绘图速度,还能避免多线或漏线。

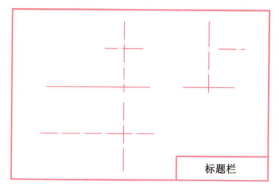

(a)打开样板图框及标题栏,再画出作图基准线　　(b)画直立圆筒

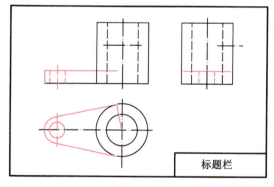
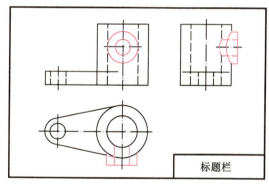

(c)画底板(注意切点)　　(d)画水平圆筒

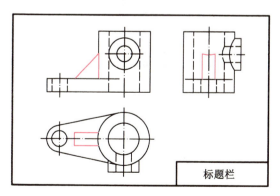
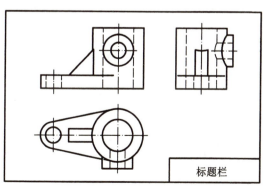

(e)画肋板　　(f)确认无误后,整理图形,完成全图

图 3-1-10　支座的画图步骤

4）检查整理

底稿完成后,应在三视图中认真核对各组成部分的投影关系正确与否;分析清楚相邻两形体衔接处的画法有无错误,是否多线、漏线;再将实物(或轴测图)与三视图对照,确认无误后,用打断命令或拉长"磁吸"点,调整中心线超出轮廓线3~5。用"移动"命令调整好各视图位置,保证对称、正中,完成全图。

四、切割型组合体的画法

对基本几何体进行切割而形成的组合体即为切割型组合体。绘制切割型组合体视图时通常先画出未切割前完整的基本几何体的投影,然后画出切割后的形体。各切口部分应从反映其形状特征的视图开始画起,再画出其他视图。图3-1-11(a)所示组合体可看作由长方体切去形体A、B、C而形成。画图时,首先画出未切割前长方体的三视图,如图3-1-11(b)所示;然后将A、B、C形体依次地切割下来,其作图步骤如图3-1-11(c)~(e)所示。

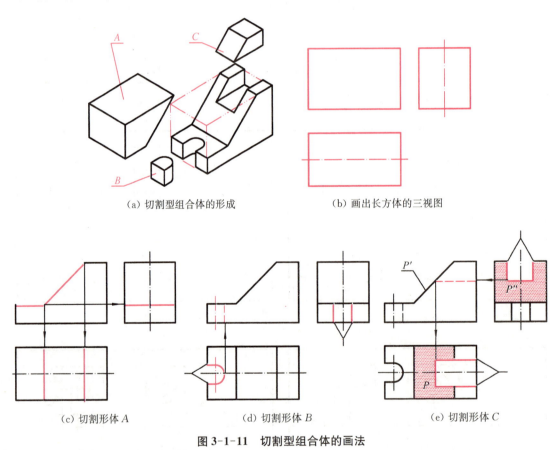

图3-1-11　切割型组合体的画法

画切割体三视图时应注意以下两点:

(1) 作每个切口的投影时,应先从能够反映形体特征轮廓且具有积聚性投影的视图开始,再按投影关系画出其他视图。例如,切割形体A时,先画出切口的主视图,再画出俯、左视图中的图线;切割形体B时,先画出圆形槽的俯视图,再画出主、左视图中的图线;切割形体C时,先画矩形槽的左视图,再画出主、俯视图中的图线。

（2）注意切口截面投影的类似性。图 3-1-11(e)所示的矩形槽与斜面 P 相交而形成的截面，其水平投影与侧面投影应为类似形。

3.1.2 视频

一、轴承座形体分析

图 3-1-12 所示的轴承座是由注油管 1、圆筒 2、支撑板 3、肋板 4 和底板 5 组成。圆筒和注油管的内外表面都有相贯线，外圆柱面与肋板、支撑板相连接，它们的左右端面都不平齐；支撑板的左右两侧面与圆筒的外圆柱面相切，与底板的左右两侧面相交；肋板的左右两表面与圆柱面相交；支撑板的后端面与底板的后端面平齐；轴承座在左右方向具有对称性。注油管、肋板和圆筒左右方向都以对称面定位。

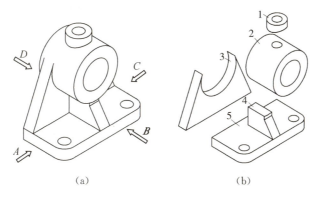

(a) (b)

1—注油管　2—圆筒　3—支撑板　4—肋板　5—底板

图 3-1-12　轴承座形体分析

二、轴承座视图选择

画组合体的三视图，首先要确定主视图。主视图选择原则是：应选择最能反映该组合体形状特征和位置特征的视图作为主视图，同时还应考虑尽可能减少其他视图中的虚线。从图 3-1-12(a)所示 A、B、C、D 四个方向所得视图，如图 3-1-13 所示。

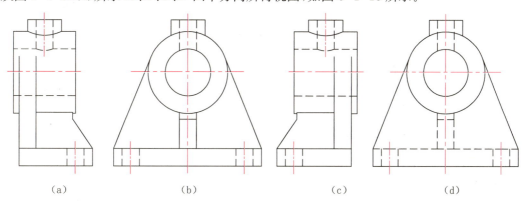

(a) (b) (c) (d)

图 3-1-13　轴承座主视图的选择

经过比较可以看出,该组合体在投射方向 B 或 C 所得的视图能较好地满足以上选择原则。以 D 向为主视图虚线较多;以 A 向为主视图则左视图虚线较多。最终,选 B 向视图为主视图。当主视图方向确定后,其他视图的方向则随之而定。

三、轴承座三视图的绘制

1. 图框的选择

根据轴承座尺寸大小及复杂程度,可选择打开 A3 图框样板,1∶2 比例绘图。用 AutoCAD 绘图时,先按照 1∶1 绘图,画好后,用"缩放"命令缩小视图后,再"移动"到图框中。

2. 初始设置及基准线绘制

(1)"正交""对象捕捉""对象捕捉追踪"按钮点亮,在"0"层上绘图。

(2) 绘制基准线。用"直线"命令绘制:主视图中水平基准线长 260,左右对称中心线高 250;左视图中水平基准线宽 130,支撑板后端面积聚线高 250;俯视图中支撑板后端面积聚线长 260,对称中心线宽 130。注意:主、左视图高平齐,主、俯视图长对正。用"偏移"命令,将主、左视图水平基准线向上偏移 160,得到圆筒水平中心线。将圆筒左右中心线、高 250 的圆管中心线图层由"0"层转为"中心线"层,见图 3-1-14(a)。

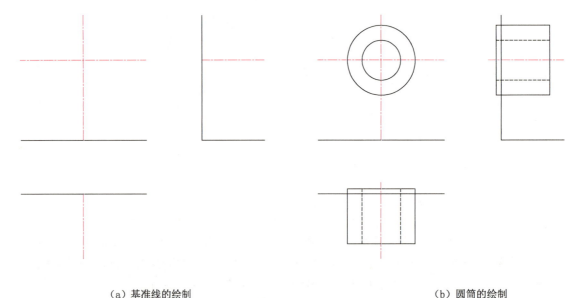

(a) 基准线的绘制　　　　　　　　　　　(b) 圆筒的绘制

图 3-1-14　基准与圆筒的绘制

3. 画圆筒的三视图

(1) 用"圆"命令,在主视图中绘制直径分别为 80 和 140 的同心圆。

(2) 用"偏移"命令,将左视图中支撑板后端面线向左偏移 10,再向右偏移 100,完成圆筒前后端面线的绘制。利用"高平齐"原则画出圆筒内外圆最上、最下素线的投影线。将内孔线转换到"虚线"层。同法画出圆筒俯视图,见图 3-1-14(b)。

4. 画底板的三视图

(1) 用"直线"命令完成主视图中长 260,高 30 底板长方形的绘制;完成左视图中宽

130，高 30 底板长方形的绘制；完成俯视图中长 260，宽 130 底板长方形的绘制。

（2）用"圆角"命令，完成俯视图中底板两个半径为 30 的倒圆角的绘制，见图 3-1-15(a)。

5. 画支撑板的三视图

（1）画主视图：用"直线"命令，从底板左右上角向 φ140 圆，输入"TAN"捕捉切点，得到与 φ140 圆相切的两条切线。

（2）画左视图：支撑板后基准线向前偏移 30，从主视图切点画左视图投影线，投影线为支撑板左视图最高点，切点以上部分无线，修剪掉。同样方法画出支撑板俯视图，超过切点无实线。但支撑板下半部与圆筒有截交线，看不见，故应补画虚线，如图 3-1-15(b)所示。注意：这里的虚线在实线延长线上，故应"打断"留空隙。

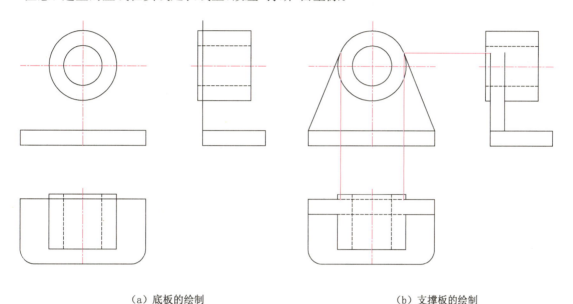

(a) 底板的绘制　　　　　　　　　　　(b) 支撑板的绘制

图 3-1-15　底板与支撑板的绘制

6. 画注油管和肋板的三视图

（1）画注油管的三视图。①先画俯视图同心圆。将后端面线向前偏移 55，以与左右对称中心线交点为圆心，直径分别为 30、60 画圆。②画主视图。将下水平基准线向上偏移 250，得到注油管上平面积聚投影线。按照"长对正"原则，画注油管内外圆柱面最左、最右素线投影线，将内孔投影线从"0"层转换到"虚线"层。③画左视图。将注油管主视图"复制"到左视图。内、外圆与圆筒内外圆均有相贯线。从注油管主视图最右点，向左视图作投影线，与中心线交点为最低点，加上最前、最后点，三点画"圆弧"，将内圆柱线图层由"0"层转换到"虚线"层，完成注油管的绘制，见图 3-1-16(a)。

（2）画肋板的三视图。①先画主视图肋板 30 厚，找到侧平面与圆筒外圆截交位置线（主视图积聚为一点）。底板上表面积聚线向上偏移 50，修剪掉超出板厚部分，完成正面投影。②画肋板的左视图。主视图侧平面与圆筒外圆截交线积聚点，根据"高平齐"的原则向右投射，支撑板向前偏移 65，与主视图 50 高水平线向左视图投影线交点，为侧面投影梯形腰点，再连到底板上边，完成侧面投影。用"修剪"命令，去除截交线对应的圆筒最下素线。

③画水平投影。可以从主视图复制距离 30 的两条线,圆筒前面的可见,圆筒后面的不可见,转换到虚线层。

(3) 补画底板 2×φ30 圆孔。先画俯视图,再投射到主视图,再复制到左视图,后两者孔最左、最右、最前、最后素线的投影线均为虚线。

(4) 整理:将过长或过短的中心线打断或拉长,完成轴承座三视图的绘制,见图 3-1-16(b)。

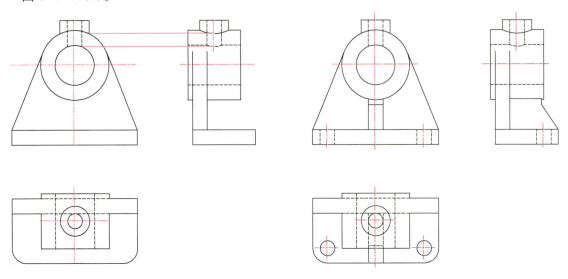

（a）注油管的绘制　　　　　　　　（b）肋板、安装孔的绘制并整理

图 3-1-16　注油管、肋板、安装孔的绘制

课后习题

3-1-1　用形体分析法分析图 3-1-17 所示轴承座组合体的组成,选择合适的主视图,完成其三视图的绘制。

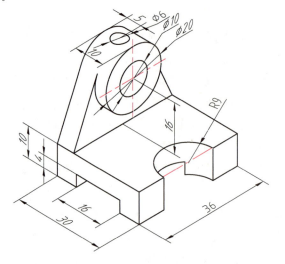

图 3-1-17视频

图 3-1-17　小轴承座

任务 2　轴承座组合体的尺寸标注

视图只能表达组合体的形状，各种形体的真实大小及其相对位置要通过标注尺寸才能确定。本任务的目标是完成图 3-1-1 组合体三视图的尺寸标注。

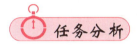

本任务是在形体分析基础上，先完成各基本体定形尺寸和各基本体之间的定位尺寸，再标注组合体总体尺寸，最后经过整合，去除多余尺寸，完成组合体尺寸的标注。

标注尺寸的基本要求是：正确、完整、清晰、合理。正确是指所注尺寸符合国家标准的规定；完整是指所注尺寸既不遗漏，也不重复；清晰是指尺寸注写布局整齐、清楚，便于看图；合理是指所标尺寸既能保证设计要求，又能适应加工、检验、装配等生产工艺要求。

——组合体的尺寸标注

一、尺寸标注的基本要求

1. 正确性

3.2.1 视频

应确保尺寸数值正确无误，所注的尺寸（包括尺寸数字、符号、箭头、尺寸线和尺寸界线等）要符合国家标准的有关规定。

2. 完整性

为了将尺寸注得完整，应先按形体分析法注出确定各基本形体的定形尺寸，再标注确定它们之间相对位置的定位尺寸，最后根据组合体的结构特点，注出总体尺寸。

(1) 定形尺寸。确定组合体中各基本形体的形状和大小的尺寸，称为定形尺寸。如图 3-2-1(a) 所示，底板的定形尺寸有长 70、宽 40、高 12，圆孔直径 2×φ10，圆角半径 R10；立板的定形尺寸有长 32、宽 12、高 38，圆孔直径 φ16。

提示：相同的圆孔要标注孔的数量（如 2×φ10），但相同的圆角，不需标注数量，且两者都不要重复标注。

(2) 定位尺寸。确定组合体中各基本形体之间相对位置的尺寸，称为定位尺寸。标注定位尺寸时，应先选择尺寸基准。尺寸基准是指标注或测量尺寸的起点。由于组合体具有长、宽、高三个方向的尺寸，每个方向都应有尺寸基准，以便从基准出发，确定基本形体在各方向上的相对位置。选择尺寸基准必须体现组合体的结构特点，并便于尺寸度量。通常以组合体的底面、端面、对称面、回转体轴线等作为尺寸基准。

如图 3-2-1(b) 所示，组合体左右对称面为长度方向的尺寸基准，由此注出两圆孔的定位尺寸 50；后端面为宽度方向的尺寸基准，由此注出底板上圆孔的定位尺寸 30，立板与后端面的定位尺寸 8；底面为高度方向的尺寸基准，由此注出立板上圆孔与底面的定位尺 34。

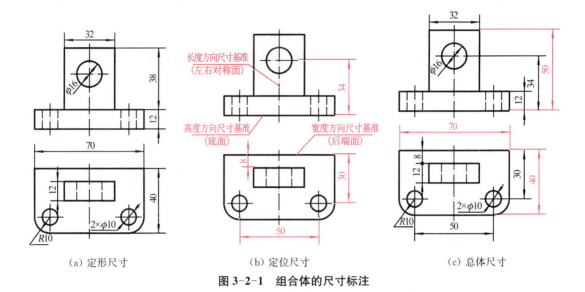

(a) 定形尺寸　　(b) 定位尺寸　　(c) 总体尺寸

图 3-2-1　组合体的尺寸标注

(3) 总体尺寸。确定组合体外形的总长、总宽、总高尺寸，称为总体尺寸。如图 3-2-1(c) 所示，该组合体总长和总宽尺寸即底板的长 70、宽 40，不再重复标注。总高尺寸 50 从高度方向的尺寸基准注出。总高尺寸标注之后，要去掉立板的高度尺 38，否则会出现多余尺寸。

提示：当组合体的一端或两端为回转体时，总体尺寸是不能直接注出的，否则会出现重复尺寸。如图 3-2-2(a) 所示组合体，其总长尺寸（76＝52＋R12×2）和总高尺寸（42＝28＋R14）是间接确定的，因此，如图 3-2-2(b) 所示标注总长 76、总高 42 是错误的。

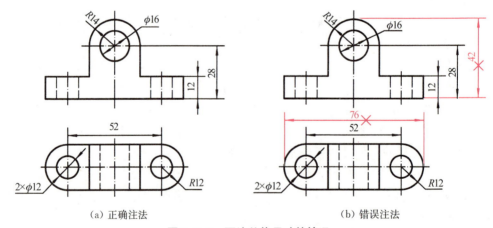

(a) 正确注法　　　　　　　　　(b) 错误注法

图 3-2-2　不注总体尺寸的情况

综上所述，定形尺寸、定位尺寸、总体尺寸可以相互转化。实际标注尺寸时，应认真分析，避免多注或漏注尺寸。

3. 清晰性

尺寸标注除要求完整外，还要求清晰、明显，以方便看图。为此，标注尺寸时应注意以下几个问题。

(1) 定形尺寸应尽可能标注在表示形体特征明显的视图上，定位尺寸尽可能标注在位置特征清楚的视图上。如图 3-2-3(a) 所示，将五棱柱的五边形尺寸标注在主视图上，比分开标注[图3-2-3(b)]要好。如图3-2-3(c)所示,腰形板的俯视图形体特征明显,将半径 $R4$、$R7$ 等尺寸标注在俯视图上是正确的,而图3-2-3(d)的标注是错误的。如图3-2-1(b)所示,将底板上两圆孔的定位尺寸50、30 注在俯视图上,则两圆孔的相对位置比较明显。

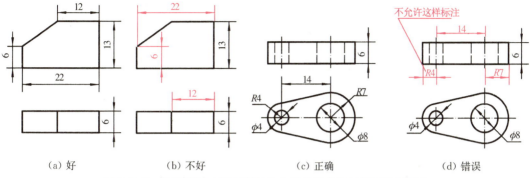

(a) 好　　　　　(b) 不好　　　　　(c) 正确　　　　　(d) 错误

图 3-2-3　将定形尺寸尽可能标注在表示形体特征明显的视图上

(2) 同一形体的尺寸应尽量集中标注。如图3-2-1(c)所示,底板的长度70,宽度40,两圆孔直径 $2 \times \phi 10$、圆角半径 $R10$、两圆孔定位尺寸50、30 都集中注在俯视图上,便于看图时查找。圆柱开槽后表面产生截交线,其尺寸集中标注在主视图上比较好,如图3-2-4(a)所示。两圆柱相交表面产生相贯线,其尺寸的正确注法如图3-2-4(c)所示。相贯线本身不需标注尺寸,图3-2-4(d)所示的注法是错误的。

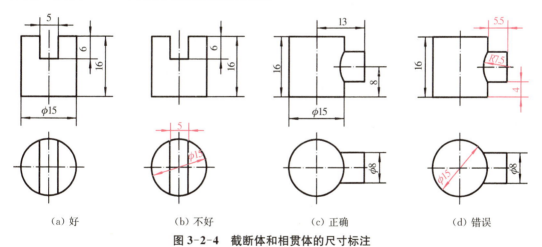

(a) 好　　　　　(b) 不好　　　　　(c) 正确　　　　　(d) 错误

图 3-2-4　截断体和相贯体的尺寸标注

(3) 直径尺寸应尽量注在投影为非圆的视图上,圆弧的半径应注在投影为圆的视图上。尺寸尽量不注在细虚线上。如图3-2-5(a)所示,圆的直径 $\phi 20$、$\phi 30$ 注在主视图上是正确的,注在左视图上是错误的,如图3-2-5(b)所示。而 $\phi 14$ 注在左视图上是为了避免在细虚线上标注尺寸。$R20$ 只能注在投影为圆的左视图上,而不允许注在主视图上。

(4) 平行排列的尺寸应将较小尺寸注在里面(靠近视图),大尺寸注在外面。如图3-2-5(a)所示,12、16 两个尺寸应注在42的里面,注在42的外面是错误的,如图3-2-5(b)所示。

(5) 尺寸应尽量注在视图外边,相邻视图的相关尺寸最好注在两个视图之间,避免尺寸线、尺寸界线与轮廓线相交,如图3-2-6(a)所示。如图3-2-6(b)所示的尺寸注法不够清晰。

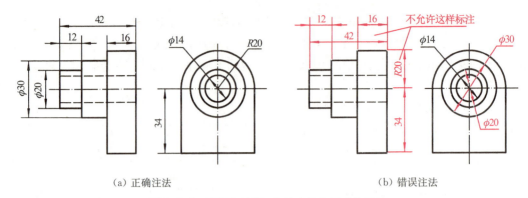

(a) 正确注法　　　　　　　　　　　　(b) 错误注法

图 3-2-5　直径与半径、大尺寸与小尺寸的注法

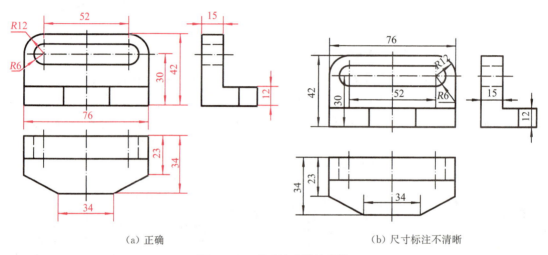

(a) 正确　　　　　　　　　　　　(b) 尺寸标注不清晰

图 3-2-6　尺寸注法的清晰性

二、常见结构的尺寸注法

组合体常见结构的尺寸注法，如图 3-2-7 所示。

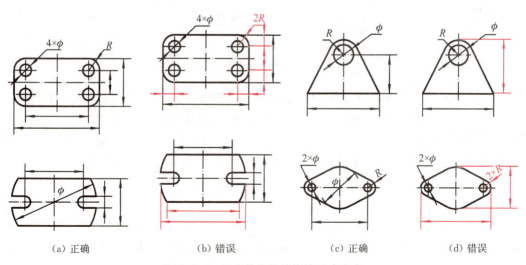

(a) 正确　　　(b) 错误　　　(c) 正确　　　(d) 错误

图 3-2-7　组合体常见结构的尺寸注法

如前所述，轴承座是由注油管、圆筒、支撑板、肋板和底板组成。

3.2.2视频

一、选定尺寸基准

由于轴承座左右对称，因此选轴承座的左右对称面作为长度方向的尺寸基准；在宽度方向上，由于支撑板的后面较大，因此选它作为宽度方向的尺寸基准；在高度方向上，轴承座的底面较大，因此选它作为高度方向的尺寸基准，如图3-2-8(a)所示。

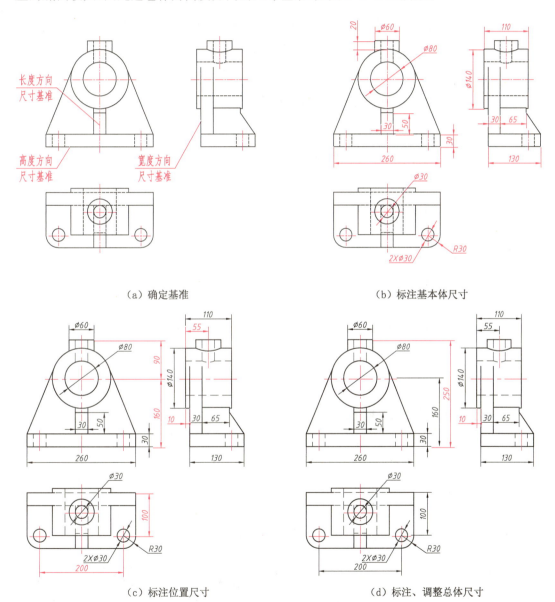

(a) 确定基准　　　　　　　　　(b) 标注基本体尺寸

(c) 标注位置尺寸　　　　　　　(d) 标注、调整总体尺寸

图 3-2-8　轴承座尺寸标注

二、逐个标注各基本几何体的定形尺寸

(1) 注油管：标注内、外直径及高。考虑到主、左视图内孔为虚线，故内孔直径标注在俯视图上。

(2) 圆筒：标注内、外直径及长。考虑到俯、左视图内孔为虚线，故内孔直径标注在主视图上。

(3) 底板：标注长、宽和高的尺寸。

(4) 支撑板：长与底板相同，无需标注；高与圆筒相切，无需标注，只需要在左视图上标出厚度尺寸。

(5) 肋板：总高与圆筒相切，无需标注；宽度和腰高尺寸在主视图标注，腰长在左视图标注，总长可以通过底板宽和支撑板厚度间接算出，无需标注，如图 3-2-8(b) 所示。

三、标注各基本几何体的定位尺寸

定位尺寸主要是 $2 \times \phi 30$ 孔距、注油管到圆管中心距离和圆筒中心到底面高度尺寸，如图 3-2-8(c) 所示。

四、标注、调整总体尺寸，完成标注

轴承座的总长、总宽已经标注，总高标出之后要进行调整。由于高度方向以底面为基准，因此，应将注油管的定位尺寸 90 及注油管高度尺寸 20 去掉，如图 3-2-8(d) 所示。

3.2.3 视频

——读组合体的视图

画图和读图是两项基本技能。画图立足于将三维形体向二维形体转换，培养图示、图解能力；而读图则立足于将二维形体向三维形体转换，是体现由平面的"图"到空间的"物"这种空间想象能力的重要过程。

一、看图的要点

1. 从主视图入手将几个视图联系起来分析

由一个或两个视图往往不能唯一地表达某一机件的形状，如图 3-2-9 所示的七组图形，虽然它们的主视图都相同，但实际上表示了七种不同形状的物体。因此，要把几个视图联系起来分析，才能确定物体的形状。

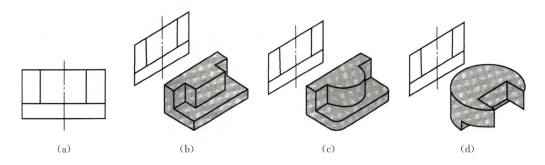

(a)　　　(b)　　　(c)　　　(d)

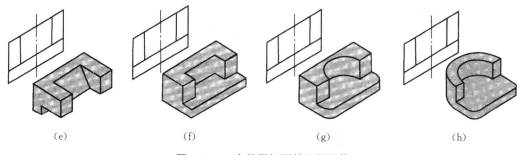

(e)　　　　　　(f)　　　　　　(g)　　　　　　(h)

图 3-2-9　主视图相同的不同物体

2. 从反映形体特征的视图着手

读图时，首先要找出最能反映组合体形状特征的视图，如图 3-2-10 所示。由于主视图往往最能反映组合体的形状特征，故应从主视图入手，同时配合其他视图进行形体分析。

主视图反映 U 形柱Ⅱ、圆柱Ⅳ的形体特征。左视图反映形体Ⅲ的特征，应从这些反映形体特征的视图出发来看图。

3. 分析视图中每一个封闭线框

视图中每一个封闭线框代表物体上某一基本形体或某一表面（平面或曲面），也可能是通孔的投影。视图中相邻或嵌套的两个线框可能表示相交的两个面，或高低错开的两个面，或一个面与一个孔洞（见图 3-2-11）。

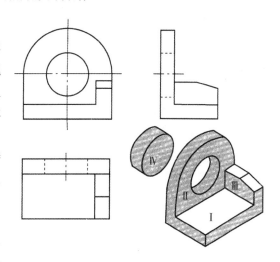

图 3-2-10　找出反映形体特征的视图

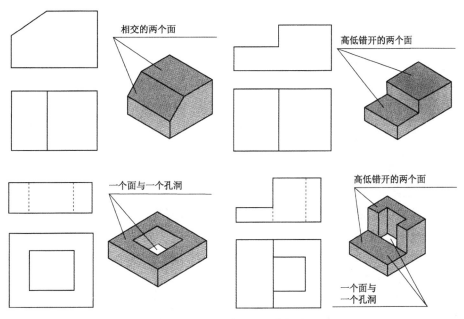

图 3-2-11　封闭线框的含义

4. 分析视图内的虚、实线

视图中的每一条实线或虚线可能是物体上两表面交线、垂直于投影面的平面或曲面转向线的投影。因此,根据视图内的虚、实线可以判断各形体之间的相对位置。

二、看组合体视图的基本方法

1. 形体分析法

形体分析法是将机件分解为若干个基本体的叠加与切割,并分析这些基本体的相对位置,从而形成对整个机件形状的完整认识。

组合体视图表达的形状通常较为复杂,而视图的表达形式缺乏立体感,因此可利用形体分析法来简化形体,将复杂的立体分解成简单的基本体,再研究各个简单基本体的组合方式来加以综合,最终获得形体的整体信息。

根据图 3-2-12 中的主视图可以将形体想象成由 A,B,C,D 四个基本体组成,其中 B 所表示的基本体为长方体切去一个半圆柱凹槽;而 A 和 C 所表示的肋板结构为三棱柱;只有 D 所表示的基本体其特征信息在左视图中,同时结合底板中的两个孔构思出 D 基本体的形状,最终综合获得形体的整体形状。

对照图 3-2-13 中主、俯视图的投影,可将该形体分解为 A,B,C 三个主要部分:A 部分是长方体切去一个 U 形槽;B 部分是一个长方体;C 部分是两个凸环。

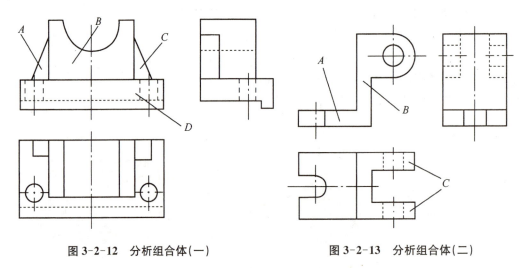

图 3-2-12　分析组合体(一)　　　　图 3-2-13　分析组合体(二)

2. 线面分析法

线面分析法是通过对平面投影图的线条和封闭线框的特性进行分析,理解元素所反映的几何形状和形体,来帮助分析形体的立体形状和组合方式。

(1) 如图 3-2-14 所示,对封闭线框进行分析:

$A(a,a',a'')$ 是一个锥面;$B(b,b',b'')$ 是一个柱面;$C(c,c',c'')$ 是一个水平面;$D(d,d',d'')$ 是一个侧平面。

(2) 对线条进行分析:

1、2 线条是锥面 A 的两条俯视转向线;$(3,3',3'')$ 线条是锥面 A 与水平面 C 的交线;(4,

$4',4''$)线条是锥面 A 与柱面 B 的交线;$(5,5',5'')$,$(6,6',6'')$ 线条是柱面 B 与水平面的交线;$(7,7',7'')$ 线条是水平面 C 与侧平面 D 的交线;$(8,8',8'')$ 线条是柱面 B 与侧平面 D 的交线。

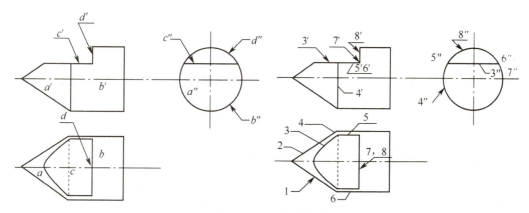

图 3-2-14 线面分析法

课后习题

3-2-1 如图 3-2-15 所示,找出相应的立体图,并在其下面括号内填写正确的序号。

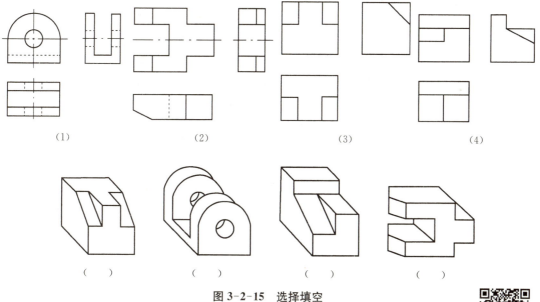

图 3-2-15 选择填空

3-2-2 给图 3-1-17 所示的小轴承座三视图标注尺寸。

图 3-2-15 视频

图 3-1-17 视频

模块四

零件的表达方法

当机件的内外结构形状都比较复杂时,如果仍采用三视图来表达,则难以将其表达清楚。为了更好地解决机件内外结构形状的图示问题,国家标准《技术制图》《机械制图》中的"图样画法"规定了多项适应机件结构变化的表达方法。本模块着重介绍一些常用的表达方法——视图、剖视图、断面图、等轴测图、局部放大和简化画法等,供绘图时选用。

任务 1 传感器支架的视图表达与绘制

传感器支架用于各类传感器、电气元器件的安装,比如接近开关、光电开关、行程开关等。往往根据传感器位置不同,安装一个或多个传感器。图 4-1-1 所示传感器支架,左侧两个孔用于支架固定,前侧和右侧各一个圆孔,分别用于安装两个传感器。

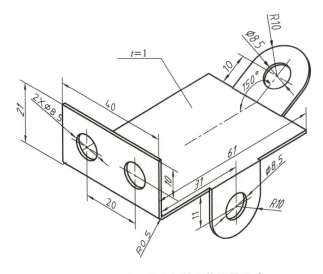

图 4-1-1 传感器支架的立体图及尺寸

该零件由薄板折弯而成。零件上的面,不仅有正平面、侧平面、水平面,还有正垂面。正垂面在水平面上的投影,不能反映实形。要正确表达该零件,必须首先学习国家标准中

有关基本视图、向视图、局部视图和斜视图的表达方法。该零件实体、使用场合、任务模型等,见表4-1-1传感器支架任务分析。

表 4-1-1 传感器支架任务分析表

零件作用	传感器支架多采用薄板制作,用于各类传感器、电气元器件的安装,比如接近开关、光电开关、行程开关等。
零件实体	 方形接近开关安装支架 　　　　　接近开关安装支架
使用场合	 
任务模型	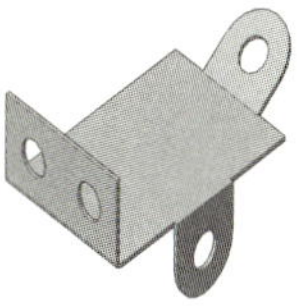
任务解析	要想正确表达传感器支架,不仅要掌握基本视图、向视图、局部视图,还要掌握斜视图的表达方法。
学习目标	1. 熟悉国家标准关于视图的一般表达。 2. 理解向视图、局部视图的表达方法。 3. 掌握斜视图的表达和标注方法。

相关知识

一、基本视图与向视图

1. 基本视图

对于外部形状比较复杂的机件,仅用三视图并不能清楚地表达它们各个方向的形状。为此,GB/T 4458.1—2002《机械制图　图样画法　视图》规定:在原有三个投影面的基础

4.1.1视频

上,再增设三个投影面,组成一个正六面体。该六面称为基本投影面,机件向六个基本投影面进行正投影所得的六个视图,称为基本视图,如图4-1-2所示。

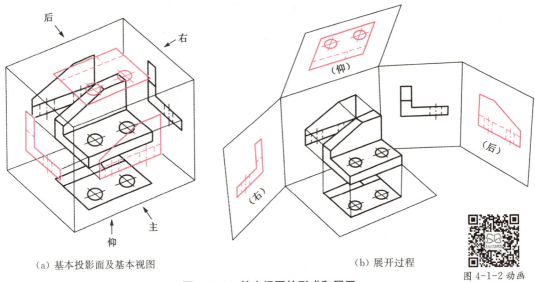

(a) 基本投影面及基本视图　　　　　　(b) 展开过程

图 4-1-2　基本视图的形成和展开

图 4-1-2 动画

基本视图的名称及投影方向、配置除了前面介绍的主视图、俯视图、左视图外,还有新增加的后视图(从后向前投影)、仰视图(从下向上投影)和右视图(从右向左投影)。基本配置关系为:原有三视图位置不变,右视图在主视图正左方,仰视图在主视图的正上方,后视图在左视图的正右方,如图4-1-3所示。

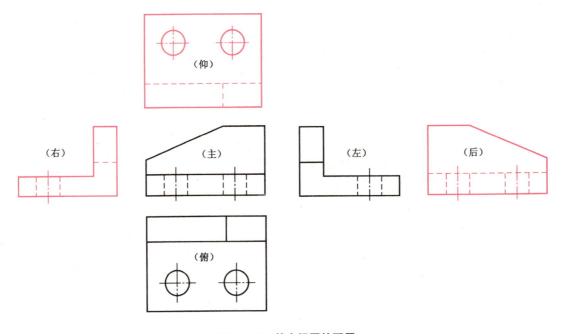

图 4-1-3　基本视图的配置

基本视图尺寸关系上仍然保持"三等关系":主、俯、仰视图长对正;主、左、右、后视图高齐平;俯、左、右、仰视图宽相等。在方位关系上,以主视图为准,除后视图外,各视图远离主视图的一侧均表示机件的前面,靠近主视图的一侧均表示机件的后面,注意后视图的左、右方位:图形的左端表示机件实际的右端,反之则相反。实际绘图时,应根据机件的复杂程度选用必要的基本视图,并要考虑读图方便,在完整清晰地表达出机件各部分的形状、结构的前提下,视图数量应尽可能少。

基本视图一般只画机件的可见部分,必要时才画出其不可见部分。

2. 向视图

向视图是指可以自由配置的基本视图。在实际画图时,由于考虑到各视图在图纸上的合理布局问题,如不能按图 4-1-3 配置视图或各视图不画在同一张图纸上时,一般应在其上标注大写英文字母,并在相应的视图附近用带有相同字母的箭头指明投射方向,此种图称为向视图,如图 4-1-4 所示。

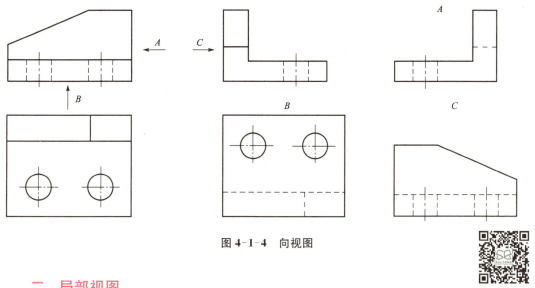

图 4-1-4　向视图

4.1.2 视频

二、局部视图

将机件的某一部分向基本投影面投影所得到的视图称为局部视图。当机件在某个投影方向仅有部分形状需要表达而不必要画出整个基本视图时,可采用局部视图。

局部视图的画法与标注规定如下:

(1) 局部视图可按基本视图的配置形式配置,也可按向视图的配置形式配置。

(2) 一般应在局部视图的上方用大写英文字母标出视图的名称"×",在相应的视图附近用箭头指明投射方向,并注上同样的字母,如图 4-1-5(b)所示。当局部视图按投影关系配置,中间又没有其他视图隔开时,可省略标注,如图 4-1-5(b)中左侧凸台的局部视图。

(3) 局部视图断裂处的边界线用波浪线表示,如图 4-1-5(b)中 B 向局部视图。当所表示的局部结构完整且外轮廓又呈封闭状态时,波浪线可省略不画,如图 4-1-5(b)中左侧凸台的局部视图。

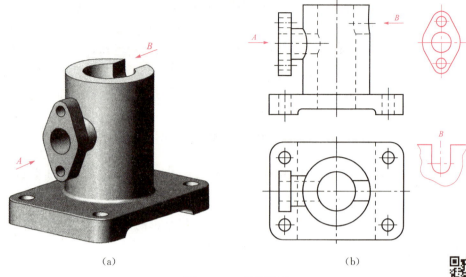

图 4-1-5 局部视图

三、斜视图

机件向不平行于任何基本投影面的平面投影所得的视图称为斜视图。图 4-1-6 所示

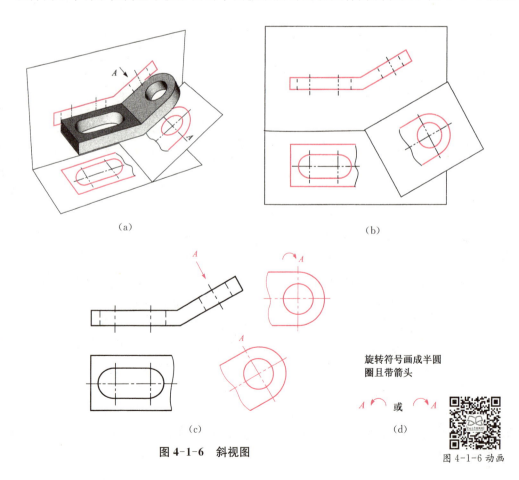

旋转符号画成半圆圈且带箭头

$A\curvearrowleft$ 或 $A\curvearrowright$

图 4-1-6 斜视图

的机件右边有倾斜结构,其在基本视图上不反映实形,使画图和标注尺寸都比较困难。若选用一个平行于此倾斜部分的平面作为辅助投影面,将其向辅助投影面投影,便可得到反映倾斜结构实形的图形。

斜视图的画法和标注有如下规定:

(1) 必须在斜视图的上方用大写英文字母标出视图的名称"×",在相应的视图附近用箭头指明投射方向,并注上同样的字母"×",如图4-1-6(c)所示。

(2) 斜视图和原基本视图之间保持着投影对应关系。

(3) 斜视图一般按投影关系配置,必要时也可配置在其他位置。

(4) 在不致引起误解的情况下允许将斜视图的倾斜图形旋转配置,但必须加标注,如图4-1-6(c)所示。旋转符号的箭头指明旋转方向,视图名称的大写字母应靠近箭头端,如图4-1-6(d)所示。

(5) 画出倾斜结构的斜视图后,为简化作图,通常用波浪线将其他视图中已表达清楚的部分断开不画,如图4-1-6所示。

一、传感器支架的视图选择

1. 主视图的选择

主视图要选择最能反映传感器支架形状特征的视图。如图4-1-1所示传感器支架立体图,选其从前向后看方向的视图为主视图。

2. 传感器支架其他视图的选择

主视图确定后,其他视图随之而定。由于传感器支架右侧有倾斜平面(正垂面),俯视图只画左、中部分,右侧倾斜部分用波浪线将其他视图中已表达清楚的部分断开不画。右侧倾斜部分用斜视图表达,并做适当的标注。左视图也画出,这样能更直观地反映出左侧板上两个2×φ8.5孔的形状与位置。

二、图形的绘制

1. 绘制传感器支架主视图

(1) 图框及绘图比例的选择。根据零件尺寸及视图选择,选A3图框,1∶1比例绘图。"正交""对象捕捉""对象捕捉追踪"按钮点亮,在"0"层上绘图。

(2) 绘制竖板、水平板、右斜板轮廓线。①用"直线"命令绘制传感器支架左侧竖板右线、水平上线及倾斜上线。单击图框左上某点为起点,用"直线距离法"向下画20,向右画60。在"指导下一点:"提示后,输入:@20<30,按回车键,结束"直线"命令。②用"偏移"命令将左、中、右三段线分别向左、下、右下偏移1。用"直线"命令连上左、右板开口端线。③用"圆角"命令,倒左右内圆角$R0.5$,外圆角$R1.5$;倒右倾斜处内圆角$R0.5$,外圆角$R1.5$。④将竖板右线向右偏移60,用"磁吸"点法将竖线向下拉长穿过板厚。用"修剪"命令,按回车键完成相应边界选择,修剪掉板厚度外的线段,完成竖板、水平板、右斜板轮廓线的绘制,见图4-1-7(a)。

(3) 绘制正面传感器安装耳板。①用"偏移"命令,将竖板右侧线向右偏移31,水平板下线向下偏移11,并用"磁吸"点法将竖线向下拉长25。②以两线交点作为圆心,半径为4.25画 $\phi 8.5$ 圆;再以两线交点作为圆心,半径为10画半径为 $R10$ 的圆。③将长竖线分别向左、右偏移10。④用"修剪"命令,将耳板两侧线及 $R10$ 圆多余部分修剪掉。⑤选择 $\phi 8.5$ 圆中心线,将其由"0"层切换到"中心线"层,用"磁吸"点法将中心线长度调整为超过 $R10$ 圆轮廓线3,见图4-1-7(b)。

(4) 绘制左竖板及右斜板上 $\phi 8.5$ 圆中心线及轮廓线。①用"偏移"命令,将左竖板最上端线向下偏移10,得到 $\phi 8.5$ 圆中心线位置。②用"偏移"命令,将上步得到的中心线再分别向上、向下偏移4.25,得到 $\phi 8.5$ 圆轮廓线。选中上下 $\phi 8.5$ 圆轮廓线,将其由"0"层切换到"虚线"层;选中 $\phi 8.5$ 圆中心线,将其由"0"层切换到"中心线"层,并用"磁吸"点法将其左、右端点分别向左、右拉长3,完成左竖板上 $\phi 8.5$ 圆中心线及轮廓线的绘制。③用同样的方法完成右斜板上 $\phi 8.5$ 圆中心线及轮廓线。注意,斜线拉长时要关闭"正交"按钮,见图4-1-7(b)。

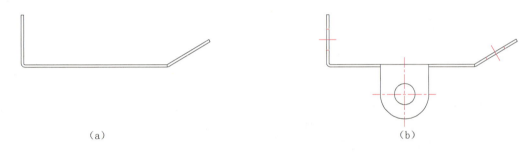

图4-1-7 传感器支架主视图的绘制

2. 绘制传感器支架局部俯视图

(1) 绘制左侧板与中水平板的俯视图。①用"直线"命令,按照与主视图"长对正"的原则,利用"对象捕捉追踪"功能,绘制直线起点,用"直线距离法",向前绘制长为20的竖线(画一半),向右绘制61长横线,再向后绘制10竖线,再向左绘制5横线。②用"直线"命令绘制俯视图前后对称中心线,注意左右分别比轮廓线长3~5。③用"镜像"命令,镜像出俯视图另外一半。④用"偏移"命令,距离1,向右偏移出左竖板积聚的水平投影。⑤用样条曲线拟合命令"SPLINE",在最右侧绘制波浪线,表示局部视图,将右侧倾斜耳板省略不画。将波浪线从"0"层切换到"细线"层。⑥用"直线"命令绘制右侧倾斜耳板与水平板的"截交线"。考虑到两部分之间圆角连接,故应将此截交线两端拉短1~2,形成过渡线,如图4-1-8(b)所示。

(2) 绘制前传感器安装耳板的水平积聚投影。①按照"长对正"原则,利用"对象捕捉追踪"功能,绘制前耳板对称中心线。用"偏移"命令,距离4.25和10,将中心线向左、右偏移;距离1,将前水平线向前偏移。②用"修剪"命令,修剪掉前侧板积聚投影以外的其他线段。选中 $\phi 8.5$ 圆水平投影线,将其从"0"层切换到"虚线"层。③用"修剪"再补画直线方法(或单点打断),将前侧板水平投影的后线,由"0"层切换到"虚线"层,如图4-1-8(b)所示。

(3) 绘制左侧板上 $2\times\phi 8.5$ 圆的水平投影。①将后水平线向前偏移10,再将此线向前

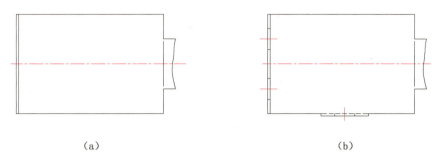

图 4-1-8　左侧板与中水平板的俯视图

偏移 20，得到左侧板上 $2×\phi 8.5$ 圆的水平投影的中心位置。②用"复制"命令，将主视图中的 $\phi 8.5$ 圆非圆投影，基点为主视图 $\phi 8.5$ 圆中心线与右侧线的交点，目标点为上步偏移得到的两个线段的左端点。完成左侧板上 $2×\phi 8.5$ 圆的水平投影。如图 4-1-8(b) 所示。

3. 绘制右侧传感器安装耳板斜视图

选用一个平行于此倾斜部分的平面作为辅助投影面，将其向辅助投影面投影，便可得到反映倾斜结构实形的图形。由于该部分与前侧传感器安装耳板形状相同，故只要复制后，旋转、移动即可得到。

（1）复制前侧传感器安装耳板图形，至主视图右侧耳板右下相应位置附近。在上端开口部分用波浪线绘制，形成局部视图。

（2）将局部视图旋转 120°，中心线方向与主视图倾斜部分方向一致。

（3）用"QLEADER"命令，按照斜视图标注要求在主视图倾斜部分上方对应位置标注投影方向箭头，并在箭头附近，用"DTEXT"命令，高度为 5，书写视图名大写字母 A，并在斜视图上方书写同样的大写字母 A。完成斜视图的绘制，见图 4-1-9。

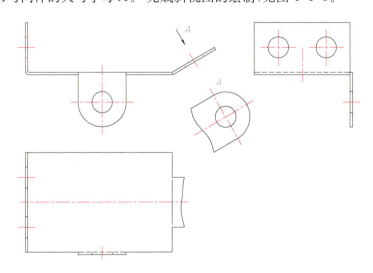

图 4-1-9　传感器支架视图

4. 左视图的绘制

左视图的绘制相对简单，参见绘图视频，过程省略，见图 4-1-9。

5. 尺寸标注

尺寸标注过程略，参见绘图视频，见图 4-1-10。为了进一步明确右侧传感器安装耳板位置，在技术要求第 1 条注明。

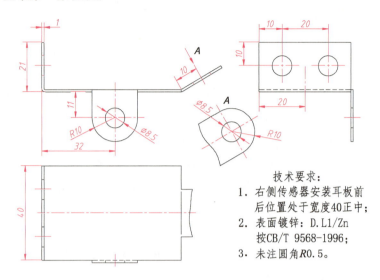

技术要求：
1. 右侧传感器安装耳板前后位置处于宽度 40 正中；
2. 表面镀锌：D.L1/Zn 按 CB/T 9568-1996；
3. 未注圆角 R0.5。

图 4-1-10 传感器支架尺寸标注

课堂练习

（1）判断图 4-1-11 中 A 视图与 B 视图是否正确，并指出错误图例的错误原因。

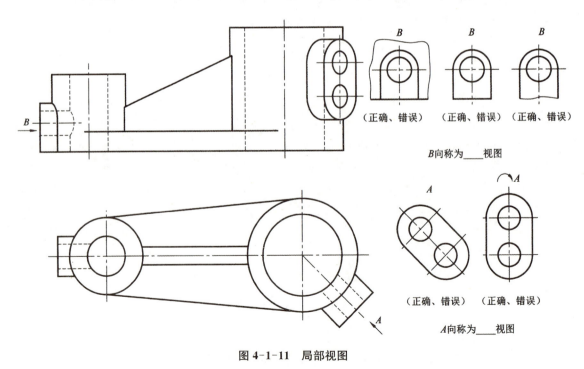

图 4-1-11 局部视图

4.1.5 视频

——第三角画法简介

国家标准GB/T 17451—1998《技术制图 图样画法 视图》规定："技术图样应采用正投影法绘制,并优先采用第一角画法"。在工程制图领域,世界上多数国家,如中国、英国、法国、德国、俄罗斯等都采用第一角画法,而美国、日本、加拿大、澳大利亚等,则采用第三角画法。为了适应日益增多的国际技术交流和协作的需求,应当了解第三角画法。

一、第三角画法与第一角画法的异同点(GB/T 13361—2012)

如图4-1-12所示,用水平和铅垂的两投影面,将空间分成四个区域,每个区域为一个分角,分别称为第一分角、第二分角、第三分角和第四分角。

1. 获得投影的方式不同

第一角画法是将物体置于第一分角内,并使其处于观察者与投影面之间而得到正投影的方法(即保持人→物体→投影面的位置关系),如图4-1-13(a)所示。

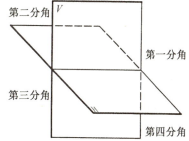

图4-1-12 四个分角

第三角画法是将物体置于第三分角内,并使投影面处于观察者与物体之间而得到正投影的方法(假设投影面是透明的,并保持人→投影面→物体的位置关系),如图4-1-13(b)所示。

与第一角画法类似,采用第三角画法获得的三视图符合多面正投影的投影规律,即:主、俯视图长对正;主、左视图高平齐;俯、右视图宽相等。

图4-1-12 动画

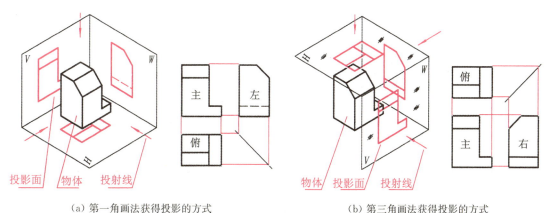

(a) 第一角画法获得投影的方式　　(b) 第三角画法获得投影的方式

图4-1-13 第一角画法与第三角画法获得投影的方式

2. 视图的配置关系不同

第一角画法与第三角画法都是将物体放在六面投影体系当中,向六个基本投影面进行投射,得到六个基本视图,其视图名称相同。由于六个基本投影面展开方式不同,所以其基本视图的配置关系也不同,如图4-1-14所示。

149

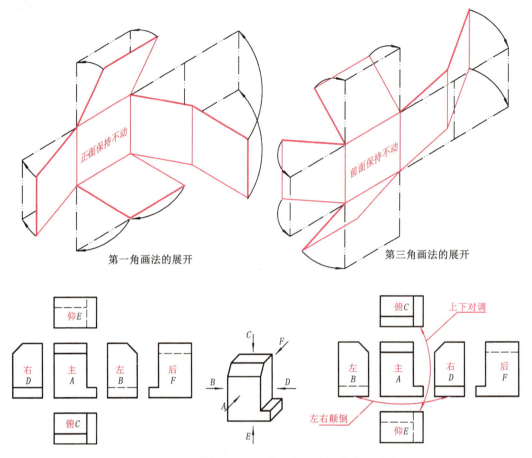

图 4-1-14　第一角画法与第三角画法配置关系对比

第一角画法与第三角画法各个视图与主视图的配置关系对比如下：

第一角画法　　　　　　　　第三角画法

左视图在主视图的右方；　　左视图在主视图的左方；

俯视图在主视图的下方；　　俯视图在主视图的上方；

右视图在主视图的左方；　　右视图在主视图的右方；

仰视图在主视图的上方；　　仰视图在主视图的下方；

后视图在左视图的右方；　　后视图在右视图的右方。

从上述对比中可以清楚地看到：第三角画法的主、后视图，与第一角画法的主、后视图一致（没有变化）。

第三角画法的左视图和右视图，与第一角画法的左视图和右视图的位置左右颠倒，如图 4-1-15 所示。

第三角画法的俯视图和仰视图，与第一角画法的俯视图和仰视图的位置上下对调。

由此可见，第三角画法与第一角画法的主要区别是视图的配置关系不同。第三角画法的俯视图、仰视图、左视图、右视图靠近主视图的一边（里边），均表示物体的前面；远离主视图的一边（外边），均表示物体的后面，与第一角画法的"外前、里后"正好相反。

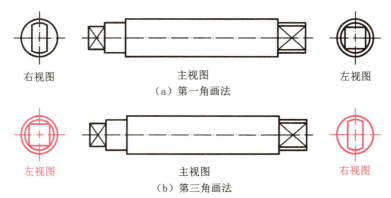

图 4-1-15 第三角画法的左视图和右视图与第一角画法的左视图和右视图

二、第三角画法与第一角画法的投影识别符号（GB/T 14692—2008）

为了识别第三角画法与第一角画法，国家标准规定了相应的投影识别符号，如图 4-1-16 所示。该符号标在标题栏中"投影符号"区域，如图 1-1-4 所示。采用第一角画法时，在图样中一般不必画出第一角画法的投影识别符号。采用第三角画法时，必须在图样中画出第三角画法的投影识别符号。

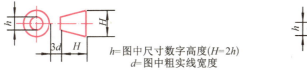

$h=$图中尺寸数字高度($H=2h$)
$d=$图中粗实线宽度

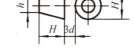

（a）第三角画法投影识别符号的画法　　　　（b）第一角画法投影识别符号的画法

图 4-1-16 第三角画法与第一角画法的投影识别符号

课后习题

4-1-1　如图 4-1-17 所示，参照轴测图，作斜视图和局部视图，并进行标注。

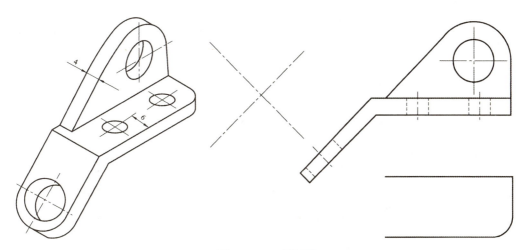

图 4-1-17　斜视图

任务2　方端盖的视图表达与绘制

当机件内部结构较复杂时,视图上势必会出现许多虚线,它们与其他图线重叠交错,使图形不清晰,给看图和标注尺寸带来不便。为了更加清楚、直观地表述机件的内部结构,将不可见转换为可见,国家标准制定了剖视的表达方法。

方端盖用于车床尾座丝杠轴安装时轴向定位,其立体图如图4-2-1所示。

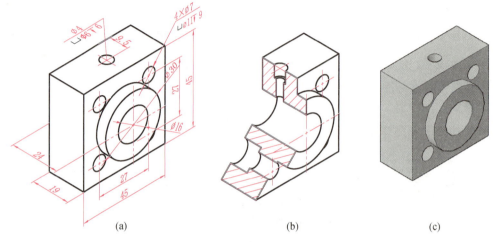

图 4-2-1　方端盖立体图

任务分析

图4-2-1(a)中,方端盖的 $4×\phi 7/⊔\phi 11↧9$ 是用于方端盖安装到尾座体上的内六角螺钉沉孔。$\phi 4/⊔\phi 6↧6$ 是用于加注润滑油的油杯的安装孔。$\phi 16$ 孔用于安装丝杠轴,$\phi 16$ 凸台端是用于丝杠轴轴向定位的定位面。$\phi 30$ 外圆用于方端盖安装到尾座体套筒孔内时定心,$45×45$ 端面用于定位。该零件实体、使用场合、任务模型等,见表4-2-1方端盖任务分析。

表 4-2-1　方端盖任务分析表

零件作用	方端盖用于车床尾座丝杠轴的安装并定位,安装的油杯可以给轴转动部分供油润滑。
零件实体	

（续表）

使用场合	
任务模型	
任务解析	要想正确表达方端盖,需要掌握剖视图的形成、画法、标注、种类,尤其是旋转剖视图的表达方法。
学习目标	1. 熟悉国家标准关于剖视图的一般表达。 2. 理解剖视图形成、画法、标注、种类及表达要点。 3. 掌握全剖、半剖、旋转剖、阶梯剖等多种表达方法。

相关知识

一、剖视图的形成与画法

4.2.1视频

1. 剖视图的形成

假想用一个平面(该平面称为剖切平面)将机件剖开,将处在观察者和剖切面之间的部分移去,而将其余部分向投影面投影所得到的视图,称为剖视图,如图 4-2-2 所示。

2. 剖视图的画法

剖视图应按下列步骤画出:

(1) 用剖切面剖开物体,移去剖切面与观察者之间的部分,将剩下部分向投影面投影;剖切后的切断面的轮廓线和剖切面后的可见轮廓线应用粗实线绘制,如图 4-2-3 所示。

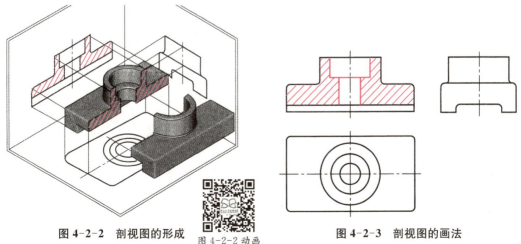

图 4-2-2 剖视图的形成　　图 4-2-2 动画　　图 4-2-3 剖视图的画法

153

(2) 在剖切面区域内画上剖面符号。

3. 剖面符号

剖视图中,在剖切面与机件相交的实体剖面区域应画出剖面符号。因机件的材料不同,剖面符号也不同。画图时应采用国家标准规定的剖面符号,常见材料的剖面符号见表 4-2-2。

表 4-2-2 剖面符号表

材料	剖面符号	材料	剖面符号
金属材料(已有规定剖面符号者除外)	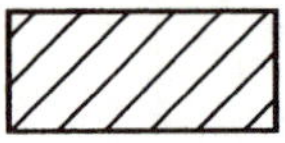	砖	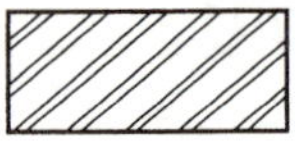
线圈绕组元件	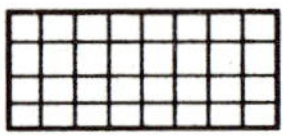	混凝土	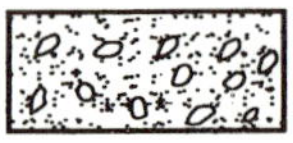
转子、电枢、变压器和电抗器等的叠钢片		钢筋混凝土	
非金属材料(已有规定剖面符号者除外)		型砂、填砂、粉末冶金、砂轮、陶瓷刀片、硬质合金刀片等	
木质胶合板(不分层数)		砖头及供观察用的其他透明材料	
木材纵剖面		格网(筛网、过滤网等)	
木材横剖面		液体	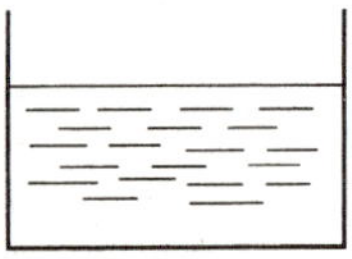

注:① 剖面符号仅表示材料的类别,材料的名称和代号必须另行注明。
② 叠钢片的剖面线方向应与束装中叠钢片的方向一致。
③ 液面用细实线绘制。

4. 画剖视图应注意的几个问题

(1) 确定剖切面位置时,一般选择需要表达内部结构的对称面,并且应平行于基本投影面,如图 4-2-3 所示。

(2) 将机件剖开是假想的,并不是真正把机件切掉一部分。因此,除了剖视图之外,其他视图仍应按完整形体画图,不应出现图 4-2-4(a)所示的俯视、左视图只画出一半的错误。同一零件在同一组视图中,剖面线的方向、间距应一致,不应出现图 4-2-4(b)所示的错误。

(3) 剖切面之后的部分,应全部向投影面投影,不得遗漏,见表 4-2-3。凡是已有视图已经表达清楚的结构,剖视图中的虚线可省略不画。

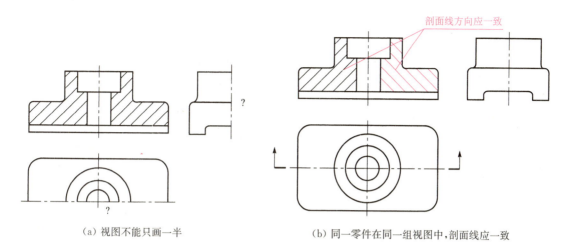

（a）视图不能只画一半　　　　　　（b）同一零件在同一组视图中，剖面线应一致

图 4-2-4　剖视图的画法

表 4-2-3　易漏画、错画的轮廓

直观图	错误	正确

(续表)

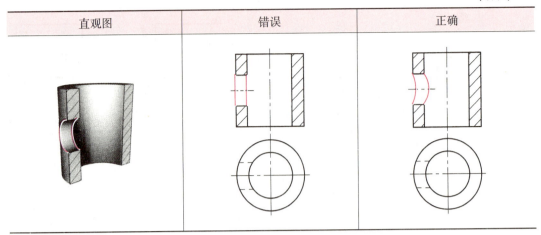

（4）剖切面区域是指剖切平面与物体接触部分（实体部分），剖面符号只画在剖切面区域内。

（5）金属材料（或不需在剖面区域中表示材料的类别时）的剖面线用与图形的主要轮廓线或剖面区域的对称线成45°的相互平行的细实线画出（称通用剖面线）。当画出的剖面线与图形的主要轮廓线或剖面区域的对称线平行时，可将剖面线画成与主要轮廓线或剖面区域的对称线成30°或60°的平行线，但剖面线的倾斜方向仍与其他图形上剖面线方向相同。

5. 剖视图的标注

（1）剖切符号。在剖切部位起、止和转折处用粗短画线表示剖切位置；在起、止端用箭头表示投影方向，如图4-2-5所示。

（2）剖切面的起、止和转折处应注上相同的大写英文字母，然后在剖视图上方用相同的大写英文字母注写"×-×"，表示该视图名称，如图4-2-5所示。

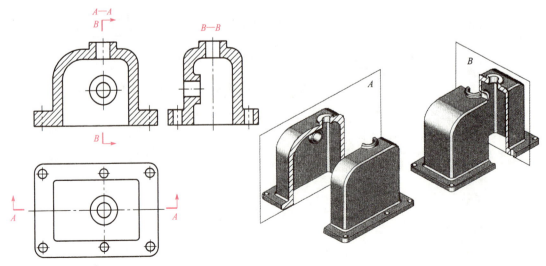

图 4-2-5　全剖视图

二、剖视图的种类

4.2.2视频

按照剖切面剖开机件的多少,可将剖视图分为全剖视、半剖视和局部剖视三种。

1. 全剖视图

用剖切平面完全地剖开机件所得的剖视图,称为全剖视图,如图4-2-5所示。

2. 半剖视图

当机件具有对称中心面时,将垂直于对称中心面的投影面上投影所得到的图形,以对称中心线为分界线,一半画成剖视图,另一半画成视图,这样组合而成的图形称为半剖视图,简称半剖视,如图4-2-6所示。

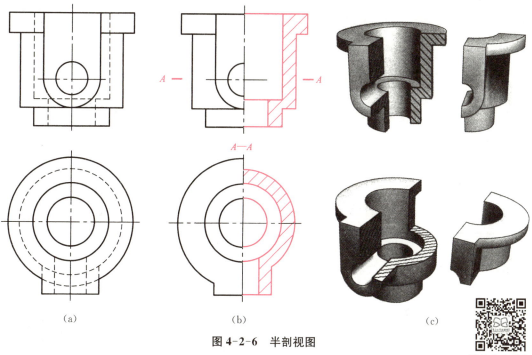

(a)　　　　　　　　(b)　　　　　　　　(c)

图4-2-6　半剖视图

图4-2-6动画

画半剖视图时,应注意以下几点。

(1) 只有当物体对称时,才能在与对称面垂直的投影面上作半剖视图。但若物体基本对称,而且不对称的部分已在其他视图中表达清楚,这时也可以画成半剖视图。

(2) 在半剖视图中,半个剖视和半个视图的分界线规定以点画线画出,不得画成粗实线。

(3) 半剖视图的标注方法与全剖视图相同,如图4-2-6(b)所示。

3. 局部剖视图

用剖切平面局部地剖开机件所得的剖视图称为局部剖视图,如图4-2-7所示。

画局部剖视图时,应注意以下几点。

(1) 在局部剖视图中,用波浪线作为剖切部分和未剖切部分的分界线。波浪线不能与其他图线重合,也不能用其他图线代替;若遇孔、槽等空洞结构,则不应该使波浪线穿空而过;波浪线也不允许画到轮廓线之外,如图4-2-8所示。

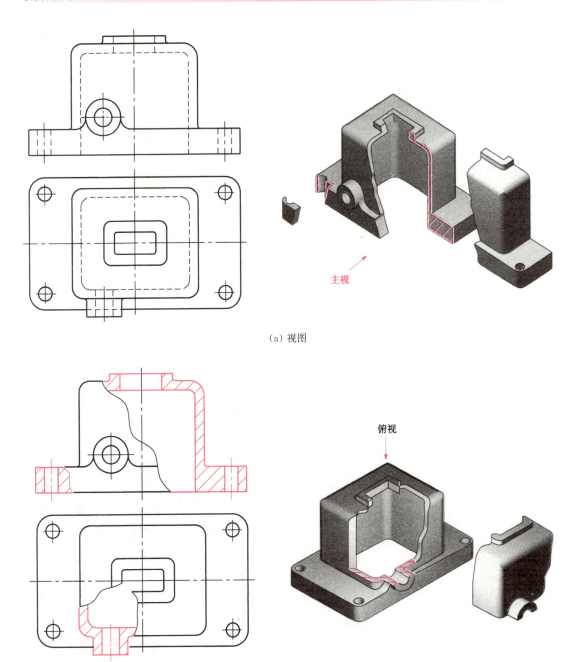

(a) 视图

(b) 局部剖视图

图 4-2-7　局部剖视图

(2) 当被剖切的结构为回转体时,允许将该结构的中心线作为局部剖视与视图的分界线,如图 4-2-9 所示。

(3) 局部剖视图是一种比较灵活的表达方法,但在一个视图中局部剖视图的数量不宜太多,以免使图形过于破碎。

(4) 局部剖视图一般配置在原视图上,如剖切位置明显可不标注,否则就要加标注,标注原则与前面剖视概念的有关标注规定相同。

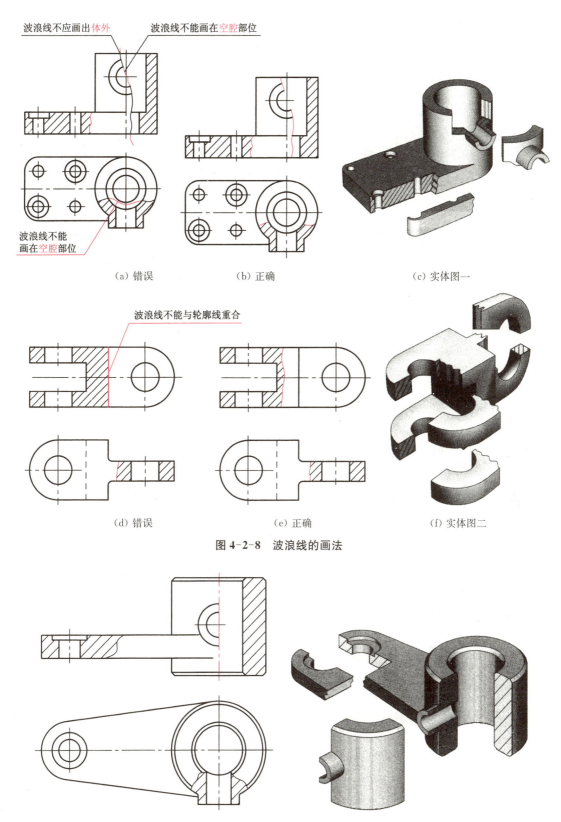

(a) 错误　　　(b) 正确　　　(c) 实体图一

(d) 错误　　　(e) 正确　　　(f) 实体图二

图 4-2-8　波浪线的画法

图 4-2-9　中心线作为局部剖视与视图的分界线

4. 旋转剖

用两个相交的剖切面(交线垂直于某一基本投影面)剖开机件的方法,称为旋转剖,如图 4-2-10 和图 4-2-11 所示。

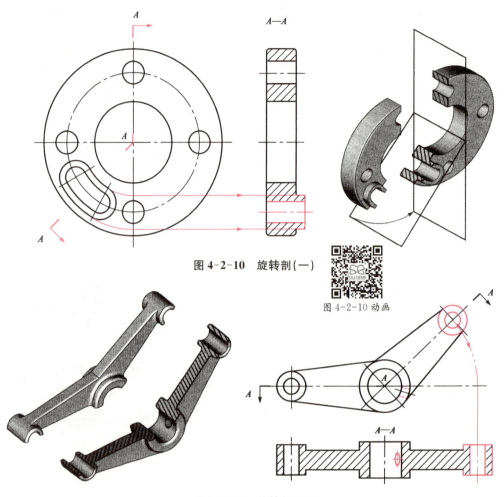

图 4-2-10　旋转剖(一)

图 4-2-11　旋转剖(二)

图 4-2-10 所示为一圆盘状机件,若采用单一全剖视图,则能把中间轴孔和周围均布的四个小孔表达清楚,但机件左下方的凸台和孔尚未表达出来。为了在剖视图上同时表达出机件的这些结构,采用两个相交的剖切平面剖开机件,如图 4-2-10 所示。在画剖视图时,为使剖切得到的倾斜结构能在基本投影面上反映实形,便以相交的两剖切面的交线作轴线,将被剖切面剖开的倾斜结构及有关部分旋转到与选定的投影面平行后再进行投影。图 4-2-10 所示即为将剖开的倾斜结构"旋转"的假想过程。

旋转剖的标注:必须用带字母的剖切符号表示出剖切平面的起、止和转折位置以及投影方向,注出剖视图名称"×-×",如图 4-2-10 和图 4-2-11 所示。

画旋转剖视图的注意事项:

(1) 旋转剖适用于表达具有回转轴的机件。因此,画图时两剖切平面的交线应与机件上的回转轴线重合。

（2）位于剖切平面之后的其他结构要素，一般仍按原来位置投影画出，如图4-2-11所示中间圆筒右下方小孔。

（3）"剖"开后应先"旋转"，后投影。

5. 阶梯剖

当机件上具有几种不同的结构要素（如孔、槽），而它们的中心平面互相平行且在同一方向投影无重叠时，可用几个平行的剖切面剖开机件，得到的剖视图称为阶梯剖，如图4-2-12所示。

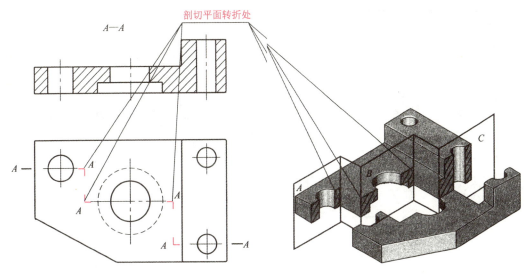

图4-2-12　机件的阶梯剖

画阶梯剖视图时应注意：

（1）各剖切平面的转折处必须是直角，如图4-2-12所示。

（2）画阶梯剖视图时不允许画出剖切平面转折处的分界线，如图4-2-13(b)所示。

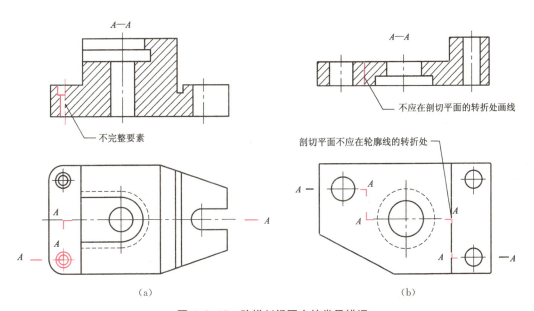

图4-2-13　阶梯剖视图中的常见错误

(3) 剖切平面转折处不应与视图中的轮廓线重合,剖切符号应尽量避免与轮廓线相交,如图 4-2-13。

(4) 阶梯剖中不应出现不完整的要素,如图 4-2-13(a)所示。只有当不同的孔、槽在剖视图中具有公共的对称中心线时,才允许剖切平面在孔、槽中心线或轴线处转折,如图 4-2-14 所示。

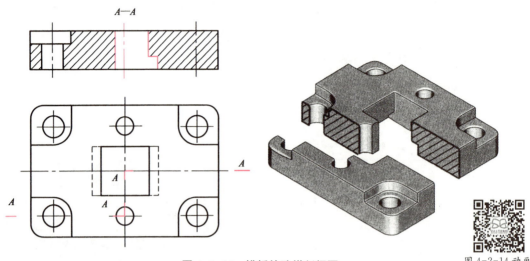

图 4-2-14 模板的阶梯剖视图

图 4-2-14 动画

4.2.3 视频

任务实施

一、方端盖视图的选择

1. 方端盖主视图的选择

如图 4-2-1 所示的方端盖立体图,选其从前向后看方向的视图为主视图。

2. 方端盖其他视图的选择

主视图确定后,其他视图随之而定。由于该机件左右中心对称,俯视图不必再画。因为内部有油杯安装孔、螺钉孔和丝杠轴安装孔,所以采用剖视图表达。但如果仅仅从左右中心平面采用单一全剖视图表达,油杯安装孔和丝杠轴安装孔结构可以表达清楚,但螺钉孔未能表达出来。为此,采用两个相交的剖切平面剖开机件——旋转剖,机件上半部采用被剖切后向侧面投影,下半部将通过螺钉孔的被剖切面旋转到与侧面投影面平行后再进行投影。

二、方端盖图形的绘制

1. 方端盖主视图的绘制

在"0"层绘图,"正交""对象捕捉""显示捕捉参考线"按钮点亮。

(1) 绘制基准线及正方形轮廓。①用"直线"命令绘制长 45 的横线。用"旋转"命令,基准为横线中点,单击"复制"选项,角度 90°,得到十字基准线。②用"偏移"命令,距离 22.5,

分别将水平线向上、向下偏移,竖直线向左、向右偏移,得到长、宽均为45的正方形轮廓线。③选中十字基准线,将其由"0"层切换到"中心线"层。④用"缩放"命令,基准为十字线交点,在"指定比例因子"选项后,拖动鼠标,当中心线超过轮廓线3~5时,单击。④在命令行输入"LTS"命令(LTSCALE),将默认的线型比例1,改为0.3。

(2) 绘制 $4 \times \phi 7$ 圆及 $\phi 16$、$\phi 30$ 圆。①用"偏移"命令,将水平基准线向上,竖直基准线向左偏移13.5,得到左上圆中心线,用"圆"命令,绘制 $\phi 7$ 圆。②用"偏移"命令将 $\phi 7$ 圆向外偏移3,得到辅助圆 $\phi 13$。以 $\phi 13$ 圆为边界,修剪掉圆外的中心线,删除辅助圆 $\phi 13$。③用"镜像"命令,镜像出其他3个 $\phi 7$ 圆。④用"圆"命令,以十字基准线交点为圆心,半径分别为8、15,画出 $\phi 16$、$\phi 30$ 圆,完成主视图的绘制,如图4-2-15所示。

2. 方端盖旋转剖左视图的绘制

(1) 在主视图中绘制旋转剖视图的剖切符号。两剖切平面的交线应与机件上的回转轴线重合。①机件上半部按正常半剖视图绘制,剖切符号从圆心开始,向上画5 mm长粗短线(0层画图)。在竖基准线上端,再向上2 mm开始(利用"对象捕捉追踪"功能),向上画5 mm长粗短线。②用"直线"命令,连接基准中心和轮廓线左下角。关闭"正交"功能,将斜线拉长8 mm左右,用"打断"命令将斜线中间打断,保证两端长各5 mm左右,如图4-2-16所示。③用"QL"(全称 QLEADER)命令,在剖切符号最上端画向右投影方向箭头,并将其图层切换到"细实线"层。④将上述箭头复制到旋转剖的剖切符号下端,并用"旋转"命令旋转 $-45°$,与剖切符号垂直。⑤用"DTEXT"命令,在上箭头、转折处及下箭头附近,分别书写大写字母A,字高为5,如图4-2-16所示。

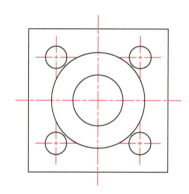
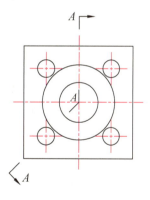

图 4-2-15 方端盖主视图　　图 4-2-16 旋转剖视图剖切符号的绘制

(2) 绘制上半部半剖左视图。①利用"对象捕捉追踪"功能,在与主视图十字基准中心线等高处单击,画"直线"起点,接着向左24,向上22.5,向右19,再向下,光标在 $\phi 30$ 圆上象限点处短暂停留,向右显示捕捉参考线后,单击鼠标,再向右5 mm,向下捕捉中心处水平线右端点,完成上半部半剖左视图轮廓线的绘制。②利用"对象捕捉追踪"功能画 $\phi 16$ 孔最高象限点处左视最上素线。③用"直线"命令,从最上水平线中点向下画直线至 $\phi 16$ 孔最上素线。利用"偏移""修剪"命令,完成 $\phi 4 / ⊔ \phi 6 \downarrow 6$ 油杯沉孔的绘制,如图4-2-17所示。

(3) 绘制下半部旋转剖左视图。①在"细线"层,用"圆"命令,以主视图十字中心线交点为圆心,分别单击左下 $\phi 7$ 圆圆心、轮廓线左下交点,绘制旋转剖辅助圆。自两圆与竖直中心线的交点,分别向右作投影线,即为 φ7 圆中心及"轮廓最下端线位置"。②利用"镜像"将上轮廓线向下镜像,再用"拉伸"命令将下轮廓线拉伸至"轮廓最下端线位置"。③利用"偏移""修剪"命令,完成 φ7/⌴ φ11 ↧ 9 螺钉沉孔的绘制。④在有材料处用"图案填充"命令打上剖面线,如图 4-2-17 所示。⑤删除辅助圆,用"DT"命令在旋转剖左视图上方标注 A-A,完成方端盖零件视图表达,如图 4-2-18 所示。

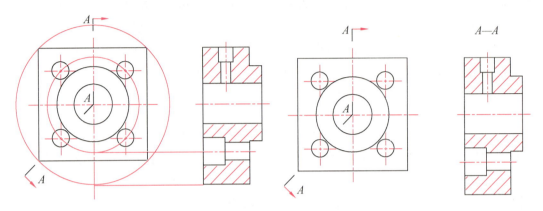

图 4-2-17　方端盖旋转剖左视图　　　　图 4-2-18　方端盖的视图表达

课堂练习

(1) 改错,补画图 4-2-19 中漏线或将多余的线打"×"。

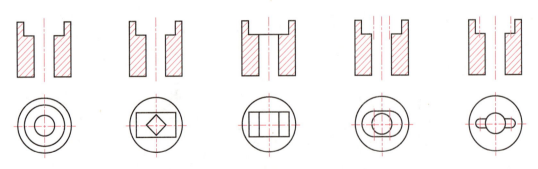

图 4-2-19　补画漏线或将多余的线打"×"

(2) 如图 4-2-20 所示,在正确图下面的括号内打"√"

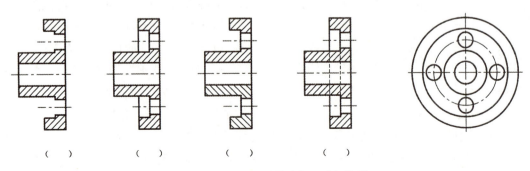

图 4-2-20　在正确的答案括号中打"√"

——正等轴测图

一、轴测图的基本概念

多面正投影的优点是能准确、完整地表达物体的结构形状,且作图简便,但这种图缺乏立体感。为了帮助读者读懂视图,工程上常采用轴测图作为辅助图样。轴测图是通过改变立体与投影面的相对位置或改变投影线与投影面的相对位置,使之在一个单面投影中得到立体感较强的投影图形的一种图示方法,如图 4-2-21 所示。

轴测图有以下特点:

(1) 轴测图为单面投影。

(2) 物体上平行于坐标轴的线段,在轴测投影中对应地平行于相应的轴测轴。

(3) 物体上相互平行的线段,在轴测图中也相互平行。

(4) 平行于轴测投影面的圆,其轴测投影必为椭圆。

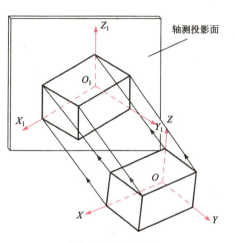

物体斜放,光线正射

图 4-2-21 轴测图基本概念

改变立体与投影面的相对位置或改变投影线的方向,可以得到多种轴测图。国家标准《机械制图》规定了画轴测图的种类,其中常用的有正等测、正二测、斜二测等,本节主要介绍最常用的正等测图的画法。

二、基于 AutoCAD 正等轴测图的画法

正等测投影是将物体放置成一个特殊的位置(OX、OY、OZ 轴均与投影面成相同倾角)之后,向轴测投影面作的正投影。画轴测图的关键是正确定出轴测轴的方向。

如图 4-2-22 所示,正等测图的轴间角均为 120°,画图时使 O_1Z_1 轴处于竖直位置,O_1X_1、O_1Y_1 均与水平方向成 30°角。手工绘图可利用三角板上的 30°斜边方便地画出;基于 AutoCAD 画图时,可将捕捉类型由"矩形捕捉"切换到"等轴测捕捉",如图 4-2-23 所示。

本节以如图 4-2-24 轴承座为例,介绍基于 AutoCAD 正等轴测图的画法。该轴承座由 60×40×10 尺寸的底板、30×10×10 尺寸的肋板和 50×30×10 尺寸的立板组成。其中底板上有两个 ϕ8.5 圆孔,孔距 40,距离前端 10。立板上有一个圆心在上平面中点,半径为 R16 的水平圆柱切除。下面分四步完成该轴承座正等轴测图的绘制。

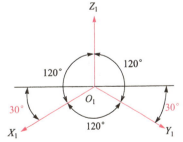

图 4-2-22 正等轴测轴

图 4-2-23 捕捉类型的切换

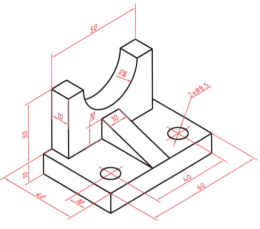

图 4-2-24 轴承座

(1) 初始化设置。①在命令行输入"DS"命令（DSETTINGS），跳出"草图设置"对话框，单击"捕捉和栅格"菜单项，弹出图 4-2-23 所示对话框，单击左下角"等轴测捕捉"复选项，单击"确定"关闭对话框。或直接点亮"正等轴测草图"按钮。②单击"正交"按钮，使其处于点亮状态。③在"0"图层画图。

(2) 60×40×10 尺寸底板及孔的绘制。①在"左等轴测平面"状态下，用"直线"命令和"直线距离法"绘制侧面长 40，高 10 的四条线。②将"正等轴测草图"按钮切换到"顶等轴测平面"，用"直线"命令和"直线距离法"绘制侧面长 60，宽 40 的顶面另外三条线。③将"正等轴测草图"按钮切换到"右等轴测平面"，用"直线"命令和"直线距离法"绘制侧面长 60，宽 40 的顶面另外两条线，完成 60×40×10 底板等轴测图绘制。④将"正等轴测草图"按钮切换到"顶等轴测平面"，用"直线"命令和"直线距离法"在顶面，起点左前点，向右 10，向后 10，向右 40。⑤用"椭圆"命令，绘制椭圆，单击"等轴测圆"选项，分别以 40 mm 长左右端点为圆心，4.25 为半径，画两个椭圆。用"磁吸"点法，将中心线拉到超出圆边界 3 mm 左右，并将中心线右"0"层切换到"中心线"层。

(3) 50×30×10 尺寸立板及半圆孔的绘制。①用与上述同样的方法绘制 50×30×10 的立板的三个面，起点为底板上平面左后点，向右 5 mm 开始。用"修剪"命令，将底板中被立板遮掉的线段剪掉。②在"右等轴测平面"状态下，用"椭圆"命令，圆心为上表面前后中心点，半径为 R16，画出前后两个 R16 圆。③用"修剪"命令，修剪掉多余的上半圆圆弧和圆弧内线段，用"直线"命令将前后两圆弧连上，完成立板及半圆孔的绘制。

(4) 30×10×10 尺寸肋板的绘制。①在"左等轴测平面"状态下，用"直线"命令和"直线距离法"在立板前面，起点为立板正平面左下点，向右 20，向上 10，重新回到下端点，向前 30，捕捉 10 mm 上端点，画出肋板斜边。②在"右等轴测平面"状态下，用"直线"命令和"直线距离法"在立板前面，起点为上步画的肋板三角形上端点，向右 10，向下 10，切换到"左等轴测平面"，向前 30，捕捉第二个肋板三角形上端点，画出第二个肋板斜边，如图 4-2-25 所示。③用"修剪"或"删除"命令，修剪或删除掉肋板多余线段，完成肋板的绘制,如图 4-2-26 所示。

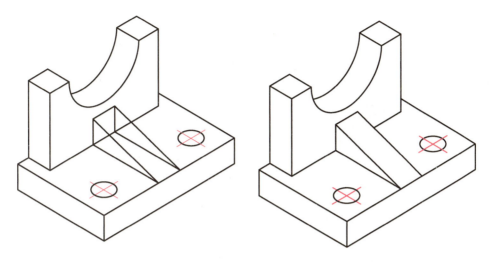

图 4-2-25　画好两肋板三角形后　　　图 4-2-26　完工的轴承座

课后习题

4-2-1　在指定位置将图 4-2-27 所示压板主视图改画成全剖视图。

4-2-2　在指定位置将图 4-2-28 所示钻套改画成半剖视图。

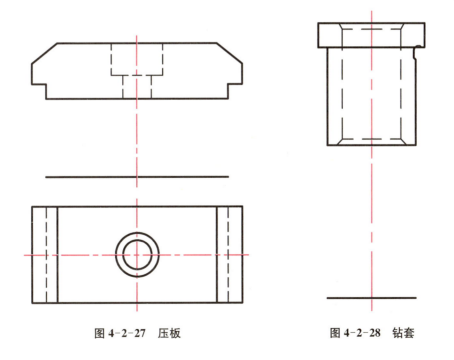

图 4-2-27　压板　　　　　　图 4-2-28　钻套

4-2-3　在指定位置将图 4-2-29 所示盖板俯视图改画成阶梯剖视图。

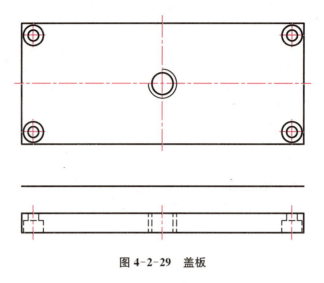

图 4-2-29 盖板

任务 3　丝杠轴的视图表达与绘制

对于轴上键槽、孔等结构,常用断面图来表达。

丝杠轴用于车床尾座与丝杠螺母、套筒、手柄、手轮等零件配合,驱动安装在套筒中的顶尖、钻头、丝锥等前行或后退处,其立体图及尺寸如图 4-3-1 所示。

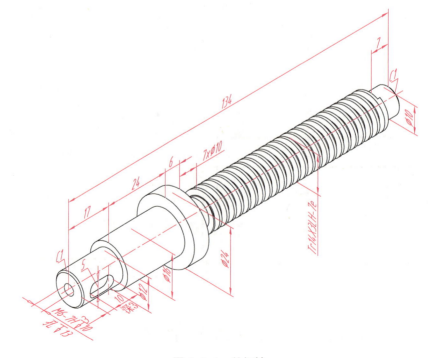

图 4-3-1　丝杠轴

任务分析

轴类零件为回转体零件。其主要表面为精度不同的圆柱,高精度圆柱(或圆锥)用于安装轴承、齿轮、带轮、凸轮等。次要表面有螺纹、键槽、孔、退刀槽、砂轮越程槽等。对于轴上键槽、孔等结构,常用断面图来表达,沟槽、牙型常采用局部放大图表达。该零件实体、使用场合、任务模型等,见表 4-3-1 丝杠轴任务分析。

表 4-3-1 丝杠轴任务分析表

零件作用	丝杠轴用于车床尾座与丝杠螺母、套筒、手柄、手轮等零件配合,驱动安装在套筒中的顶尖、钻头、丝锥等前行或后退处。
零件实体	
使用场合	 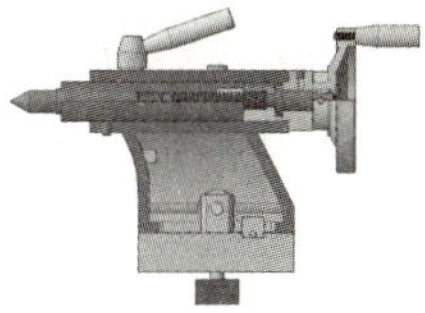
任务模型	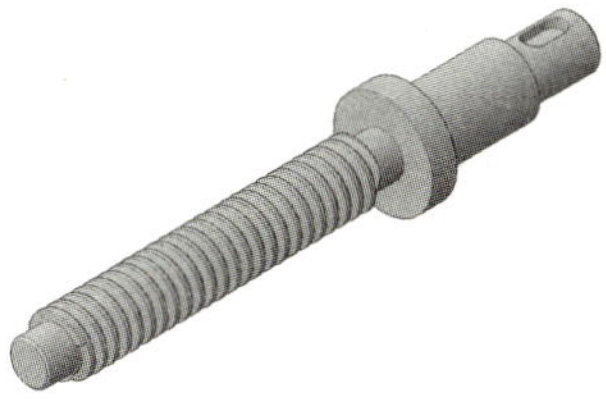
任务解析	要想正确表达丝杠轴,需要掌握断面图的形成、画法、标注、种类,尤其是移出断面图的表达方法。
学习目标	1. 熟悉国家标准关于断面图的一般表达; 2. 理解断面图的形成、画法、标注、种类及表达要点; 3. 掌握重合断面图、移出断面图等多种表达方法。

——断面图

一、断面图的形成

4.3.1视频

假想用剖切面将机件的某处切断,仅画出断面的图形,称为断面图,简称断面或剖面,如图 4-3-2 所示。

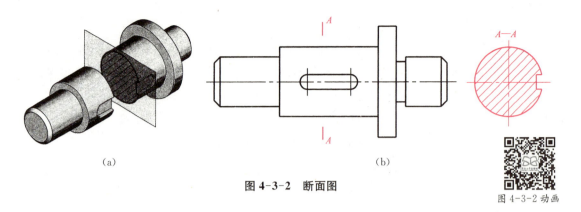

(a)　　　　　　　　　　　(b)

图 4-3-2　断面图

图 4-3-2 动画

二、断面图的分类

断面分重合断面和移出断面两种。

1. 重合断面图

断面图形配置在剖切平面迹线处,并与视图重合,称为重合断面图。重合断面图的轮廓线用细实线绘制,当视图的轮廓线与重合断面图的图形重叠时,视图中的轮廓线仍需完整、连续地画出,不可间断,如图4-3-3(a)角钢重合断面图和图4-3-3(b)吊钩重合断面图所示。

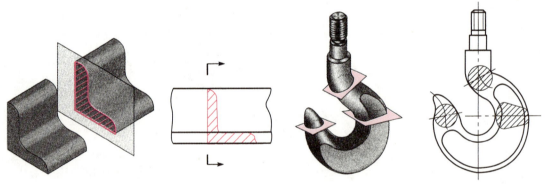

(a) 角钢重合断面图　　　　　　　　(b) 吊钩重合断面图

图 4-3-3　重合断面图

2. 移出断面图

画在视图轮廓线外面的断面图形,称为移出断面图。移出断面的轮廓线规定用粗实线绘制,并尽量配置在剖切符号或剖切平面迹线的延长线上,移出断面图一般用剖切符号表示剖切位置,用箭头表示投影方向,并注上字母,在断面图的上方用同样的字母标出相应的名称"×-×"。如图4-3-4(a)、(b)配置在剖切符号延长线上,图(a)中的图形与投影方向无关,故不标箭头;图(b)中的图形与投影方向有关,故标出是投影方向向右时的断面图。如图 4-3-4(c)、(d)没有配置在剖切符号延长线上,故需要分别注上字母 C 和 D,并在断面图的上方用同样的字母标出相应的名称"$C-C$"和"$D-D$"。图(c)中的图形与投影方向无关,故不标箭头,图(d)中的图形与投影方向有关,故标出是投影方向向右时的断面图。

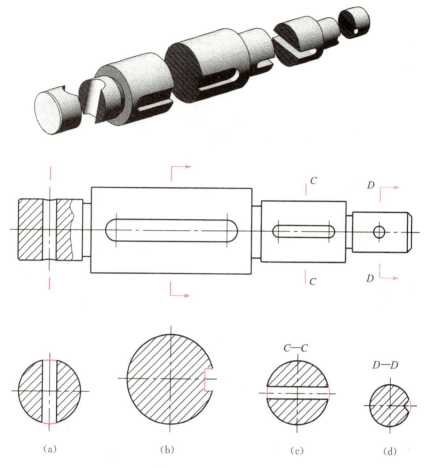

图 4-3-4　移出断面图

3. 作断面图时应注意的问题

（1）由两个或多个相交的剖切平面剖切得出的移出断面图，中间一般应断开，如图 4-3-5 所示。

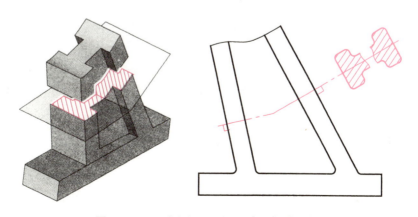

图 4-3-5　两个剖切平面剖得的移出断面图

（2）当剖切平面通过由回转面形成的孔或凹坑的轴线时，断面图形应画成封闭的图形，如图 4-3-4 中的 D-D 断面。

（3）当剖切平面通过非圆孔，会导致出现完全分离的两个断面时，则这些结构应按剖视图绘制，如图 4-3-4 中 C-C 断面和图 4-3-6 中 A-A 断面图。

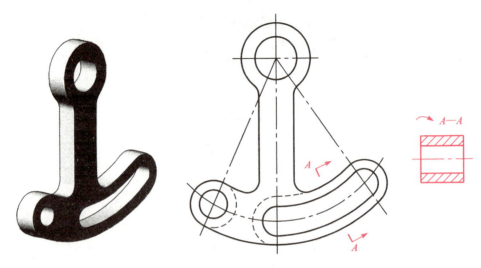

图 4-3-6　断面图形分离时的画法

4.3.2 视频

一、视图的选择

1. 主视图的选择

如果选择如图 4-3-1 所示丝杠轴从前向后看方向视图为主视图，则左端的螺纹孔与平键重合，不便于表达清楚。故从丝杠轴左端看，先将它逆时针旋转 90°，使键槽处于最上位置，再选择从前向后看方向视图为主视图比较合适。考虑到丝杠轴在尾座装配图中的位置，键槽端向右，用于安装手轮传动，故选择将轴水平放置，键槽向上、处于右端时，从前向后看方向视图为主视图，参见表 4-3-1 中任务模型前视图方向。

2. 其他视图的选择

由于轴类零件为回转体零件，无须画俯视图。轴向有多段直径不同的圆柱表面、圆锥表面、螺纹面、沟槽面等，用一个左视图也不能表达清楚各段结构。对于丝杠轴，再选择一个断面图表达键槽、内螺纹结构比较合适。

二、图形的绘制

1. 丝杠轴主轮廓的绘制

丝杠轴的主轮廓可以看成由 6 段圆柱组成，从右向左：17×φ12、24×φ16、6×φ24、7×φ10（螺纹退刀槽）、73×φ14（梯形螺纹）、7×φ10。先绘制这 6 段圆柱图形，再将第 1 段和最

后一段倒角 C1,再补画第 5 段梯形螺纹的小径,最后镜像,完成丝杠轴主轮廓的绘制。具体步骤是:

打开 A3 图框,在"0"层绘图,"正交""对象捕捉""显示捕捉参考线"按钮点亮。

(1) 绘制 6 段圆柱图形。①用"直线"命令画长 134 的水平线段。②直线命令继续,自端端线起,向上 6,向左 17,向下 6,完成第 1 段圆柱图形轮廓的绘制。③直线命令继续,向上 8,向左 24,向下 8,完成第 2 段圆柱图形轮廓的绘制。依此同样方法,完成全部 6 段圆柱图形的绘制,如图 4-3-7 所示。注意,最后一段绘制完成后,其终止线应与 134 mm 水平线段对齐。

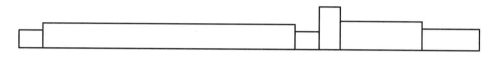

图 4-3-7　丝杠轴 6 段圆柱的绘制

(2) 将第 1 段和最后一段倒角 C1,再补画第 5 段梯形螺纹的小径。①用"倒角"命令将第 1 段和最后一段两端倒角 C1,用"直线"命令补画倒角后形成的圆柱与圆锥之间的"截交线"。②用"偏移"命令,将第 5 段外轮廓线向下偏移 1.75(小径为 $\phi 10.5$),并将其图层由"0"层转换为"细实线"层。

(3) 用"镜像"命令完成丝杠轴主轮廓的绘制。①用"镜像"命令,"窗交"选择上半部图形轮廓线,以 134 mm 水平线段上任意两端为镜像线镜像。②将 134 mm 水平线段由"0"层转换为"中心线"层,并用"磁吸"点法将左右两端分别拉长 3,完成丝杠轴主轮廓的绘制,如图 4-3-8 所示。

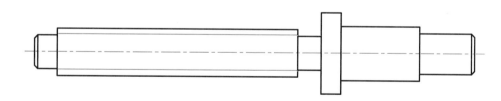

图 4-3-8　丝杠轴主轮廓的绘制

2. 丝杠轴键槽与螺纹局部剖视图的绘制

丝杠轴右端有 M6-7H 内螺纹,深 10,孔深 13。外表面距离右端 3 mm 处,有长 10,深 3 的键槽,可以通过局部剖视图表达。

(1) 绘制长 10,深 3 的键槽。①用"偏移"命令,距离为 3,偏移出键槽左右位置以及键槽深度;距离为 10,偏移出键槽长度位置。②用"延伸""修剪"命令,完成键槽主视图部分的绘制。

(2) 绘制 M6-7H 内螺纹,深 10,孔深 13。①用"直线"命令,从右端线中点开始,向上 2(螺纹小径),向左 13,向下 4,向右 13。②用"旋转"命令将上述左端 4 mm 线,基准点为下端点,单击"复制"选项,角度为 30°。用"修剪"命令将超过中心线以上的部分修剪掉;用"镜像"命令,以中心线为镜像线镜像,得到螺纹小径底孔。③用"直线"命令,从右端线中点开始,向上 3(螺纹大径),向左 10,向下 6,向右 10。将上下两根 10 mm 水平线选中,将其图层由"0"层转换为"细实线"层。

(3) 绘制局部剖波浪线及局部剖剖面线。①用"样条曲线"命令,在 φ16 圆柱端面线右侧 1~2 mm 处,从 φ12 上轮廓线到下轮廓线,中间单击 3~4 点,绘制封闭局部剖左边界。②用"删除"命令删除 C1 倒角形成的"截交线"。③用"图案填充"命令,图案选 ANSI31,比例选 0.75,将波浪线右侧有材料部分打上剖面线,并将剖面线图层由"0"层转换为"细实线"层。注意:螺纹小径也要打剖面线。见图 4-3-9,完成局部剖视图的绘制。

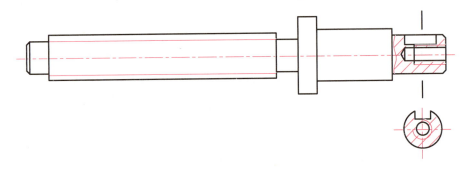

图 4-3-9 局部剖视图及断面图的绘制

3. 丝杠轴键槽与螺纹断面图的绘制

(1) 标注剖切符号及投影方向。①用"直线"命令,从主视图上部高 7 处单击,向下画长约 60 的线段,左右位置位于键槽中部略偏右。②用"打断"命令将竖直线打断两次,形成两段断面符号和一段断面图中心线竖线。由于断面图形与投影方向无关,故不标箭头;由于图形配置在断面符号延长线上,故无需标注字母。

(2) 键槽断面图的绘制。①用"旋转"命令,将打断得到的竖线旋转,基准点为线段中点,单击"复制"选项,角度输入 90,得到十字中心线。单击选中十字中心线,将其图层由"0"层转换为"中心线"层。②用"圆"命令,以十字中心线交点为圆心,半径为 6 画圆,得到 φ12 圆。用"偏移"命令,将 φ12 圆向外偏移 3 mm 为边界,将边界外的中心线"修剪"掉,删除辅助圆。③用"直线"命令,自 φ12 圆上象限点起,向下 3,向右 2.5,向上约 5。用"镜像"命令,基准线为十字中心线竖线,将 2.5 长横线和 5 mm 向上线,向左镜像。用"修剪"命令,将竖线超出 φ12 圆的部分,以及两竖线之间的 φ12 圆修剪掉,删除中间 3 mm 竖线,完成键槽部分的绘制。

(3) 螺纹断面图的绘制。①用"圆"命令,以十字中心线交点为圆心,半径为 3 画圆;半径为 2 画圆。②用"修剪"命令,以十字中心线为边界,将半径为 3 的圆左上 1/4 修剪掉,并将其图层由"0"层转换为"细实线"层。③用"图案填充"命令,图案选 ANSI31,比例选 0.75,将键槽与螺纹断面图有材料部分打上剖面线,并将剖面线图层由"0"层转换为"细实线"层。注意:螺纹小径也要打剖面线。见图 4-3-9,完成局部剖视图的绘制。

找出图 4-3-10 中正确的移出断面图,在括号内打"√"。

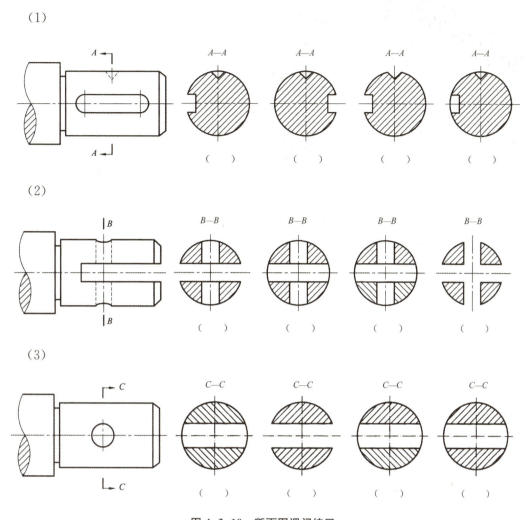

图 4-3-10 断面图课间练习

——局部放大与简化画法

对于机件上的一些细节,有时需要用局部放大来表达。对于机件的肋、轮辐及多个结构要素,需要用简化画法来表达。

一、局部放大

用大于原图形的比例画出的局部图形称为局部放大图,主要用来表示物体的局部细小结构,如图 4-3-11 所示。局部放大图根据需要可画成视图、剖视图或断面图,它与被放大部分的表达方式无关。为看图方便,局部放大图应尽量放在被放大部位的附近。局部放大图的标注方式为:将被放大部位用细实线圈出,在指引线上用罗马数字编号,当同一机件有几个被放大的部位时,必须用罗马数字依次标明被放大的部位,并在局部放大图的上方用

4.3.3 视频

分数形式标注相应的罗马数字和采用的比例,如图 4-3-11 所示。

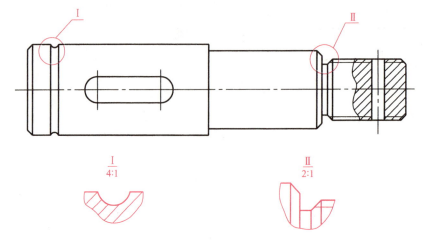

图 4-3-11　局部放大图

二、简化画法

在不致引起误解和不会产生理解多义性的前提下,为力求制图简便,国家标准《技术制图》和《机械制图》还规定了一些简化画法和规定画法。

（1）对于机件的肋、轮辐及薄壁等,如纵向剖切,这些结构都不画剖面符号,而是用粗实线画出与它邻接形体的理论轮廓线将它们分开。但横向剖切时,仍应画出剖面符号,如图 4-3-12 所示。

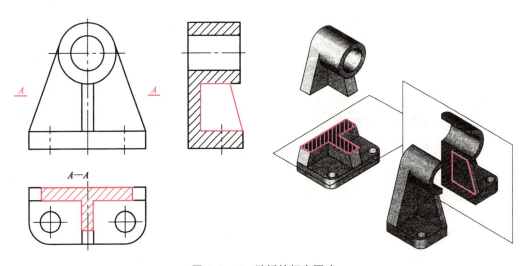

图 4-3-12　肋板的规定画法

（2）当回转体上均匀分布的肋、轮辐、孔等结构不处于剖切平面上时,可将这些结构旋转到剖切平面上再画出,如图 4-3-13 所示。

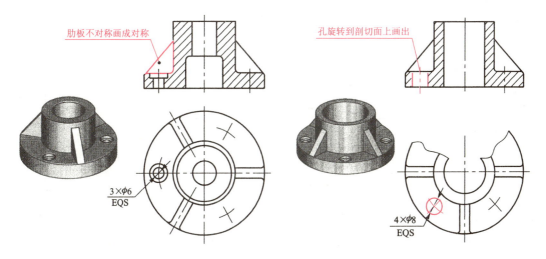

图 4-3-13 均布孔、肋的简化画法

(3) 当回转体上的平面在视图中不能充分表达时,可用平面符号(两相交的细实线)表示,如图 4-3-14 所示。

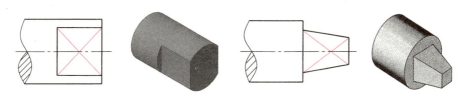

图 4-3-14 用符号表示平面

(4) 机件上具有多个相同结构要素(如孔、槽、齿等)并按一定规律分布时,只需画出几个完整的结构,其余用细实线连接,或画出它们的中心线,但在图中应注明它们的总数,如图 4-3-15 所示。

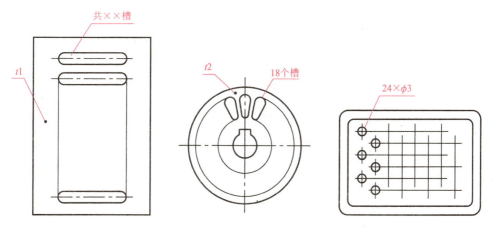

图 4-3-15 相同结构要素的简化画法

(5) 较长的机件(轴、杆、型材、连杆等)沿长度方向的形状一致或按一定规律变化时,可断开后缩短绘制,如图 4-3-16 所示。

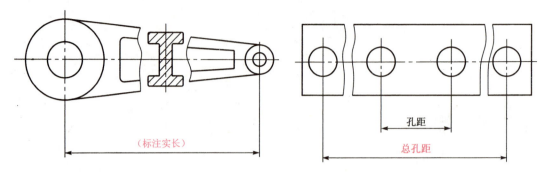

图 4-3-16　较长机件的断开画法

（6）受图幅限制，个别视图画不下时，对称机件的视图可只画一半或四分之一，并在对称中心线的两端画出两条与其垂直的细实线，如图 4-3-17 所示。

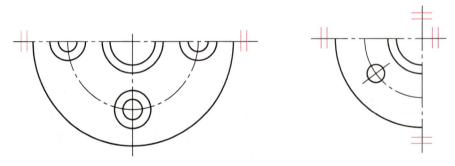

图 4-3-17　对称图形的简化画法

课后习题

4-3-1　在图 4-3-18 指定位置作出断面图，单面键槽深 3.5，右端有双面平面。

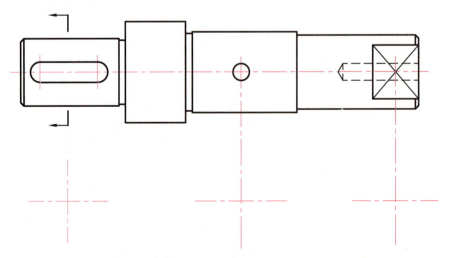

图 4-3-18　断面图课后习题

模块五

零件图的识读与绘制

机器是由若干零件组装而成的,零件是构成机器的基本要素,是机器的最小制造单元。机械零件按照结构和形状可以分为:轴套类零件、盘盖类零件、叉架类零件和箱体类零件等。

任务 1 定位芯轴零件图的识读与绘制

零件定位芯轴的立体图如图 5-1-1 所示,其结构总体上是个回转体。从左向右,组成要素依次有螺纹、螺纹退刀槽、带键槽精密圆柱、砂轮越程槽、轴环、砂轮越程槽、带扁司精密圆柱、螺纹退刀槽、螺纹。

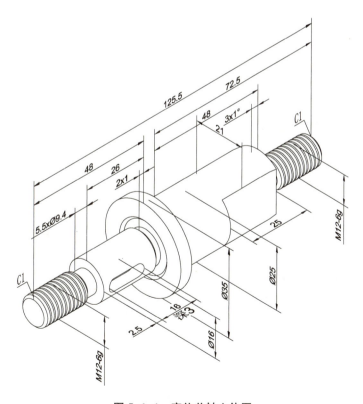

图 5-1-1 定位芯轴立体图

如图 5-1-2 所示为定位芯轴的零件图，即表达该零件制造、检验等相关信息的图样。

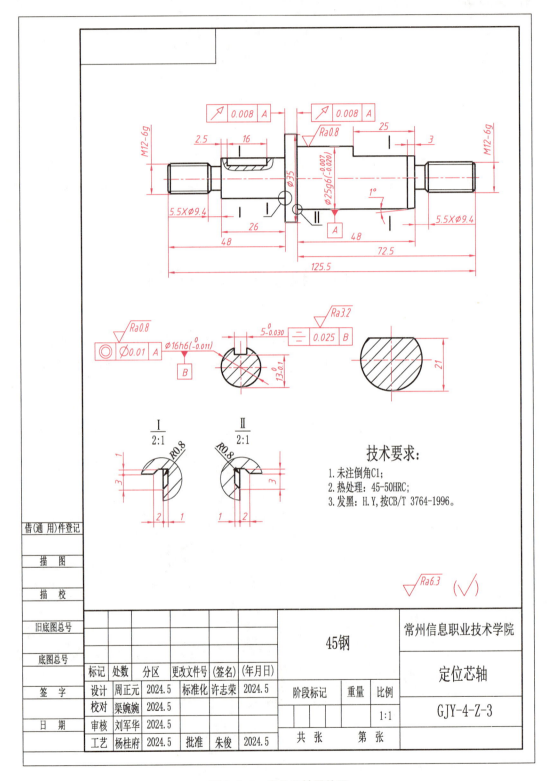

图 5-1-2　定位芯轴零件图

任务分析

如图 5-1-2 所示为定位芯轴的机械图样。要正确理解和识读该图样,必须首先学习零件图的作用和内容,学习零件图的视图选择和尺寸标注,学习尺寸公差与形位公差,学习螺纹及其紧固件、键与销等常用件的绘制方法。定位芯轴的任务分析,见表 5-1-1。

表 5-1-1 定位芯轴任务分析表

零件作用	定位芯轴通常安装在钻夹具的夹具座上。一端通过螺母、平键等紧固件安装在钻夹具座上,另外一端悬臂,待安装好工件后,再放上开口垫圈,旋紧螺母。
零件实体	
使用场合	 
任务模型	
任务解析	要想正确识读并绘制定位芯轴平面图,必须首先学习零件图的作用和内容,学习零件图的视图选择和尺寸标注,学习尺寸公差与形位公差,学习螺纹及其紧固件、键与销等常用件的绘制方法。
学习目标	1. 了解零件图的作用和内容; 2. 理解零件图的视图选择和尺寸标注,理解尺寸公差和形位公差的标注方法; 3. 掌握螺纹及其紧固件、键与销等常用件的绘制方法。

一、零件图的作用和内容

1. 零件图的作用与分类

零件是组成机器或部件的基本单位。零件图是用来表达零件的结构形状、大小及技

5.1.1 视频

要求的图样,是直接指导零件制造和检验的重要技术文件。

习惯上将各种机械中经常用到的零件称为通用零件,如螺栓、齿轮、轴等。有不少通用零件,如螺纹连接件、滚动轴承等,由于应用面广、使用量大,且高度标准化而被称为标准件。而在特定类型的机械中才用到的零件被称为专用零件,如内燃机的曲轴、涡轮机的叶片、起重机的吊钩等。

2. 零件图的内容

(1) 一组视图:用于正确、完整、清晰和简便地表达零件内外形状的图形信息,其中包括机件的各种表达方法,如视图、剖视图、剖面图、局部放大图和简化画法等。

(2) 完整尺寸:表达零件各部分的大小和各部分之间的相对位置关系。要正确、完整、合理,既不能重复多余,又不能遗漏短缺。

(3) 技术要求:零件图中必须用规定的代号、数字、字母和文字注解说明制造和检验零件时在技术指标上应达到的要求,如表面粗糙度、尺寸公差、几何公差、材料和热处理、检验方法及其他特殊要求等。

(4) 标题栏:填写零件名称、材料、比例、图号、单位名称,以及设计、审核、批准等有关人员的签字。每张图纸都应有标题栏,标题栏的方向一般为看图的方向。

二、零件图识读的基本方法步骤和尺寸标注

1. 零件图识读的基本方法步骤

5.1.2 视频

(1) 看标题栏。拿到一张零件图,首先应该查看标题栏,标题栏相当于机器的铭牌,从标题栏中可以知道零件的名称、材料、绘图比例、图号、设计者、审核者,以及使用单位等信息,从而为进一步了解零件的形体特征、性能功用、材料要求等奠定基础。

(2) 认清视图。认清零件图上的所有视图,明确其视图表达方案,了解各个视图表达的重点,以主俯视图或主左视图入手,明确各个视图的关系。

(3) 形体分析。根据视图间的投影关系,运用形体分析法和线面分析法,首先想象出零件的主要结构形状和大体特征,然后按照先整体后局部,先外部后内部,先主要结构后次要部分,先简单后复杂,先易后难的顺序,完整、准确地想象出零件的结构形状。这是识读零件图最重要的也是最艰难的环节。

(4) 尺寸分析。按照先查看零件的整体尺寸,如长、宽、高等,后查看零件的局部尺寸;先看大尺寸,后看小尺寸;先找出基准尺寸,后找出定形和定位尺寸的顺序,搞清零件的所有尺寸,并要注意零件尺寸是否齐全、合理。

(5) 技术要求。弄清零件各表面的粗糙度要求,尺寸公差、材质处理以及加工检验方面有什么特殊要求,以便组织加工生产时给予考虑。

(6) 归纳小结。对零件图的表达方案、结构形状、尺寸标注、技术要求等内容加以归纳综合,并进行深入探讨,最终达到彻底读懂零件图的目的。

2. 零件图的尺寸标注

1) 零件图的尺寸基准

标注和度量尺寸的起点称为尺寸基准。根据基准的作用不同,一般将基准分为设计基准和工艺基准。

(1) 设计基准。根据零件的结构、设计要求,用以确定该零件在机器中的位置和几何关系的一些线、面为设计基准。常见的设计基准是:

① 零件上主要回转结构的轴心线。

② 零件结构的对称中心面。

③ 零件的重要支撑面、装配面及两零件重要结合面。

④ 零件的主要加工面。

(2) 工艺基准。根据零件加工制造、测量和检验等工艺要求所选定的一些线、面称为工艺基准。任何一个零件都有长、宽、高三个方向的尺寸,每个尺寸都有基准,因此每个方向至少要有一个基准。同一个方向上有多个基准时,其中必有一个是主要基准,其余为辅助基准,如图 5-1-3 所示。

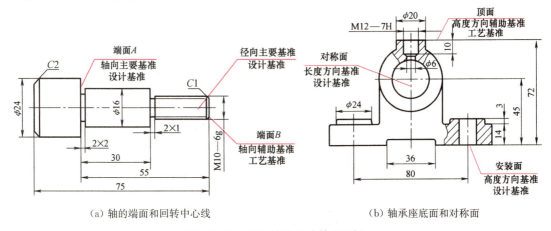

(a) 轴的端面和回转中心线　　　　(b) 轴承座底面和对称面

图 5-1-3　用面、线作尺寸基准图例

2) 合理标注尺寸的原则

(1) 零件上的重要尺寸应直接注出,避免换算,以保证加工时直接达到尺寸要求。如图 5-1-4(c)。

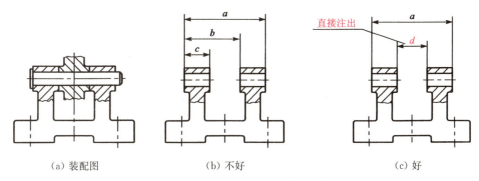

(a) 装配图　　　　(b) 不好　　　　(c) 好

图 5-1-4　重要的尺寸应直接标出

(2) 不要注成封闭尺寸链。一组首尾相接的链状尺寸称为尺寸链,如图 5-1-5(b) 所示。当尺寸注成如图 5-1-5(b) 所示的封闭形式时,会给加工带来困难。尺寸链中任一环的尺寸误差,都是其他各环尺寸误差之和。因此,这种封闭尺寸链标注方法往往不能保证设计要求。

正确的注法是:选择不太重要的一段不注尺寸,如图 5-1-5(a) 所示。

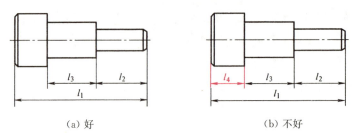

(a) 好　　　　　　　　　　　(b) 不好

图 5-1-5　不要注成封闭尺寸链

（3）按加工顺序标注尺寸。零件图上除重要尺寸应直接注出外，其他尺寸一般尽量按加工顺序进行标注。每一加工步骤，均可由图中直接看出所需尺寸，也便于测量时减少差错。如图 5-1-6(a)所示，先车外圆长为 l_1，再割槽宽 l_2。如果按照图 5-1-6(b)所示标注来加工就不那么方便了。

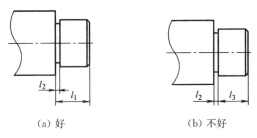

(a) 好　　　　　　　　　　　(b) 不好

图 5-1-6　标注尺寸要符合加工顺序

（4）标注尺寸要便于测量。标注尺寸时应尽量使用常见的、普通的测量仪器，减少专用量具的使用和制造以降低产品成本。图 5-1-7(a)中标注的尺寸便于测量，而图 5-1-7(b)中标注的尺寸不便于测量。图 5-1-8(a)中标注的尺寸便于测量，而图 5-1-8(b)中标注的尺寸不便于测量。

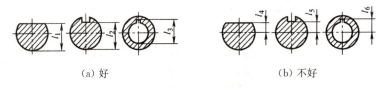

(a) 好　　　　　　　　　　　(b) 不好

图 5-1-7　标注尺寸要便于测量（示例一）

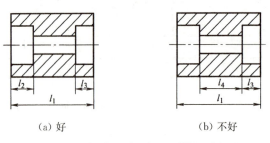

(a) 好　　　　　　　　　　　(b) 不好

图 5-1-8　标注尺寸要便于测量（示例二）

3）零件常见结构尺寸标注

在零件上经常有光孔、螺孔、沉孔、倒角、退刀槽等结构，它们的尺寸标注，见表 5-1-2。

表 5-1-2 零件常见结构尺寸标注表

结构类型		旁注法	普通注法	说明
螺孔	通孔	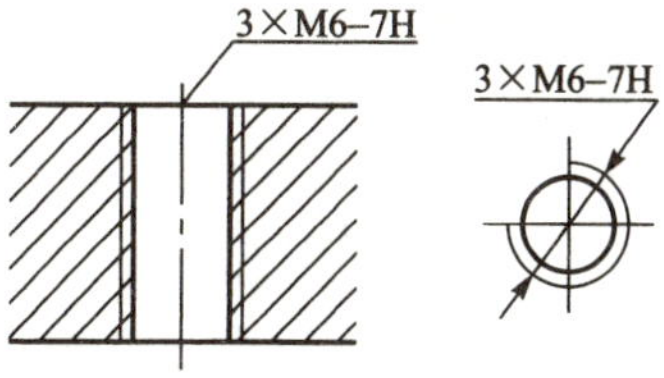 3×M6–7H	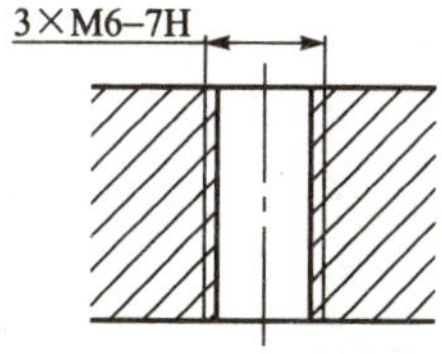 3×M6–7H	3×M6 表示大径为 6，分布有三个螺孔，可以旁注也可直接注出。
	不通孔	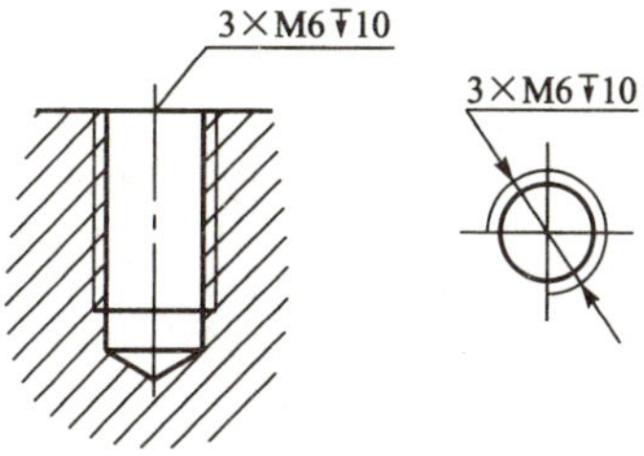 3×M6▼10	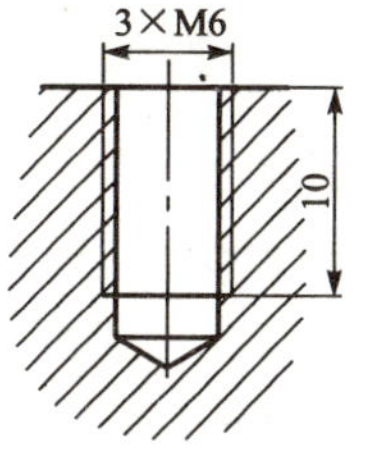 3×M6	螺孔深度可与螺孔直径连注，也可分开注出，符号"▼"表示深度。
		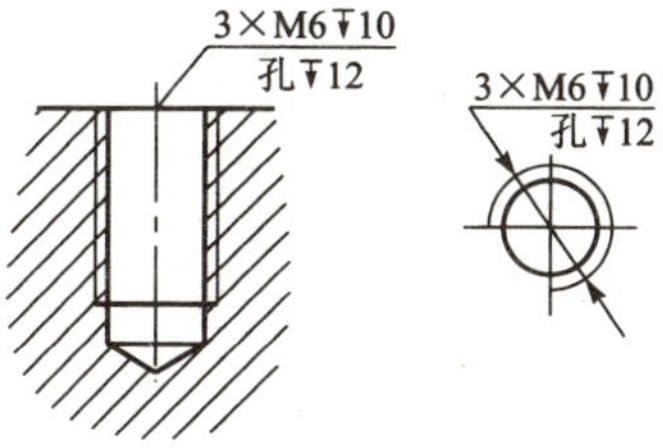 3×M6▼10 孔▼12	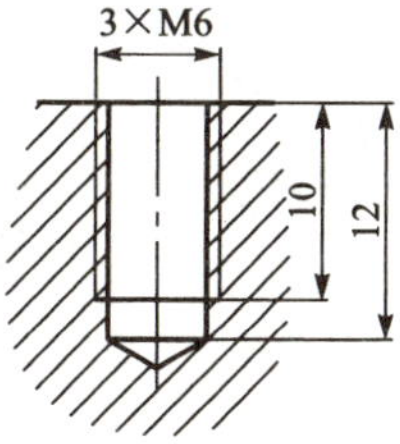 3×M6	需要注出孔深时，应明确标注孔深尺寸。
光孔	一般孔	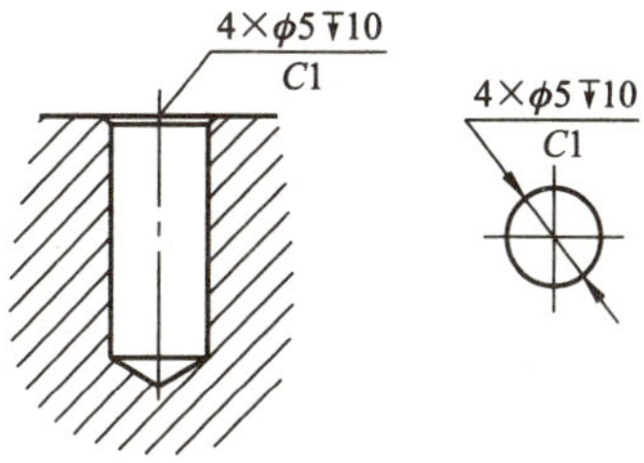 4×φ5▼10 C1	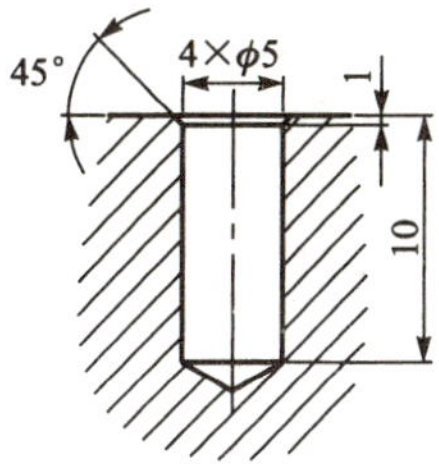 4×φ5	4×φ5 表示直径为 5，分布有 4 个光孔，孔深可与孔径连注，也可以分开注出。
	精加工孔	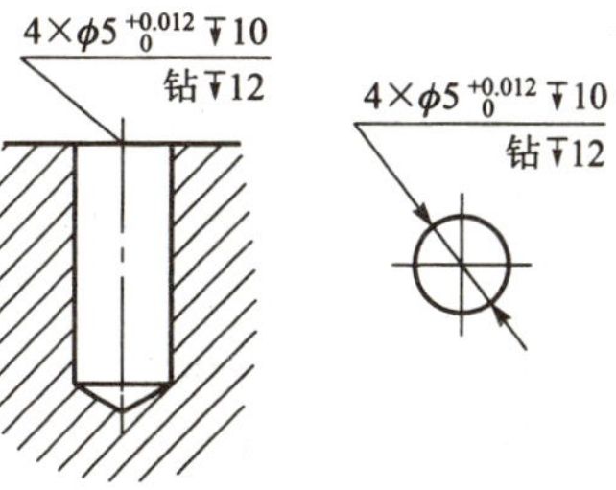 4×φ5$^{+0.012}_{0}$▼10 钻▼12	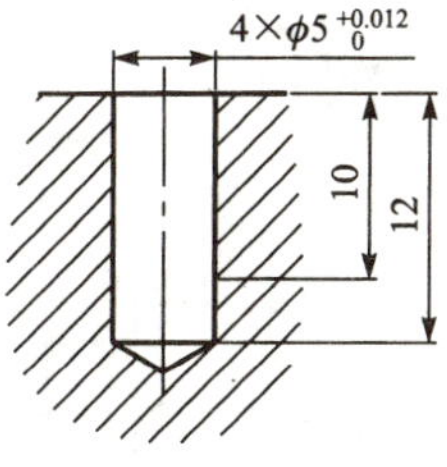 4×φ5$^{+0.012}_{0}$	光孔深为 12，钻孔后需加工 φ5$^{+0.012}_{0}$ 深度为 10。
	锥销孔	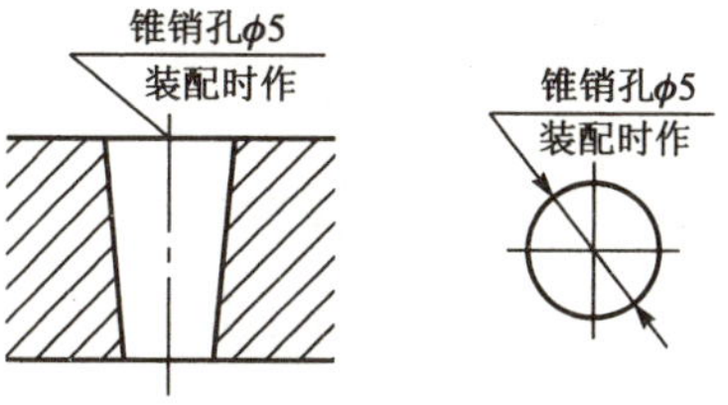 锥销孔φ5 装配时作	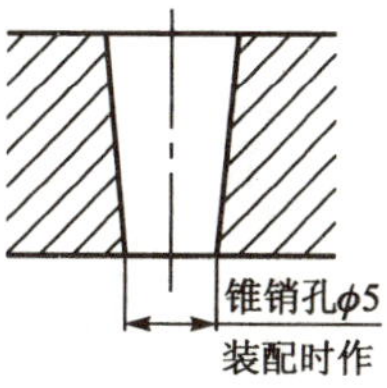 锥销孔φ5 装配时作	φ5 为与锥销孔相配的圆锥销小头直径，锥销孔通常是相邻两零件装在一起时加工的。

(续表)

结构类型		旁注法	普通注法	说明
沉孔	锥形沉孔	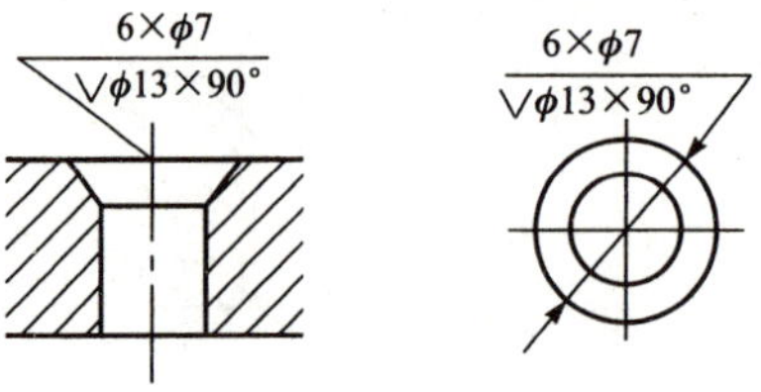 6×φ7 ∨φ13×90°	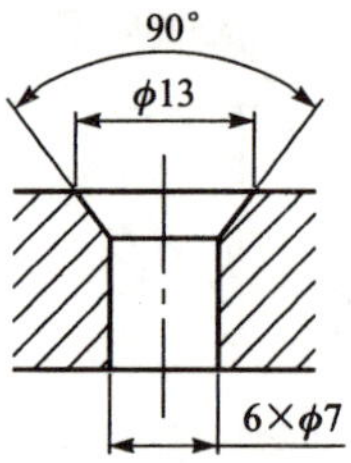 90° φ13 6×φ7	6×φ7 表示直径为 7,分布有 6 个孔,锥形部分尺寸可以旁注,也可直接注出。符号"∨"表示埋头孔。
	柱形沉孔	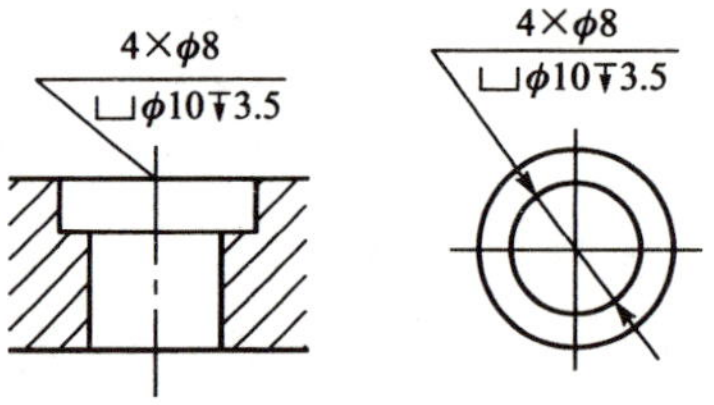 4×φ8 ⌴φ10▼3.5	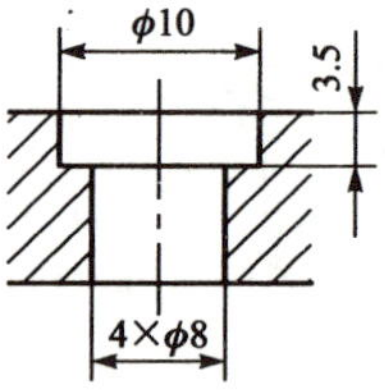 φ10 3.5 4×φ8	柱形沉孔的小直径为 8,大直径为 10,深度为 3.5,均需标注。
	锪平孔	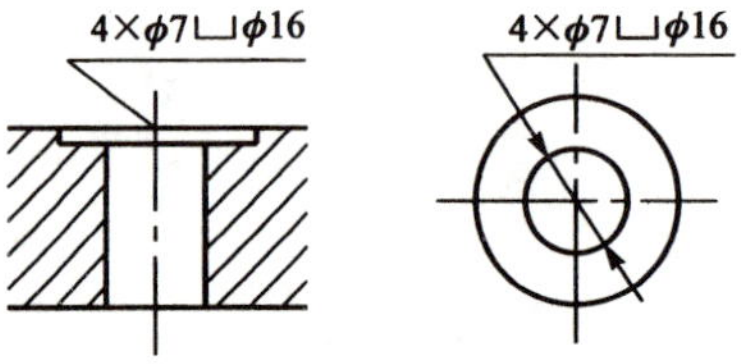 4×φ7 ⌴φ16	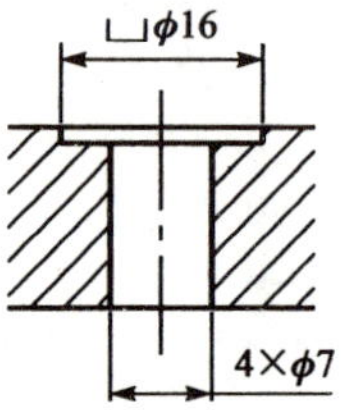 ⌴φ16 4×φ7	锪平 φ16 的深度不需标注,一般锪平到不出现毛面为止。符号"⌴"表示沉孔或锪平。
倒角		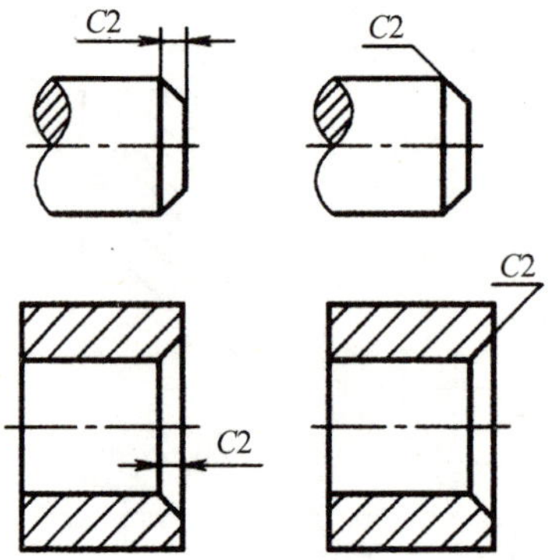 C2 / C2 / C2 / C2	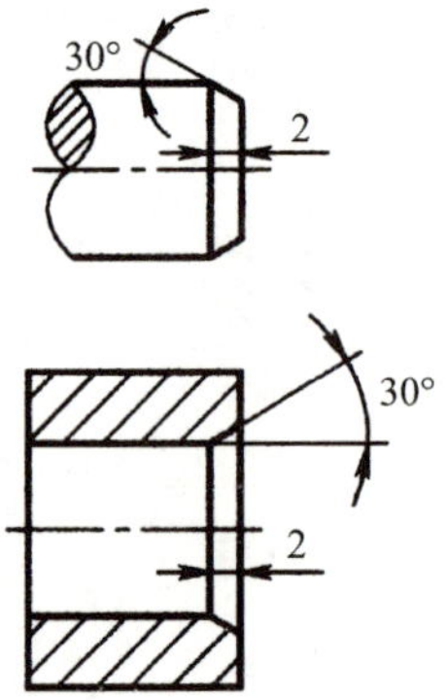 30° / 2 / 30° / 2	倒角为 45°时,可与倒角的轴线尺寸连注;倒角不是 45°时,要分开标注。
退刀槽		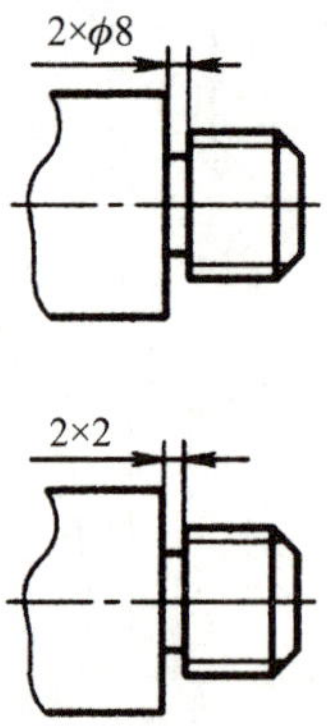 2×φ8 / 2×2	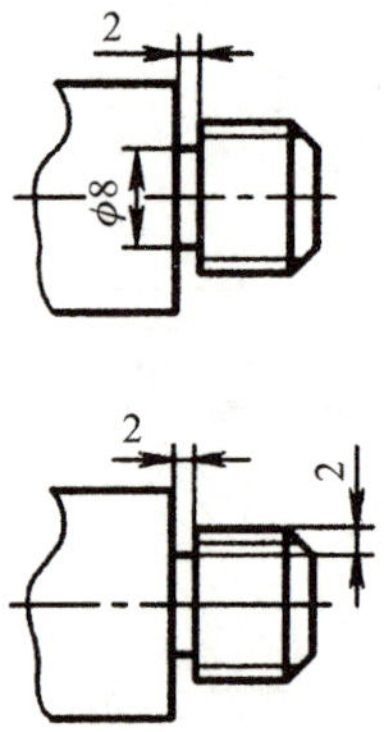 2 / φ8 / 2 / 2	退刀槽宽度应直接注出,可以标注直径,也可注出切入深度。

三、尺寸公差与几何公差

1. 极限与配合

1) 零件的互换性

同一批零件,不经挑选和辅助加工,任取一个就可顺利地装到机器上去,并满足机器的性能要求,零件的这种性能称为互换性。零件具有互换性,不仅能组织大批量生产,而且可提高产品的质量、降低成本且便于维修。

保证零件具有互换性的措施:由设计者确定合理的配合要求和尺寸公差大小。在满足设计要求的条件下,允许零件实际尺寸有一个变动量,这个允许尺寸的变动量称为公差。

2) 尺寸公差基本术语

以图 5-1-9 为例说明有关术语。

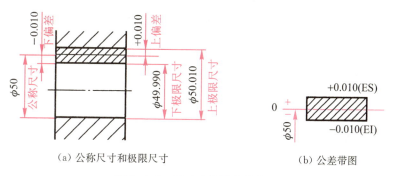

(a) 公称尺寸和极限尺寸　　(b) 公差带图

图 5-1-9　尺寸公差及有关术语

(1) 公称尺寸:设计给定的尺寸。如图 5-1-9(a) 中公称尺寸为 $\phi50$。

(2) 极限尺寸:允许尺寸变化的两个极限值,是以公称尺寸为基数来确定的。如图 5-1-9 中上极限尺寸为 $\phi50.010$,下极限尺寸为 $\phi49.990$。

(3) 尺寸偏差(简称偏差):某一尺寸减去公称尺寸所得的代数差,分别称为上偏差和下偏差,即:

$$上极限偏差 = 上极限尺寸 - 公称尺寸$$
$$下极限偏差 = 下极限尺寸 - 公称尺寸$$

国家标准规定:孔的上极限偏差代号为 ES,下极限偏差代号为 EI;轴的上极限偏差代号为 es,下极限偏差代号为 ei。如图 5-1-9(b) 中上偏差为 +0.010,下偏差为 -0.010。

(4) 尺寸公差(简称公差):允许尺寸的变动量。

$$公差 = 上极限尺寸 - 下极限尺寸 = 上极限偏差 - 下极限偏差$$
$$= 50.010 - 49.990 = +0.010 - (-0.010) = 0.020$$

(5) 零线:在公差带图(公差与配合图解)中确定偏差的一条基准直线,即零偏差线。通常以零线表示公称尺寸。

(6) 尺寸公差带(简称公差带):在公差带图中,由代表上、下极限偏差的两条直线所限定的区域。

3)配合

公称尺寸相同的、相互结合的孔和轴公差带之间的关系称为配合。根据使用的要求不同,孔和轴之间的配合有松有紧,国家标准规定配合分三类:间隙配合、过盈配合和过渡配合。

(1)间隙配合。孔与轴配合时,具有间隙(包括最小间隙等于零)的配合,此时孔的公差带在轴的公差带之上,如图 5-1-10 所示。

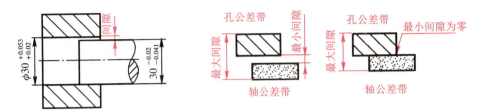

图 5-1-10　间隙配合

(2)过盈配合。孔和轴配合时,孔的尺寸减去相配合轴的尺寸,其代数差为负值是过盈。具有过盈的配合称为过盈配合。此时孔的公差带在轴的公差带之下,如图 5-1-11 所示。

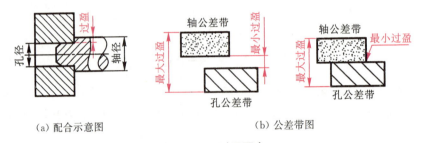

(a)配合示意图　　　　　(b)公差带图

图 5-1-11　过盈配合

(3)过渡配合。可能具有间隙或过盈的配合为过渡配合。此时孔的公差带与轴的公差带相互交叠,如图 5-1-12 所示。

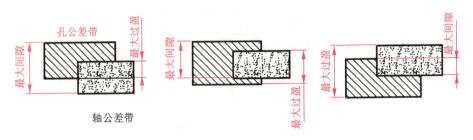

图 5-1-12　过渡配合公差带图

4)标准公差与基本偏差

公差带由"公差带大小"和"公差带位置"这两个要素组成。标准公差用来确定公差带大小,基本偏差用来确定公差带的位置。

（1）标准公差。标准公差是标准所列的、用以确定公差带大小的任一公差。标准公差分为 20 个等级，即：IT01、IT0、IT1 至 IT18。IT 表示公差，数字表示公差等级，从 IT01 至 IT18 依次降低。标准公差的数值，见附录 1。

（2）基本偏差。基本偏差是标准所列的、用以确定公差带相对零线位置的上极限偏差或下极限偏差，一般指靠近零线的那个偏差。当公差带在零线的上方时，基本偏差为下极限偏差；反之则为上极限偏差。轴与孔的基本偏差代号用英文字母表示，大写为孔，小写为轴，各有 28 个，如图 5-1-13 所示，其中 H(h) 的基本偏差为零，常作为基准孔或基准轴的偏差代号。

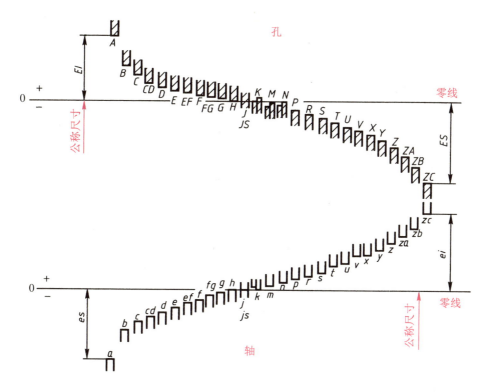

图 5-1-13　孔、轴的基本偏差系列

5）配合制度

当基本尺寸确定后，为了得到孔与轴之间各种不同性质的配合，又便于设计和制造，国家标准规定了两种不同的基准制，即基孔制和基轴制，在一般情况下优先选用基孔制。

（1）基孔制。基本偏差为一定的孔的公差带，与不同基本偏差的轴的公差带形成各种配合的一种制度，如图 5-1-14(a) 所示。

基孔制配合中的孔为基准孔，用基本偏差代号 H 表示，基准孔的下极限偏差为零。

（2）基轴制。基本偏差为一定的轴的公差带，与不同基本偏差的孔的公差带形成各种配合的一种制度，如图 5-1-14(b) 所示。

基轴制配合中的轴为基准轴，用基本偏差代号 h 表示，基准轴的上极限偏差为零。

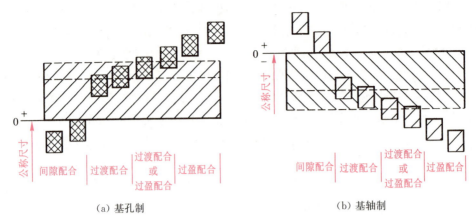

图 5-1-14　基孔制配合和基轴制配合

6）优选与常用配合

标准公差有 20 个等级，基本偏差有 28 种，可组成大量配合。过多的配合，既不能发挥标准的作用，也不利于生产。因此，国家标准将孔、轴公差带分为优选、常用和一般用途公差带，并由孔、轴的优选和常用公差带分别组成基孔制和基轴制的优选配合和常用配合，以便选用。基孔制和基轴制各对应 13 种优选配合，见表 5-1-3。基孔制优选配合与常用配合见附录 2。

表 5-1-3　优选配合表

配合种类	间隙配合	过渡配合	过盈配合
基孔制优选配合	$\dfrac{H7}{g6}$、$\dfrac{H7}{h6}$、$\dfrac{H8}{f7}$、$\dfrac{H8}{h7}$、$\dfrac{H9}{d9}$、$\dfrac{H9}{h9}$、$\dfrac{H11}{c11}$、$\dfrac{H11}{h11}$	$\dfrac{H7}{k6}$、$\dfrac{H7}{n6}$	$\dfrac{H7}{p6}$、$\dfrac{H7}{s6}$、$\dfrac{H7}{u6}$
基轴制优选配合	$\dfrac{G7}{h6}$、$\dfrac{H7}{h6}$、$\dfrac{F8}{h7}$、$\dfrac{H8}{h7}$、$\dfrac{D9}{h9}$、$\dfrac{H9}{h9}$、$\dfrac{C11}{h11}$、$\dfrac{H11}{h11}$	$\dfrac{K7}{h6}$、$\dfrac{N7}{h6}$	$\dfrac{P7}{h6}$、$\dfrac{S7}{h6}$、$\dfrac{U7}{h6}$

优选及常用配合轴的极限偏差表见附录 3。优选及常用配合孔的极限偏差表见附录 4。

7）极限与配合的标注

（1）零件图中的标注形式。在零件图中的标注形式有三种：标注公称尺寸及上、下极限偏差值（常用方法）或既注公差带代号，又注上、下极限偏差或注公差带代号，如图 5-1-15 所示。

（2）在装配图中配合尺寸的标注。在装配图中标注时，应在公称尺寸右边注写孔和轴的配合代号。

基孔制的标注形式：

$$\text{公称尺寸} \dfrac{\text{基准孔的基本偏差代号（H）　公差等级代号}}{\text{配合轴的基本偏差代号　　公差等级代号}}$$

如图 5-1-16（a）所示，表示公称尺寸为 50，基孔制，8 级基准孔与公差等级为 7 级，基本偏差代号为 f 的轴的间隙配合。

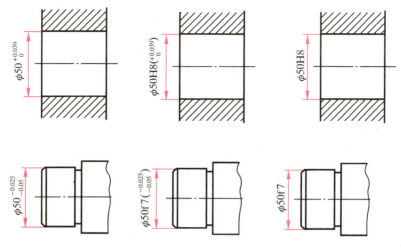

图 5-1-15 零件图中尺寸公差的标注

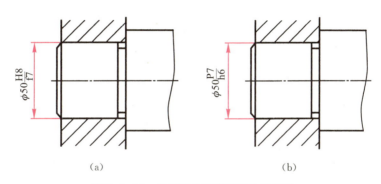

(a)　　　　　　　　　　(b)

图 5-1-16 公差配合在装配图中的标注

基轴制的标注形式：

$$公称尺寸\frac{配合孔的基本偏差代号\quad 公差等级代号}{基准轴的基本偏差代号(h)\quad 公差等级代号}$$

如图 5-1-16(b)所示，表示公称尺寸为 50，基轴制，6 级基准轴与公差等级为 7 级，基本偏差代号为 P 的孔的过盈配合。

2. 几何公差

1) 几何公差的概念及几何特征

(1) 基本概念。零件在加工过程中，不仅尺寸存在误差，而且几何形状和相对位置也会产生误差。零件的实际形状和实际位置相对其理想形状和理想位置的允许变动量称为几何公差。

5.1.4 视频

几何公差是评定产品质量的一个重要指标，国家标准《产品几何技术规范(GPS) 几何公差 形状、方向、位置和跳动公差标注》(GB/T 1182—2018)规定用代号标注几何公差。对于一般零件，如果没有标注几何公差，其几何公差可用尺寸公差加以限制，但对于精度要求较高的零件，在零件图中不仅要规定尺寸公差，而且还要规定几何公差。当无法用代号标注几何公差时，允许在技术要求中用文字说明。

(2) 几何公差的几何特征和符号。几何公差的几何特征和符号见表 5-1-4。

表 5-1-4　几何公差的几何特征和符号(摘自 GB/T 1182—2008)

	直线度	—	无		位置度	⊕	有
	平面度	▱	无				
形状公差	圆度	○	无		同心度（用于中心点）	◎	有
	圆柱度	⌭	无				
	线轮廓度	⌒	无	位置公差	同轴度（用于轴线）	◎	有
	面轮廓度	⌓	无				
	平行度	∥	有		对称度	═	有
	垂直度	⊥	有		线轮廓度	⌒	有
方向公差	倾斜度	∠	有		面轮廓度	⌓	有
	线轮廓度	⌒	有	跳动公差	圆跳动	↗	有
	面轮廓度	⌓	有		全跳动	⌭	有

2) 几何公差的标注

(1) 公差框格。几何公差用公差框格来标注，公差要求注写在矩形框格中，标注内容、顺序及框格的绘制，如图 5-1-17(a)所示。

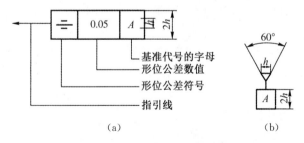

图 5-1-17　公差框格及基准符号

(2) 基准符号。有些几何公差要有基准，基准用一个大写字母表示，字母注写在基准方格内，与一个涂黑的或空白三角形相连，如图 5-1-17(b)所示。

(3) 被测要素的标注。标注几何公差时，用引自框格的带箭头的指引线指向被测要素的轮廓线或其延长线上。当被测要素是轮廓线或轮廓面时，指引线的箭头指向该要素的轮廓线或其延长线上，并明显地与尺寸线错开，如图 5-1-18 所示。当被测要素是轴线或对称中心面时，指引线的箭头应与该要素尺寸线的箭头对齐，如图 5-1-19(a)、(b)所示。

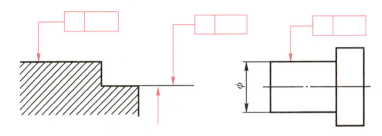

图 5-1-18　被测要素是表面的标注

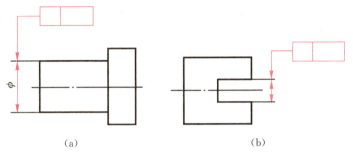

(a)　　　　　　　　　　(b)

图 5-1-19　被测要素为轴线或对称中心面时的标注

（4）基准要素的标注。当基准要素是轮廓线或轮廓面时,将基准三角形放置在要素的轮廓线或其延长线上,并且与尺寸线明显错开,如图 5-1-20(a)所示;基准三角形也可放置在该轮廓面引出的水平线上,如图 5-1-20(b)所示。当基准是尺寸要素的轴线、中心平面或中心点时,基准三角形应放置在该尺寸线的延长线上,如图 5-1-21(a)所示。如果没有足够的位置标注基准要素尺寸的两个尺寸箭头,则其中一个箭头可用基准三角形代替,如图 5-1-21(b)所示。

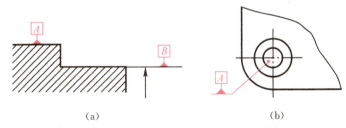

(a)　　　　　　　　　　(b)

图 5-1-20　基准要素是轮廓线或轮廓面时的标注

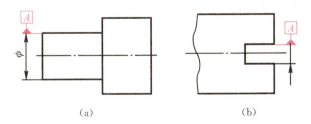

(a)　　　　　　　　　　(b)

图 5-1-21　基准要素是尺寸要素的轴线、中心平面或中心点时的标注

3）几何公差的标注示例

几何公差的标注如图 5-1-22 所示,图中各公差代号的含义如下:

(1) 基准 A 表示 $\phi 50$ 中间轴段的中心轴线,基准 B 表示轴左端 $\phi 30$ 轴段的中心轴线。

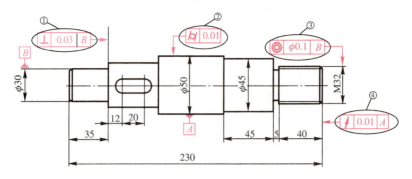

图 5-1-22 几何公差标注示例

（2）公差框格①表示带键槽轴段左端面对于基准 B 的垂直度公差是 0.03。公差框格②表示 φ50 轴段的圆柱度公差为 0.01。公差框格③表示 M32 螺纹轴线对于基准 B 的同轴度公差为 φ0.1。公差框格④表示轴的右端面对于基准 A 的圆跳动公差为 0.01。

常用形状与位置公差值，见附录 5。

四、螺纹及其紧固件

1. 螺纹

在机械和设备中，经常使用到螺钉、螺栓、螺母、垫圈、键、销、齿轮、滚动轴承等零件。这些零件中整体结构和尺寸已由国家制定了标准的零件（如螺钉、螺栓、螺母、垫圈、键、销、滚动轴承等）称为标准件；只是部分结构和尺寸制定了标准的零件（如齿轮等）称为常用件。

1）螺纹的形成

螺纹是零件上常见的结构形式，经常用于零件之间的连接和传动。螺纹有外螺纹和内螺纹两种，在圆柱或圆锥外表面上加工出来的螺纹称为外螺纹，在圆柱或圆锥内表面上加工出来的螺纹称为内螺纹。螺纹加工的方法很多，常见的有在车床上车削内、外螺纹；也可以碾压螺纹；还可以用丝锥和板牙等手工工具加工螺纹，如图 5-1-23 所示。

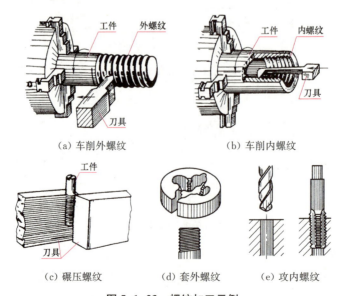

图 5-1-23 螺纹加工示例

2) 螺纹的基本要素

螺纹的基本要素包括牙型、直径(大径、小径、中径)、螺距和导程、线数、旋向等。

(1) 牙型。通过螺纹轴线断面上的螺纹断面轮廓形状称为螺纹牙型。螺纹的牙型有三角形、梯形和锯齿形等。普通螺纹牙型为牙型角为 60°的三角形螺纹,梯形螺纹牙型角为 30°。

(2) 直径。其代号用字母表达,小写指外螺纹,大写指内螺纹。大径(d, D)是指与外螺纹的牙顶或内螺纹的牙底相重合的假想圆柱面的直径,又称公称直径。小径(d_1, D_1)是指与外螺纹的牙底或内螺纹的牙顶相重合的假想圆柱面的直径。中径(d_2、D_2)是指母线通过牙型上沟槽和凸起宽度相等地方的一个假想圆柱面的直径,如图 5-1-24 所示。

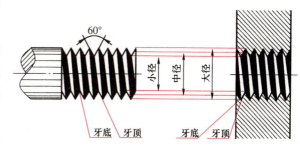

图 5-1-24 螺纹的直径

(3) 线数(n)。形成螺纹的螺旋线的条数,螺纹有单线和多线之分,如图 5-1-25 所示。

(4) 螺距(P)和导程(Ph)。相邻两牙在中径线上对应点之间的轴向距离称为螺距;同一条螺旋线上相邻两牙中径线上对应点之间的轴向距离称为导程,如图 5-1-25 所示。

(5) 旋向。螺纹的旋向有左旋和右旋之分。按顺时针方向旋进的螺纹称为右旋螺纹,按逆时针方向旋进的螺纹称为左旋螺纹,左旋用 LH 表示。也可用左、右手来判别其旋向,如图 5-1-26 所示。

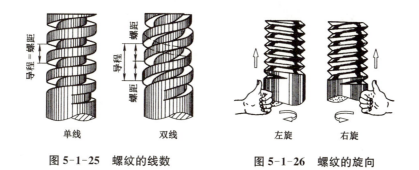

图 5-1-25 螺纹的线数　　图 5-1-26 螺纹的旋向

牙型、大径、螺距、线数和旋向是确定螺纹几何尺寸的五要素。螺纹牙型、大径和螺距是决定螺纹的最基本要素,称为螺纹三要素。普通螺纹的公称直径与螺距系列,见附录 6。

3) 螺纹的规定画法

国家标准《机械制图　螺纹及螺纹紧固件表示法》(GB/T 4459.1—1995)中规定了螺纹的画法。

(1) 外螺纹的画法。如图 5-1-27 所示,在投影为非圆的视图上,螺纹的大径和螺纹终止线用粗实线绘制;螺纹小径可近似按大径的 0.85 倍($d_1=0.85d$)用细实线绘制,并画到倒角或倒圆处。在投影为圆的视图上,大径用粗实线画整圆,小径用细实线画约 3/4 圆,倒角圆省略不画。

(2) 内螺纹的画法。如图 5-1-28 所示,在投影为非圆的视图上,画剖视图时,螺纹大径

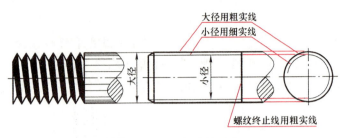

图 5-1-27 外螺纹的画法

用细实线绘制,小径($D_1=0.85D$)和螺纹终止线用粗实线绘制;在投影为圆的视图上,小径用粗实线画整圆,大径用细实线画约 3/4 圆,倒角圆省略不画。未剖时,螺纹的所有图线全部按虚线绘制。

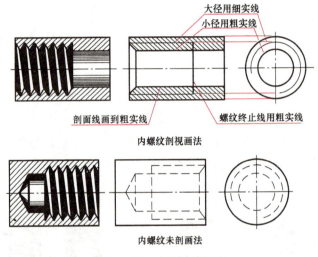

图 5-1-28 内螺纹的画法

(3) 内、外级纹连接的画法。内、外螺纹旋合在一起时,称为螺纹联接,只有五要素完全相同的外螺纹和内螺纹才能相互旋合在一起。以剖视图表示内、外螺纹的连接时,其旋合部分应按外螺纹的画法绘制,其余部分仍按各自的画法表示,如图 5-1-29 所示。

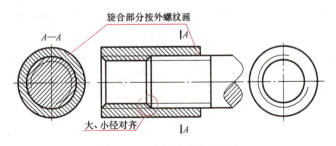

图 5-1-29 螺纹连接的画法

2. 螺纹紧固件

1) 常用螺纹紧固件及其标记

螺纹紧固就是利用一对内、外螺纹的连接作用来联接或紧固一些零件。常用的螺纹紧固件有螺栓、双头螺柱、螺钉、螺母和垫圈等,如图 5-1-30 所示。其规定标记见表 5-1-5。

常用螺钉、垫圈、螺母、螺栓的国标规定结构尺寸，见表 7-1～表 7-8。

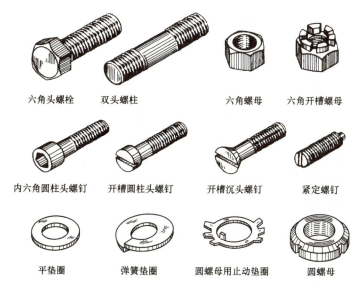

图 5-1-30　常用螺纹紧固件

表 5-1-5　常用螺纹紧固件的规定画法

名称	规定标记示例	名称	规定标记示例
六角头螺栓	螺栓 GB/T 5780 M12×50	开槽锥端紧定螺钉	螺钉 GB/T 71 M12×50
双头螺柱 A 型	螺柱 GB/T 897 AM12×50	1 型六角螺母-C 级	螺母 GB/T 41 M16
开槽圆柱头螺钉	螺钉 GB/T 65 M12×50	1 型六角开槽螺母	螺母 GB/T 6178 M16
开槽沉头螺钉	螺钉 GB/T 68 M12×50	垫圈	垫圈 GB/T 97.1 16
内六角圆柱头螺钉	螺钉 GB/T 70.1 M12×50	标准型弹簧垫圈	垫圈 GB/T 93 16

2) 常用螺纹紧固件的比例画法

为提高画图速度，螺纹紧固件各部分的尺寸(有效长度除外)都可按螺纹的公称直径 d 或 D 的一定比例关系画图，称为比例画法。在工程实践中一般采用比例画法，常用螺纹紧固件的比例画法如图 5-1-31 所示。

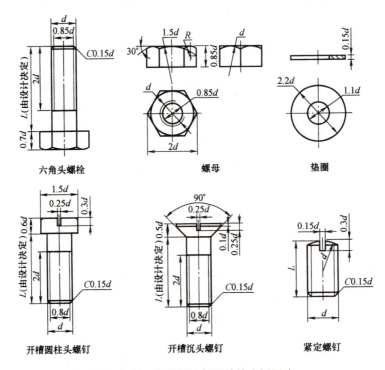

图 5-1-31　常用螺纹紧固件的比例画法

3) 螺纹紧固件的连接画法

螺纹紧固件的连接，通常有螺栓连接、双头螺柱连接和螺钉连接三种。

(1) 螺栓连接。螺栓适用于连接两个都不太厚并允许钻成通孔的零件。被连接零件上的通孔直径稍大于螺纹的公称直径，将螺栓穿入两零件的通孔，在螺杆的一端套上垫圈，再拧紧螺母紧固，其连接画法如图 5-1-32 所示。其中，$a=0.3d$，$m=0.8d$，$h=0.15d$。

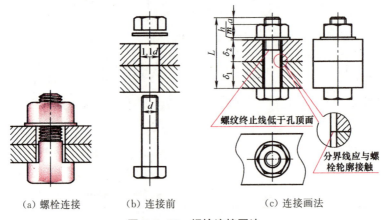

图 5-1-32　螺栓连接画法

(2) 双头螺柱连接。当两个被连接的零件中,有一个较厚或不便钻通孔时,常采用双头螺柱连接。双头螺柱的两端都有螺纹,一端旋入较厚零件的螺孔中,称为旋入端;另一端穿过较薄零件上的通孔,套上垫圈,再用螺母拧紧,称为紧固端,其连接画法如图5-1-33所示。

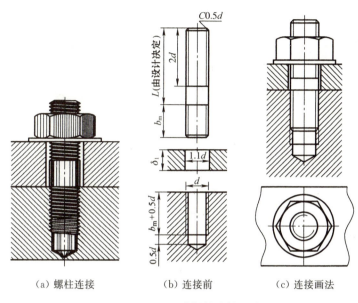

(a) 螺柱连接　　　　(b) 连接前　　　　(c) 连接画法

图 5-1-33　双头螺柱连接画法

(3) 螺钉连接。螺钉连接适用于不经常拆卸、受力不大或被连接件之一较厚不便加工通孔的情况。螺钉连接不用螺母,而是直接将螺钉拧入零件的螺孔内。螺钉根据头部的形状不同分为多种,图5-1-34是两种常用螺钉的连接画法。

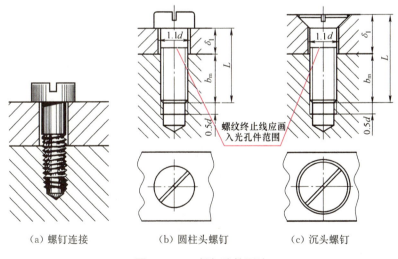

(a) 螺钉连接　　　　(b) 圆柱头螺钉　　　　(c) 沉头螺钉

图 5-1-34　螺钉连接画法

4) 注意事项

在识读螺纹紧固件的连接图时,应注意以下事项:

(1) 相邻两零件的接触表面只画一条线,不接触表面无论间隔多小都要画成两条线。

(2) 在剖视图中,相邻两零件的剖面线方向应相反或方向一致、间隔不同,而同一零件在不同的各剖视图中,剖面线的方向和间隔应相同。

(3) 当剖切平面通过螺栓、螺钉、螺母、垫圈等螺纹紧固件的轴线时,这些零件均按不剖绘制,即画出其外形。但如果垂直其轴线剖切,则按剖视要求画出。

五、键与销

5.1.6 视频

键和销都是常用的标准件。键主要用于轴和轴上零件的连接,使之不产生相对运动,以传递转矩。销主要起定位作用,也可以用来连接和定位。

1. 键及其连接

1) 键的种类及标记

键的种类较多,常见的形式有普通平键、普通半圆键、钩头楔键等,其结构形式和标记见表 5-1-6。

表 5-1-6 常用键的形式和标记表

名称及标准号	图例	标记示例
普通型 平键 GB/T 1096—2003	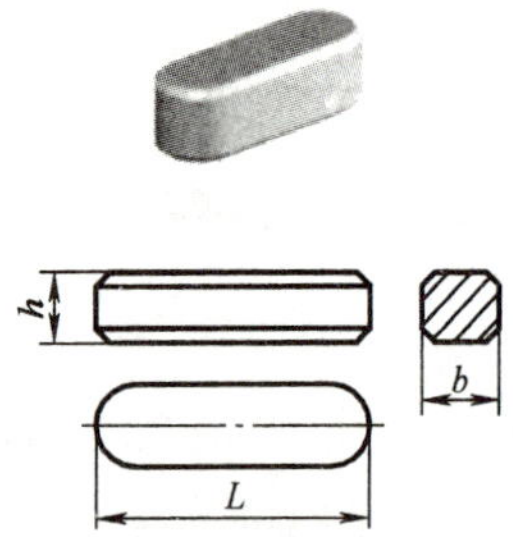	GB/T 1096 键 8×7×30 表示:键宽 $b=8$ mm、键高 $h=7$ mm、键长 $L=30$ mm 的普通型平键(A型)
普通型 半圆键 GB/T 1099.1—2003	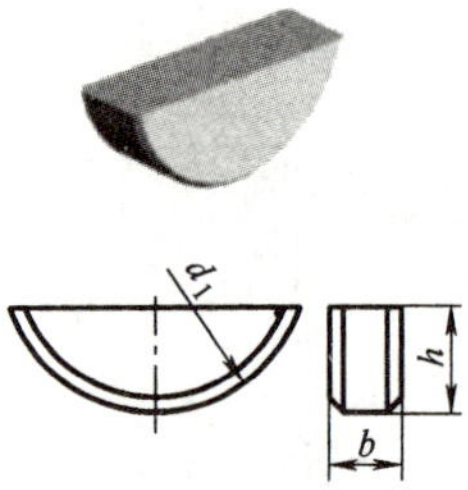	GB/T 1099.1 键 6×10×25 表示:键宽 $b=6$ mm、键高 $h=10$ mm、直径 $d_1=25$ mm 的普通型半圆键
钩头型 楔键 GB/T 1565—2003	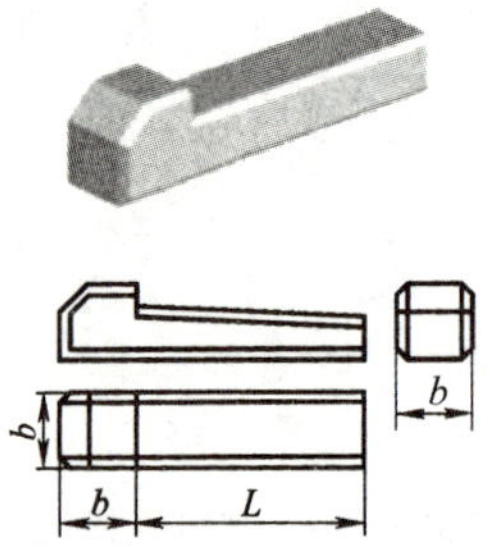	GB/T 1565 键 6×25 表示:键宽 $b=6$ mm、$L=25$ mm 的钩头型楔键

2) 普通平键的连接画法

普通平键和半圆键都是以两侧面为工作面,起传递转矩的作用。在键连接画法中,键的两个侧面与轴和轮毂接触,键的底面与轴接触,均画一条线;键的顶面为非工作面,与轮毂有间隙,应画两条线。图 5-1-35、图 5-1-36 分别是普通平键、半圆键的连接画法。普通型平键及键槽尺寸,见附录 8。

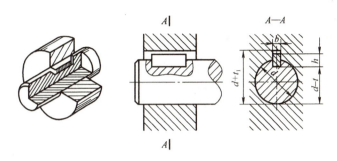

图 5-1-35　普通平键连接画法

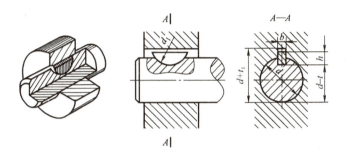

图 5-1-36　普通半圆键连接画法

3）钩头楔键的连接画法

钩头楔键也是以两侧面为工作面,起传递转矩的作用。但由于钩头楔键的上表面有 1∶100 的斜度,连接时要将键打入键槽,因此,键的上下两面用于静连接,以防止键的脱落。在键连接画法中,键的四个侧面均与轴和轮毂接触,均应画成一条直线,如图 5-1-37 所示。

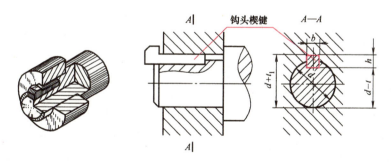

图 5-1-37　钩头楔键的连接画法

2. 销及其连接

销的类型很多,有圆柱销、圆锥销、开口销等,如图 5-1-38 所示。

常用销及其连接画法和标注如图 5-1-39 所示。圆柱销、圆锥销的国标规定结构尺寸,见附录 9～附录 10。

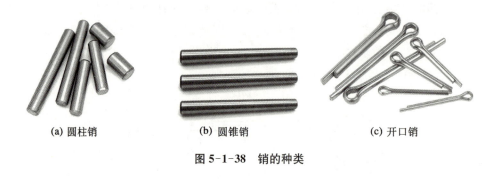

(a) 圆柱销　　　　　　(b) 圆锥销　　　　　　(c) 开口销

图 5-1-38　销的种类

(a) 圆锥销　　　　　　　　　　(b) 圆柱销

图 5-1-39　销的连接画法和标注

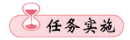

一、定位芯轴零件图的识读

1. 看标题栏

如图 5-1-2 所示,从标题栏中可以知道,零件的名称是定位芯轴,属于轴类零件。材料是优质碳素钢——45 钢,这也是受力一般的轴常用材料。可初步判断,该零件是通过车削、铣削、磨削等方法加工而成。绘图比例为 1∶1。图号是 GJY-4-Z-3,其中"JY-4"是衬套零件图号,"G"代表工装,"Z"代表钻夹具,"3"是衬套钻夹具第 3 张零件图。设计、校对、审核等签字齐全。使用单位是常州信息职业技术学院。

2. 认清视图

如图 5-1-2 所示,该零件通过五个图形来表达。水平放置的局部剖主视图表达了零件的主要结构形状;主视图下两处断面图分别表达了键槽和扁司平面的局部结构;两处局部放大表达了砂轮越程槽的结构。该零件的主要形体是圆柱体,主要包括四个轴段,从左至右分析:第一个轴上加工了 M12-6g 螺纹;第二个轴段为精密圆柱,用于将轴安装到钻夹具座上,中间加工一个宽 5,长 16 的键槽,用于螺旋压紧工件时防止轴转动;第三个轴段是一段直径为 φ35 的轴环,用于安装时轴向定位;第四个轴段是精密圆柱,用于安装工件。其右半部铣削去部分圆柱面而形成一个扁司平面,用于钻孔容屑;第五个轴段上加工了 M12-6g 螺纹,用于与螺母配合夹紧工件。定位芯轴三维立体图如图 5-1-1 所示。

3. 尺寸分析

定位芯轴以 φ35 的轴环的右端面为长度方向的主要定位基准,φ35 的轴环的左端面为长度方向的辅助定位基准,公共轴线为直径方向的尺寸基准。总长是 125.5,径向最大尺寸是 $\phi35$。键槽的定位尺寸是 26 和 2.5;扁司平面的定位尺寸是 48。轴环两端面的砂轮越程槽尺寸:轴向长 2,径向长 3,深 1。两处 M12-6g 螺纹起刀和退刀均有 C1 倒角。$\phi25$ 圆柱右端倒角为 1°,长 3,用磨床磨削而成,用于安装工件时便于精密工件孔装入轴上。

4. 技术要求

零件加工精度要求较高的表面是 $\phi16$ 和 $\phi25$ 圆柱面,尺寸精度为 IT6 级,表面粗糙度值为 $Ra0.8~\mu m$。键槽侧面表面粗糙度数值为 $Ra3.2~\mu m$。其余表面粗糙度数值为 $Ra6.3~\mu m$。$\phi16$ 和 $\phi25$ 以及键槽的宽度、深度应控制在上、下极限偏差之内。键槽两侧面对 $\phi16$ 轴线的对称度公差为 0.025。轴环两端面对 $\phi25$ 轴线的跳动公差为 0.008。$\phi16$ 轴线对 $\phi25$ 轴线的同轴度公差为 $\phi0.01$,两表面同轴度要求较高,磨削时应在一次安装中完成。另外图中还提出了热处理:45~50HRC 淬火要求。表面发黑是机械零件一般防锈要求的处理方法。

总之,定位芯轴是一个较典型的阶梯轴零件,采用了主视图、断面图和局部放大的表达方式。尺寸标注符合加工顺序。作为零件加工工装,其工作表面精度与被加工零件精度要求匹配,技术要求标注合理。

二、定位芯轴零件图的绘制

1. 图形分析

(1) 定位芯轴为回转体,视图上半部与下半部总体对称。因此,可先画上半部轮廓,下半部轮廓用镜像命令完成。倒角、键槽、螺纹退刀槽、砂轮越程槽可在主要轮廓画好后,再画这些细节。

(2) 断面图应配置在剖切符号的延长线上,这样既可免于标注字母,又便于看图。由于是对称的移出断面图,还可免于标注箭头。

(3) 局部放大先按照 1∶1 绘图,画好后放大 2 倍。标注尺寸时,将系统参数 DIMLFAC 设定为 0.5,这样标出的数据与实际尺寸一致。两个局部放大先画好一个,另外一个用镜像命令完成。

2. 图形绘制

1) 绘制主视图

(1) 调用图框。由于定位芯轴总长只有 125.5,调用一张以往 A4 图框或 A4 图框零件图,用"SAVEAS"命令将图形"另存为",单击对话框中的"桌面",将图形保存在桌面上,文件名称改为"定位芯轴"。用"E"删除命令,删除掉图框中其他零件的图形。

(2) 将图层设定为"0"层,确认"正交""对象捕捉""对象捕捉追踪"按钮点亮。

(3) 绘制轴上半部轮廓。切换到英文输入状态,单击"直线"命令工具栏,在图框内中上部绘制长 125.5 的基准线段。用"直线"命令,从线段左端开始,向上 6,向右 22(48-26=22),向下 6 或捕捉到长线段"垂足"后单击,画出 M12 螺纹段轮廓。无需退出"直线"命令,继续向上 8,向右 26,向下 8,完成第二轴段轮廓的绘制。继续向上 17.5,向右 5,向下 17.5,完成第三轴段轮廓的绘制。继续向上 12.5,向右 48,向下 12.5,完成第四轴段轮廓的绘制。继续向上 6,向右 24.5(72.5-48=24.5),向下 6,完成第五轴段轮廓的绘制,如图 5-1-40

所示。最后完成的点应该刚好与基准线段右端点重合,这也是对画图正确性的验证。

(4) 绘制轴上半部的螺纹和倒角。①用"倒角"命令,将倒角距离 D 设定为1,倒出最左和最右端C1倒角。用"直线"命令,补画倒角后锥面与圆柱面的截交线,如图5-1-41所示。②用"偏移""修剪""倒角"($D=1.3,12-9.4=2.6$ 的一半)命令绘制螺纹退刀槽,槽宽5.5,直径 $\phi 9.4$。用"偏移"命令,将125.5 mm长基准线向上偏移距离5.1(按照螺纹比例画法,$12\times 0.85=10.2$ 的一半)画螺纹小径,用"修剪"命令去除多余小径线段。选中小径线段,将其层切换到"细实线"层,如图5-1-41所示。同样方法绘制右端螺纹及退刀槽。③将右12.5 mm长的竖线用"偏移"命令向左偏移3 mm。单击"旋转"工具栏按钮,单击长为48的线段,"基点"选线段48 mm与偏移3 mm得到的左12.5竖线的交点,单击"C"(复制),"旋转角度"输入-1,"修剪"掉多余的线,绘制完成宽3 mm的1°倒角,如图5-1-41所示。

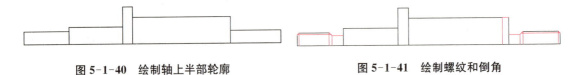

图 5-1-40 绘制轴上半部轮廓　　　　图 5-1-41 绘制螺纹和倒角

(5) 绘制第二轴段键槽和第四轴段扁司平面。①用"镜像"命令,以长基准线为"镜像线",镜像出轴下半部轮廓,如图5-1-42所示。②用"偏移"命令,距离2.5、16、3,再"修剪"掉多余的线,完成第二轴段键槽的绘制。用"样条曲线"命令,绘制键槽局部剖波浪线。用"图案填充"中的"ANSI31"图案,填充局部剖内部。将波浪线和剖面线选中,将其层切换到"细实线"层。③用"偏移"命令,距离21、25,再用"修剪"命令,绘制完成第四轴段扁司平面。④单击选中轴回转中心线,将其层由"0"层切换到"中心线"层。分别单击其两端"吸点",向两端分别拉长3 mm,完成定位芯轴主视图的绘制,如图5-1-43所示。

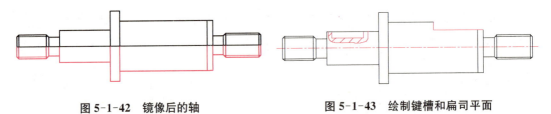

图 5-1-42 镜像后的轴　　　　图 5-1-43 绘制键槽和扁司平面

2) 绘制键槽断面图和扁司断面图

(1) 绘制键槽断面图。①用画"直线"命令,从主视图键槽上方中部,向下画长约80的竖线,再在竖线下端点向上约20的地方,自左向右画键槽剖视图的中心线,长约30,与竖线垂直相交,左右基本对称。参照图5-1-2,用"打断"命令2次,将竖线打断为断面剖切位置线和键槽断面的十字中心线。选中十字中心线,将其图层由"0"层切换到"中心线"图层。②用画"圆"命令,以十字中心线交点为圆心,半径为8画圆。仍然以十字中心线交点为圆心,半径为11画圆,作为边界,用"修剪"命令,将R11圆外的中心线修剪掉,删除R11辅助圆,见图5-1-44。③用"直线"命令,自 $\phi 16$ 圆上象限点向下画长为3的(键槽深)线段,再向右画2.5,再向上画5(超过圆),按空格键,退出直线命令,见图5-1-44。④用"镜像"命令,将 2.5 mm 长水平线和 5 mm 长竖线,以圆竖直中心线为"镜像线",镜像出键槽左部的 2.5 mm 水平线和 5 mm 长竖线。用"修剪"命令,修剪或删除掉多余的线,得到图 5-1-45 键槽断面图。

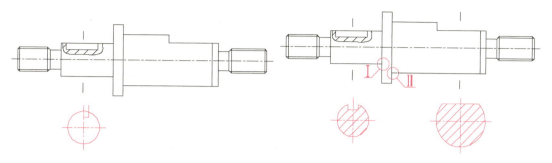

图 5-1-44　绘制键槽断面图　　　图 5-1-45　绘制扁司断面图及局部放大标记

（2）绘制扁司断面图。用画键槽端面图相同的方法绘制断面剖切位置线和扁司断面的十字中心线。用画"圆"命令画半径为 12.5 的圆,再画半径为 15.5 的同心圆作为边界,"修剪"掉 R15.5 圆外的中心线,删除 R15.5 辅助圆。从 φ25 下象限点向上画 21 mm 长线段,再水平向左或向右拉长至贯穿圆左右。用"修剪"命令,修剪掉多余的线,完成扁司断面图的绘制,如图 5-1-45 所示。

（3）绘制局部放大标记。轴环 φ35 左右侧各有一处局部放大,需要用细实线圈出放大部位,再用罗马数字标记。细线圈采用半径为 3 的圆绘制,用"直线"命令画一段斜线和一段水平线。画斜线时,关掉"正交"按钮。罗马数字采用单行文字命令"DT","字高"输入 5 mm,采用"长仿宋"字体完成,如图 5-1-45 所示。

3）绘制局部放大图

（1）画局部放大圆。用画"直线"命令,在断面图下方空白处画出长约 20 的十字线。以十字线交点为圆心,半径为 4 画圆,见图 5-1-46(a)。

（2）偏移位置线。将水平线分别向上"偏移"1,向下"偏移"3。将竖直线分别向左"偏移"2,向右"偏移"1,见图 5-1-46(b)。

（3）绘制 45°斜线。用构造线命令"XLINE",绘制 45°斜线,提示如下：

XLINE 指定点或[水平(H)垂直(V)角度(A)二等分(B)偏移(O)]：	//输入 A↵
输入构造线的角度(0)或[参照(R)]：	//输入 45↵
指定通过点：	//单击点 1
指定通过点：	//单击点 2
指定通过点：	//按 Esc 键退出

结果如图 5-1-46(c)所示。

用"修剪"命令,参照图 5-1-2 的局部放大,修剪掉多余的线,得到 5-1-47(a)所示。

用"缩放"命令,将图形放大 2 倍。在有材料处图案填充,图案填充比例为 0.5。将图案及圈定局部放大的圆选中,层由"0"层切换到"细实线"层,"修剪"掉圆外的线段,得到 5-1-47(b)所示。

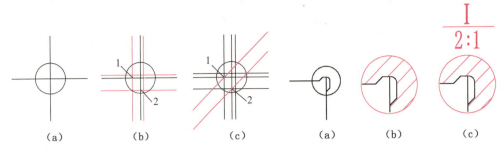

图 5-1-46 局部放大图的绘制（一）　　图 5-1-47 局部放大图的绘制（二）

在图案上方，用"直线"命令画一短线段，长约15。用单行文字命令"DT"，在短线上下方分别写上罗马字Ⅰ和放大比例2∶1，如图5-1-47(c)所示。

将完成的图案，再用"镜像"命令，复制出另外一个局部放大图形，将罗马字Ⅰ改为Ⅱ，完成全部图形绘制。

3. 尺寸标注

尺寸标注采用细实线，将当前图层由"0"层切换到"细实线"层。尺寸标注可以分为普通尺寸标注、带公差的尺寸标注、几何公差标注和表面粗糙度标注。

5.1.7-2视频

1) 普通尺寸标注

参见图5-1-2定位芯轴零件图，可以从标注普通尺寸开始。连续标注多个线性尺寸可以单击工具栏中的"标注"图标 。

（1）直接线性尺寸标注。在"指定第一或第二尺寸界线原点"提示后，分别单击对应轮廓线的两个端点，标注2.5、16、25、3、26、48、48、72.5、125.5、21，如图5-1-48(a)所示。需要注意的是，标注2.5这样的小尺寸，第一尺寸界线原点要先单击右边的点，第二尺寸界线原点再单击左边的点，否则尺寸数字会在尺寸线右侧位置。

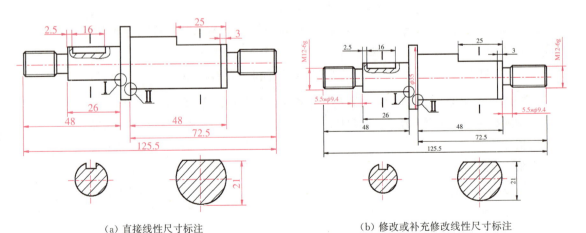

(a) 直接线性尺寸标注　　　　　　　　　(b) 修改或补充修改线性尺寸标注

图 5-1-48 普通线性尺寸标注

（2）修改尺寸数字的线性尺寸标注。对于螺纹这样的线性尺寸标注，在"指定第一或第二尺寸界线原点"提示后，分别单击螺纹大径下、上最左端点。在"DIM指定尺寸界线位置"

提示后,单击"文字(T)"选项。在"DIM 输入标注文字⟨12⟩"提示后,输入"M12-6g",单击回车键(注意,这里回车键不能用空格键替代),在"DIM 指定尺寸界线位置"提示后,左右移动鼠标,在主视图最左侧左边 8～10 处单击,完成螺纹标注。用同样的方法完成右侧"M12-6g"螺纹的标注。

(3) 补充修改尺寸数字的线性尺寸标注。对于 5.5×φ9.4、φ35 这类需要部分修改尺寸数字的线性尺寸标注,在"指定第一或第二尺寸界线原点"提示后,单击"多行文字(M)"选项,进入"文字编辑器"模式。在"DIM 输入标注文字⟨5.5⟩"提示后,在"5.5"数字后补充输入"×φ9.4",单击"关闭"。对于 φ35,则是在"35"数字前补充输入"%%c",就可完成。这里要注意,当尺寸数字被尺寸界线或回转中心线等其他线贯穿时,要用"打断"等命令,去除相关贯穿的线。如图 5-1-48(b)所示,修改或补充修改线性尺寸标注。

(4) 局部放大中的尺寸标注。由于图形已经放大 2 倍,标注尺寸默认显示也会是实际尺寸数值的 2 倍。可以用单击"文字(T)"选项每次修改,但显然不是最好的方法。最好的方法是在命令行输入"DIMLFAC"命令,将默认参数"1"改为"0.5",这样标注尺寸时,系统就会将测量到的数值自动乘以 0.5 显示,无需修改,在"指定尺寸线位置"提示后,将尺寸线移动到距离轮廓线 8～10 处,"单击"完成。标注完成后再将"DIMLFAC"设计为默认参数"1"。

2) 带公差的尺寸标注

与补充修改尺寸数字的线性尺寸标注相似。标注单个 $\phi 25g6(^{-0.007}_{-0.020})$ 尺寸时,单击"线性"工具栏,在"DIM 输入标注文字⟨25⟩"提示后,单击"多行文字(M)"选项,进入"文字编辑器"模式。在"25"数字前加"%%c";在"25"数字后加"g6(-0.007^-0.020)",自动"堆叠"后,单击"关闭"。用同样的方法标注 $5^{0}_{-0.030}$、$13^{0}_{-0.1}$ 带公差尺寸。在"5"后输入"0^-0.030",用鼠标选中"0^-0.030",单击"堆叠"按钮"$\frac{b}{a}$",完成标注,见图 5-1-49。

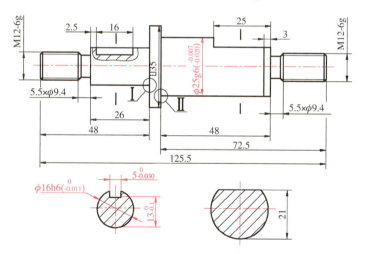

图 5-1-49 带公差的尺寸标注

对于 $\phi 16h6(^{0}_{-0.011})$ 标注直径的带公差尺寸标注,需要先单击"注释",将标注样式由"ISO-25"切换为"水平"。单击标注"直径"工具栏,单击 φ16 的圆,单击"多行文字(M)",

进入"文字编辑器"模式。在数字 φ16 后,加写"h6(0^-0.011)",用鼠标选中" 0^-0.011",单击"堆叠"按钮"$\frac{b}{a}$",完成标注,见图 5-1-49。注意,为了保证上偏差"0"和下偏差小数点前的"0"对齐,上偏差"0"前加一空格。

3) 几何公差的标注

本零件图中有 3 种位置公差及其基准的标注。位置公差可使用"快速指引线"命令中的"公差"选项标注,基准符号可通过"创建块"完成。

5.1.7-3 视频

(1) 跳动公差的标注。在完成跳动公差标注前,先用"直线"命令,从 φ35 轴环两侧分别向上画 12 mm 的竖线一根。在命令行输入快速指引线命令"QL",系统提示:

QLEADER 指定第一个指引线点或[设置(S)]〈设置〉:
//单击"设置(S)",跳出"引线设置对话框",选"公差"↙
QLEADER 指定第一个指引线点或[设置(S)]〈设置〉:
//单击左侧竖线高 10 mm 处,左拉约 10 mm 距离↙,跳出"形位公差"对话框,见图 5-1-50。单击"符号"黑框,选跳动↗,在"公差1"框内填写 0.008,在基准1中填写 A,单击"确定"按钮,完成左侧"跳动公差"的标注。用同样的方法完成右侧"跳动公差"的标注。

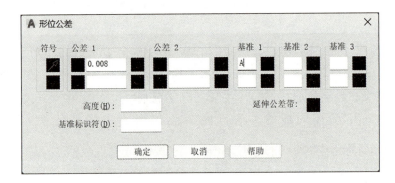

图 5-1-50 跳动公差的标注

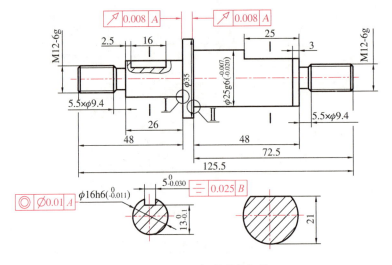

图 5-1-51 几何公差的标注

(2) 同轴度公差、对称度公差的标注。该公差已经有指引线拉出,单击下拉菜单"注释"——"标注"——"公差",跳出"形位公差"对话框,单击"符号"黑框,选同轴度"◎"。单击"公差1"下面的黑框,自动填写φ,在右侧框内填写0.01,在基准1中填写A,单击"确定"按钮,完成左侧"同轴度公差"的标注。用"移动"命令将同轴度公差框右侧中点,移动到φ16h6尺寸线左端点重合。用同样的方法标注对称度公差,在基准1中填写B,结果见图5-1-52所示。

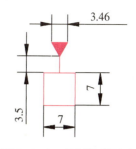

图 5-1-52　绘制基准图形

(3) 基准符号"块"的制作。在AutoCAD中,基准符号没有制作好的"块",而后续制图又需反复使用,制作一个"块"可以一劳永逸。制作步骤如下。

① 绘制基准图形。图层切换到细实线层。a.绘制倒三角形。在命令工具栏中单击"多边形"图标，在"输入侧面数"提示后,输入3。出现"指定多边形中心"提示时,在屏幕空白处单击。按空格键确认默认"内接于圆(I)"。在"POLYGON 指定圆的半径"提示后,输入2,得到边长为3.46的正等边三角形。用"旋转"命令旋转180°将其转换为倒三角形。b.绘制中间竖线。从三角形下点开始,向下画3.5 mm长直线。c.绘制正方形框。用画"矩形"命令,画边长为7的正方形。用"移动"命令将正方形上边中点移动到与直线下端点重合。d.图案填充。单击"图案填充"命令,将"SOLID"图案填充在倒三角形内,完成基准图形的绘制,见图5-1-52。

② 基准符号"块"的制作。a)定义属性。单击下拉菜单"插入"——"块定义"——"定义属性"按钮，弹出"属性定义"对话框,如图5-1-53所示。在"标记""提示""默认"中均填入大写的A,单击"确定"。自动切换到绘图窗口,将A放在绘好的正方形框当中,单击填入。b)创建块。单击下拉菜单"插入"——"块定义"——"创建块"按钮，弹出"块定义"对

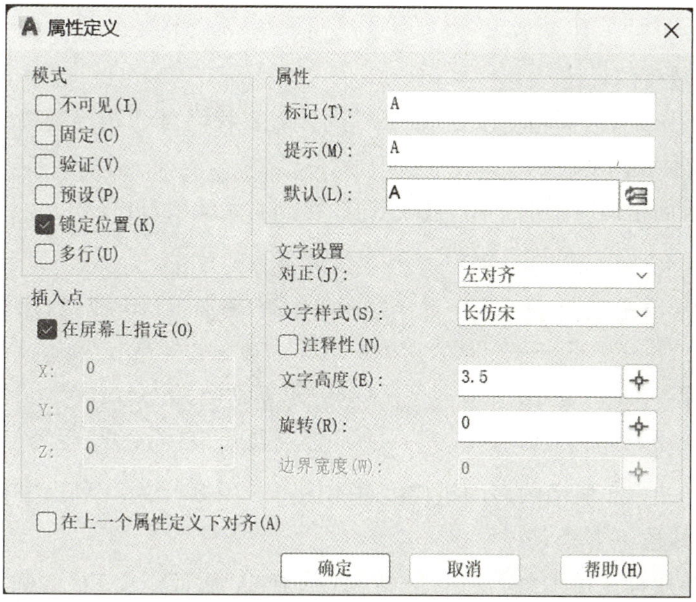

图 5-1-53　属性定义

话框,如图 5-1-54 所示。在"名称"中填写"JZ1"(四个方向需要各定义一个,保证基准的字母字头是向上的)。在"基点"选项中,单击"拾取点"按钮,切换到绘图空间,捕捉并单击倒三角形最上中点,回到对话框。在"对象"选项中,单击"选择对象"按钮,切换到绘图空间,将基准图形全部选上,回到对话框,单击"确定",弹出"属性编辑"对话框,单击"确定",完成"基准"块定义。

图 5-1-54 块定义

(4) 基准块插入。单击下拉菜单"插入"——"块定义"——"块插入"按钮,弹出"块插入"对话框,单击"JZ1",捕捉 $\phi 25g6$ 尺寸线下箭头,单击,弹出"属性编辑"对话框,此处 A 不需要改变,单击"确定",完成基准 A 的插入。重复使用"块插入"命令,将捕捉 $\phi 16h6$ 尺寸线中点,单击,弹出"属性编辑"对话框,将 A 改为 B,单击"确定",完成基准 B 的插入,参见图 5-1-2。

4) 表面粗糙度的标注

AutoCAD 中没有表面粗糙度做成的块,同样需要我们自己先绘制块图形,然后定义块属性,再创建表面粗糙度块。

(1) 绘制表面粗糙度图形。用"直线"命令绘制 4 条线段,过程如下:

```
LINE 指定第一个点:              //在屏幕空白处单击
LINE 指定下一点:@5<180         //向 180°方向画长 5 mm 线段(水平向右为 0°)
LINE 指定下一点:@5<-60         //向-60°方向画长 5 mm 线段
LINE 指定下一点:@10<60         //向 60°方向画长 10 mm 线段
LINE 指定下一点:@10<0          //向 0°方向画长 10 mm 线段,退出
```

得到如图 5-1-55 所示的表面粗糙度基本图形。用多行文字 MT,字体"尺寸","字高"3.5,在 10 mm 线段下书写 Ra。

(2) 定义块属性。单击"定义属性"按钮,弹出"属性定义"对话框,如图 5-1-53 所示。在"标记"和"提示"中均填入大写的"SZ",在"默认"中输入"1.6",单击"确定"。将"SZ"

属性标记移动到 Ra 后等高合适位置,单击,完成。

(3) 创建"表面粗糙度"块。单击下拉菜单"插入"——"块定义"——"创建块"按钮,弹出"块定义"对话框,如图 5-1-54 所示。在"名称"中填写"ccd"。在"基点"选项中,单击"拾取点"按钮,切换到绘图空间,捕捉并单击倒三角形最下端点,回到对话框。在"对象"选项中,单击"选择对象"按钮,切换到绘图空间,将基准图形全部选上,回到对话框,单击"确定",弹出"属性编辑"对话框,单击"确定",完成"表面粗糙度"块定义,如图 5-1-56 所示。

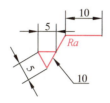

图 5-1-55　表面粗糙度的基本图形

图 5-1-56　表面粗糙度块的定义

(4) 表面粗糙度块的插入。单击下拉菜单"插入"——"块定义"——"块插入"按钮,弹出"块插入"对话框,单击"ccd",捕捉 φ25g6 圆柱表面,单击,弹出"属性编辑"对话框,将默认的参数 1.6 改为 0.8,单击"确定",完成表面粗糙度 Ra0.8 的插入。重复使用"块插入"命令,在同轴度标注框和对称度标注框上方,标注 φ16h6 外圆和键侧表面粗糙度,参见图 5-1-2。

4. 填写技术要求及标题栏

(1) 填写技术要求。这里的填写技术要求,就是用"多行文字命令"的"MT"命令,指定文字书写位置的左下角和右上角,在"文字编辑器"中,将文字"样式"选"长仿宋",文字高度选"5 mm"。输入"技术要求:"及其他三行文字,完成技术要求的填写。

(2) 填写标题栏。由于是在原来的图纸上修改,只要双击标题栏中相应的文字,再做修改就可以了。如,双击材料框里的文字,修改为"45 钢",名称改为"定位芯轴",代号改为"GJY-4-Z-3",完成标题栏的填写,参见图 5-1-2。

归纳总结

(1) 轴类零件图形绘制,可以先绘制一半轮廓,再镜像完成。先画"轮廓",再完成"倒角""退刀槽""键槽"等细节。

(2) 尺寸标注可以先"径向",再"轴向";先标"小尺寸",再标"大尺寸"。完全修改采用"T"选项;部分修改采用"M"选项。

(3) 放大或缩小的图像,先按"1∶1"画图,画好后再用"缩放"命令缩放。标注尺寸前,先将"DIMLFAC"参数改为缩放倍数的倒数。

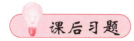

5-1-1　按 1∶1 的比例绘制如图 5-1-57 所示的传动轴。材料为 45 钢。

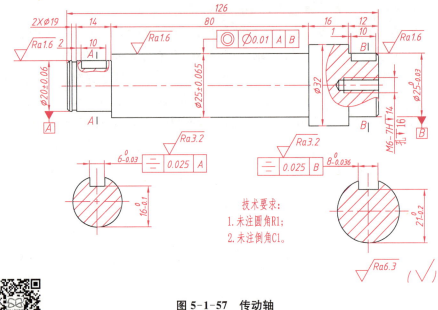

图 5-1-57 传动轴

图 5-1-57 视频

任务 2　衬套零件图的识读与绘制

在本模块的任务 1 中学习了轴类零件——定位芯轴的识读与绘制，本任务学习衬套零件图的识读与绘制。衬套立体图见图 5-2-1。

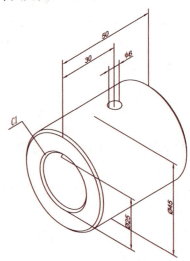

图 5-2-1　衬套立体图

任务分析

对于一些内孔与轴滑动摩擦的零件，需要孔比较耐磨。但零件整体又不能够淬火太硬而影响抗疲劳强度，或像灰铸铁零件那样，根本不能够淬火强化，在内孔嵌装一个衬套是一个常见的解决方法。衬套零件图，见图 5-2-2。

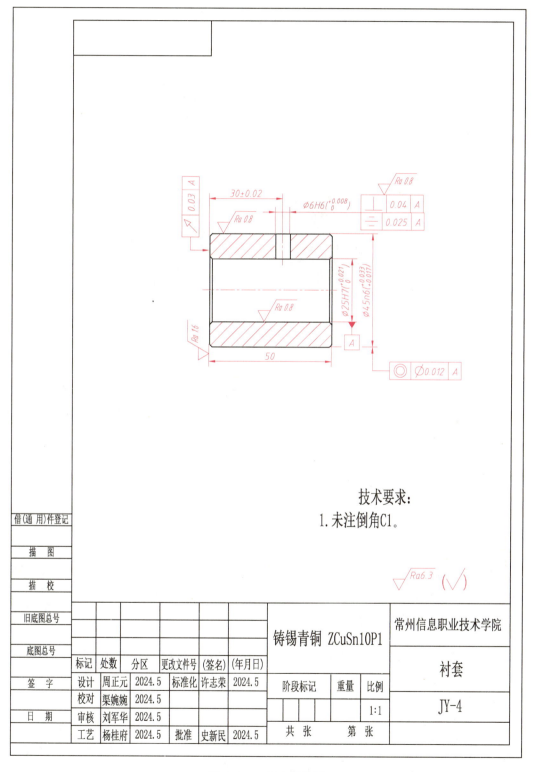

图 5-2-2 衬套零件图

要正确理解和识读该图样,需要学习零件表面结构方面的知识,尤其是表面粗糙度的概念及标注方法。学习技术要求的主要内容和注写方法。衬套任务分析,见表 5-2-1。

表 5-2-1　衬套任务分析表

零件作用	对于 45 钢或灰铸铁 HT200 制作的齿轮,当其孔与轴滑动连接需要耐磨时,常在其内孔嵌套一只衬套来降低成本,达到功能要求。
零件实体	 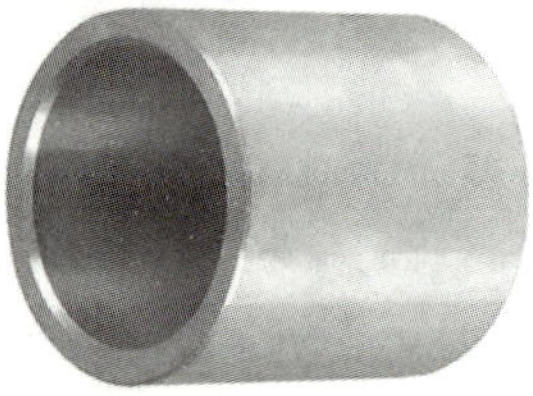
使用场合	 
任务模型	
任务解析	要想正确识读并绘制衬套平面图,必须要学习技术要求的内容和注写方法,学习零件图表面粗糙度的概念和标注方法。
学习目标	1. 了解零件图中技术要求的内容,了解零件图中表面粗糙度的概念; 2. 理解零件图技术要求的标注方法,理解表面粗糙度图形符号; 3. 掌握表面粗糙度的标注方法。

5.2.1 视频

一、零件图中技术要求的表达方法

这里所说的技术要求,是指难以在图形上表达的技术要求,可用文字注写在标题栏上方或左方,一般包括对有关结构要素的统一要求,对材料、毛坯、热处理的要求,以及对零件表面质量的要求,典型表达如下。

1. 对有关结构要素的统一要求

(1) 去锐边毛刺。金属制品,往往有锋利的边,为了装配、使用时的安全,制造时需要去除。对于一些由于需要密封等原因不能够去除的边角,需要在技术要求中说明。

(2) 未注倒角 C1，未注圆角 R1。对于轴类零件，为了便于孔、轴的装配，常在精密圆柱端倒一个 C1 倒角，用于引导装配。为了简便标注，在图中只画不标注，在技术要求中统一标注。在阶梯轴连接处，为了减少应力集中，常留一个 R1 倒角，在技术要求中统一注写。

(3) 未注铸造圆角 R3～R5。对于铸件，为了减小应力集中，在不同壁厚之间一般都用圆角连接，如果都标注半径，会增加图形的复杂程度，显得凌乱。一般都只是在技术要求中统一按照零件尺寸大小，标注圆角的范围即可。

2. 对材料、毛坯热处理的要求

(1) 调质：240～290HB。对于中碳或中碳合金钢制作的轴类零件，为了提高材料的性能潜力，常在粗加工后对零件进行淬火加高温回火的复合热处理工艺，也叫作调质处理。

(2) 淬火：57～62HRC。对于工具、量具、模具以及机械零件上需要耐磨的整体或部分，在制造完成后进行淬火加低温回火的热处理工艺，通过提高硬度来增加耐磨性。如锯条的齿，轴承的滚珠、内外圈，冷冲模的凹模、凸模等。

(3) 碳氮共渗：渗碳层深 0.6～1，表面硬度 58～64HRC，芯部硬度 33～45HRC。对于用低碳或低碳合金钢制作的汽车齿轮，为了保证齿面耐磨，而芯部柔韧，常采用渗碳或碳氮共渗的表面热处理工艺。

3. 对零件表面质量的要求

(1) 表面发黑：H.Y 按 CB/T 9568—1996。钢铁制品的表面很容易生锈。对用于机器内部的零件，常采用的表面处理方法是发黑，也叫发蓝处理，是船舶工业部制定的标准。

(2) 表面镀铬：D.L1/Cr 按 CB/T 9568—1996。表面镀铬不仅有较好的防锈功能，还有较好的表面美化功能。比如精密仪器外部零件镀装饰铬，自来水龙头表面镀硬铬，轴表面为了增加耐磨性镀硬铬，游标卡尺表面镀乳化硬铬等。对于标准件，常用镀锌替代镀铬，价格更低廉。

(3) 喷油漆。对于铸件表面，为了防锈和表面美观，常在机床、汽车表面喷油漆。按照喷油漆后是否需要烘干处理分为自干漆和烘干漆；按照油漆的光亮程度可分为光亮、半光和亚光漆；按照油漆纹路可以分为锤纹漆、浮雕漆等。

二、表面粗糙度的标注

在机械图样上，为保证零件装配后的使用要求，除了对零件各部分结构的尺寸、形状和位置给出公差要求，还要根据零件的功能需要，对零件的表面质量——表面结构提出要求。表面结构是表面粗糙度、表面波纹度、表面缺陷、表面纹理和表面几何形状的总称。表面结构的各项要求在图样上的表示法在 GB/T 131—2006《产品几何技术规范(GPS)技术产品文件中表面结构的表示法》中有具体规定。这里主要介绍常用的表面粗糙度表示法。

1. 表面粗糙度的基本概念

零件在机械加工过程中，由于机床、刀具的振动，以及材料在切削时产生塑性变形、刀痕等原因，经放大后可见其加工表面是高低不平的，如图 5-2-3 所示。零件加工表面上具有较小间距与峰谷所组成的微观几何形状特性，称为表面粗糙度。表面粗糙度与加工方法、刀具形状及进给量等各种因素都有密切关系。

表面粗糙度是评定零件表面质量的一项重要技术指标,对于零件的配合、耐磨性、抗腐蚀性以及密封性等都有显著影响,是零件图中必不可少的一项技术要求。零件表面粗糙度的选用应该既满足零件表面的功用要求,又要考虑经济合理。一般情况下,凡是零件上有配合要求或有相对运动的表面,表面粗糙度参数值要小。表面粗糙度参数值越小,表面质量越高,加工成本也越高。因此,在满足使用要求的前提下,应尽量选用较大的表面粗糙度参数值,以降低成本。

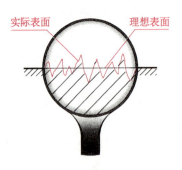

图 5-2-3 零件的真实表面

国家标准规定评定粗糙度轮廓中的两个高度参数 Ra 和 Rz,是我国机械图样中最常用的评定参数。

(1)算术平均偏差 Ra。算术平均偏差是指在一个取样长度内,纵坐标值 $Z(x)$ 绝对值的算术平均值,如图 5-2-4 所示。

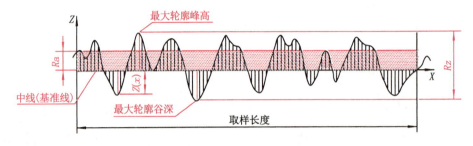

图 5-2-4 算术平均偏差 Ra 和轮廓最大高度 Rz

(2)轮廓最大高度 Rz。轮廓最大高度是指在同一取样长度内,最大轮廓峰高和最大轮廓谷深之和的高度,如图 5-2-4 所示。

2. 表面粗糙度的图形符号

标注表面粗糙度要求时,其图形符号及含义见表 5-2-2。

表 5-2-2 表面粗糙度图形符号及含义表

符号名称	符号	含义
基本图形符号(简称基本符号)	符号为细实线 h=字体高度	对表面粗糙度有要求的图形符号。仅用于简化代号标注,没有补充说明时不能单独使用。
扩展图形符号(简称扩展符号)		对表面粗糙度有指定要求(去除材料)的图形符号。在基本图形符号上加一短横,表示指定表面是用去除材料的方法获得,如通过机械加工获得的表面;仅当其含义是"被加工表面"时可单独使用。
		对表面粗糙度有指定要求(不去除材料)的图形符号。在基本图形符号上加一圆圈,表示指定表面是不用去除材料的方法获得。

(续表)

符号名称	符号	含义
完整图形符号 （简称完整符号）	▽（允许任何工艺） ▽（去除材料） ▽（不去除材料）	对基本图形符号或扩展图形符号扩充后的图形符号。当要求标注表面粗糙度特征的补充信息时，在基本图形符号或扩展图形符号的长边上加一横线。

3. 表面粗糙度要求在图样中的注法

在图样中，零件表面粗糙度要求是用代号标注的。表面粗糙度符号中注写了具体参数代号及数值等要求后，即称为表面粗糙度代号。

（1）表面粗糙度要求对每一表面一般只注一次，并尽可能注在相应的尺寸及其公差的同一视图上，除非另有说明，所标注的表面粗糙度要求是对完工零件表面的要求。

（2）表面粗糙度的注写和读取方向与尺寸的注写和读取方向一致，如图 5-2-2 所示。

（3）表面粗糙度要求可标注在轮廓线上，其符号应从材料外指向并接触表面，如图 5-2-5、图 5-2-6 所示。必要时，表面粗糙度也可用带箭头或黑点的指引线引出标注，如图 5-2-7 所示。

（4）在不致引起误解时，表面粗糙度要求可以标注在给定的尺寸线上，如图 5-2-8 所示。

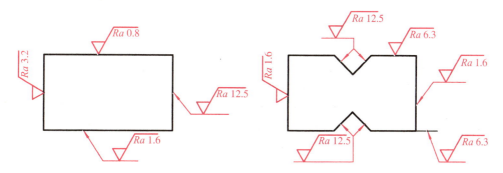

图 5-2-5　表面粗糙度要求的注写方向　　图 5-2-6　表面粗糙度要求在轮廓上的标注

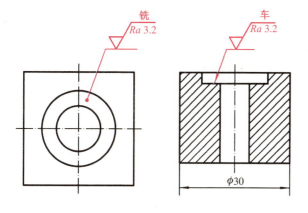

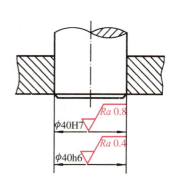

图 5-2-7　用指引线引出标注表面粗糙度要求　　图 5-2-8　表面粗糙度要求标注在尺寸线上

(5) 圆柱表面的表面粗糙度要求只标注一次,如图 5-2-9 所示。

(6) 表面粗糙度要求可以直接标注在延长线上,或用带箭头的指引线引出标注,如图 5-2-9 所示。

(7) 表面粗糙度的数值大小要与相应表面精度要求匹配。例如,对于 IT8 外圆柱面,$Ra1.6\ \mu m$;IT7 外圆柱面,$Ra0.8\ \mu m$。

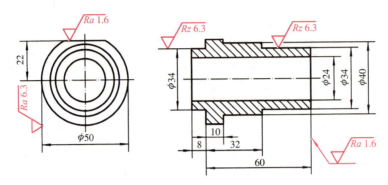

图 5-2-9　表面粗糙度要求标注在圆柱特征的延长线上

4. 表面粗糙度要求的简化注法

(1) 如果零件的全部表面具有相同的表面粗糙度要求,则其表面粗糙度要求可统一标注在图样的标题栏附近(右上方),如图 5-2-10(a)所示。

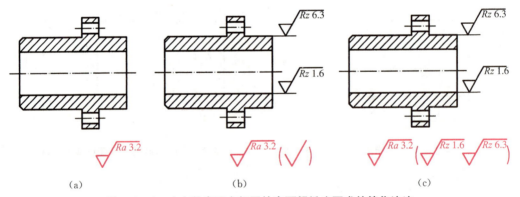

图 5-2-10　大多数表面有相同的表面粗糙度要求的简化注法

(2) 如果工件的多数表面有相同的表面粗糙度要求时,则其表面粗糙度要求可统一标注在图样的标题栏附近(右上方)。此时,将不同的表面粗糙度要求直接标注在图形中,并在表面粗糙度要求符号后面的圆括号内,给出无任何其他标注的基本符号,如图 5-2-10(b)所示;或给出不同的表面粗糙度要求,如图 5-2-10(c)所示。

(3) 只用表面粗糙度符号的简化注法。如图 5-2-11 所示,用表面粗糙度符号以等式的形式给出,对多个表面共同的表面粗糙度要求。

图 5-2-11　只用表面粗糙度符号的简化注法

5. 表面粗糙度代号的识读

在图样中，零件表面粗糙度是用代（符）号标注的，它由规定的符号和有关参数组成。表面粗糙度代号一般按下列方式识读：

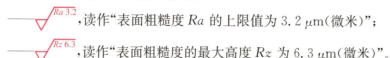

$\sqrt{Ra\ 3.2}$ ，读作"表面粗糙度 Ra 的上限值为 3.2 μm（微米）"；

$\sqrt{Rz\ 6.3}$ ，读作"表面粗糙度的最大高度 Rz 为 6.3 μm（微米）"。

一、衬套零件图的识读

1. 看标题栏

如图 5-2-2 所示，从标题栏中可以知道，零件的名称是衬套，属于套类零件。材料是有色金属——铸锡青铜 ZCuSn10P1，这也是用于中速重载衬套、蜗轮的常用材料。可初步判断，该零件是通过车削、钻削等方法加工而成。绘图比例为 1∶1。图号是"JY-4"。设计、校对、审核等签字齐全。使用单位是常州信息职业技术学院。

2. 认清视图

该零件只用一个图形来表达——水平放置的全剖的主视图。该零件的主要表面是内、外圆柱面。中间有一个孔，用于加润滑油。衬套三维立体图如图 5-2-1 所示。

3. 尺寸分析

衬套以 ϕ45 外圆柱的左端面为长度方向的定位基准，回转轴线为直径方向的尺寸基准。外圆柱面直径 ϕ45，内孔直径 ϕ25，总长是 50。距离左定位面 30 处有一直径为 ϕ6 的圆柱孔。

4. 技术要求

零件加工精度要求较高的表面是 ϕ45 的外圆柱面和 ϕ25 的内圆柱面。ϕ45 外圆柱面尺寸精度为 IT6 级，表面粗糙度值为 Ra0.8 μm。ϕ25 的内圆柱面尺寸精度为 IT7 级，表面粗糙度值为 Ra0.8 μm。孔的加工难度比外圆大，设计时精度一般比外圆柱面低一级。ϕ6 的圆柱孔精度为 IT6 级，表面粗糙度值为 Ra0.8 μm。ϕ45、ϕ25 以及 ϕ6 的圆柱孔的尺寸应控制在上、下极限偏差之内。左端面对 ϕ25 轴线的跳动公差为 0.03。ϕ45 的轴线对 ϕ25 轴线的同轴度公差为 ϕ0.012，两表面同轴度要求较高，加工时应采用互为基准的方法完成。ϕ6 的圆柱孔对 ϕ25 轴线的对称度公差为 0.025，垂直度公差为 0.04，精度要求较高，批量生产时需要设计专用钻孔夹具保证。

总之，衬套是一个较典型的套类零件，一个全剖的主视图就能表达零件形状。尺寸标注符合加工顺序。铜制品相对比较耐腐蚀，不需要防锈处理。技术要求标注时，只要注写内外圆柱端面倒角，便于装配就可以了。

二、衬套零件图的绘制

1. 图形的分析

（1）衬套为回转体，视图上半部与下半部总体对称。因此，可先画上半部轮廓，下半部轮廓用镜像命令完成。小孔 φ6 可在主要轮廓画好后再画。

（2）φ6 孔轴线对 φ25 孔轴线的垂直度和对称度,用快速指引线命令"QLEADER",在跳出的"形位公差"对话框中,在两行中分别填写垂直度和对称度"符号""数值""基准"信息,单击"确定"后就可完成。

2. 图形的绘制

1）绘图环境的设置

（1）调用图框。由于衬套总长只有 50,调用一张以往 A4 图框或 A4 图框零件图,用"SAVEAS"命令将图形"另存为",单击对话框中的"桌面",将图形存在桌面上,文件名称改为"衬套"。用"E"删除命令,删除掉图框中其他零件的图形。

（2）将图层设定为"0"层,确认"正交""对象捕捉""对象捕捉追踪"按钮点亮。右键单击"对象捕捉"按钮,单击"对象捕捉设置"选项,在弹出的对话框中,单击"全部选择""确定",完成绘图环境的设置。

2）绘制主轮廓线

将输入法切换到英文输入状态。

（1）绘制 φ45 外圆柱轮廓线。单击"直线"命令工具栏图标，在图框内的中上部绘制长 50 的基准线段。用"直线"命令,从线段左端开始,向上 22.5,向右 50,向下 22.5 或捕捉到长基准线段右"端点"或"垂足"后单击,完成。

（2）绘制 φ25 内圆柱轮廓线。用"偏移"命令,将水平基准线向上"偏移"12.5,完成。

（3）完成外圆柱及孔口倒角 C1。单击"倒角"命令图标，单击"距离(D)",输入"第一个倒角距离"为 1,"第二个倒角距离"为 1,再依次单击左端面线、φ45 外圆柱轮廓线,完成左上外圆柱 C1 倒角。重复"倒角"命令,再依次单击左端面线、φ25 内圆柱轮廓线,完成左下内圆柱 C1 倒角,如图 5-2-12(a)所示。此时,默认的修剪方式会将孔口线修剪掉,可以用"延伸"命令，以基准线为边界延伸"恢复"孔口线。再用"直线"命令,补画孔口圆锥与圆柱的截交线。用同样的方式完成右端外圆柱及孔口倒角 C1,如图 5-2-12(b)所示。

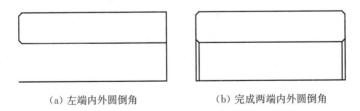

（a）左端内外圆倒角　　　　　（b）完成两端内外圆倒角

图 5-2-12　绘制主轮廓

（4）完成主轮廓的绘制。单击"镜像"工具栏图标，以"基准线"为"镜像线",将完成两端内外圆倒角的内外圆柱轮廓线镜像,完成。单击选中"基准线",将其图层由"0"层,切换到"中心线"层,用拖动"磁吸"点法,将基准线左右端分别拉长 3 mm,见图 5-2-13 所示。

3）绘制小孔

（1）绘制小孔基准线。单击"偏移"工具栏图标，输入"偏移距离"为 30,"偏移对象"单击上左端面线,向右偏移。单击"偏移"得到的线段,用拖动"磁吸"点法,将线段的上下端点分别超出衬套内外圆柱轮廓线3 mm左右。单击"图层"下拉按钮,将线段图层切换到"中心线"层。

（2）绘制小孔圆柱素线。单击"偏移"工具栏图标,输入"偏移距离"为3,"偏移对象"单击小孔基准线,分别向左、右偏移,得到小孔圆柱最左、最右位置素线的两条中心线段。单击两条中心线段,将其图层切换到"0"层。用"修剪"命令,将其超出内外圆柱轮廓线部分的线段"修剪"掉,完成小孔的绘制。

4）绘制剖面线

将"图层"由"0"层切换到"细实线"层。单击"剖面线"工具栏图标,在有材料部分位置单击,共三处,单击"确认",完成剖面线的绘制,如图5-2-14所示。

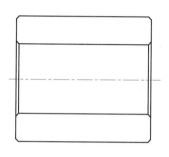 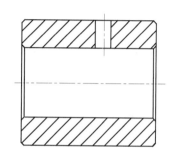

图5-2-13　主轮廓线的绘制　　　图5-2-14　小孔及剖面线的绘制

3. 尺寸的标注

尺寸的标注采用细实线,将"细实线"层设定为当前图层。尺寸的标注可以分为普通尺寸标注、带公差的尺寸标注、几何公差标注和表面粗糙度标注。

1）普通尺寸标注

普通尺寸标注只有一个总长尺寸50。单击"注释"——"线性"工具栏图标,单击衬套图形最左下端点和最右下端点,"尺寸线位置"在轮廓线下8～10处单击即可。

2）带公差的尺寸标注

（1）$\phi 6H6(^{+0.008}_{0})$标注。单击"注释"——"标注"工具栏图标,单击孔上两端点,单击"多行文字(M)",在默认的6前输入"%%c",转变为ϕ,在默认的6后输入"H6(+0.008^ 0)",鼠标选中"+0.008^ 0",单击"堆叠"图标$\frac{b}{a}$,"尺寸线位置"在轮廓线上12～15处单击即可。注意,"+0.008^ 0"中,"0"前增加一个空格,堆叠后上下标"0"才会对齐,否则下标"0"与上标"+"号对齐。

（2）$\phi 25H7(^{+0.021}_{0})$、$\phi 45n6(^{+0.033}_{+0.017})$标注。方法与$\phi 6H6(^{+0.008}_{0})$标注相同。

（3）30±0.02标注。单击"注释"——"标注"工具栏图标,单击对应两端点,单击"多行文字(M)",在默认的30后输入"%%p0.02",在空白处单击后转变为"±0.02","尺寸线位置"在$\phi 6H6(^{+0.008}_{0})$尺寸线上8～10处单击即可,如图5-2-15所示。

3）位置公差的标注

（1）左端面跳动公差的标注。在命令行输入"快速指引线"命令"QL",单击"设置(S)",

单击"公差(T)"选项,在"指定第一个引线点"提示后,单击衬套左端面偏上方点,左拉约 10 mm 单击第二点,向上拉约 5 mm 单击,跳出"形位公差"对话框,单击"符号"黑框,选跳动"↗",在"公差 1"框内填写 0.03,在基准 1 中填写 A,单击"确定"按钮,完成左侧"跳动公差"的标注。

（2）同轴度公差标注。在命令行输入快速指引线命令"QL",在"指定第一个引线点"提示后,单击 $\phi 25H7(^{+0.021}_{0})$ 下尺寸界线箭头点,下拉约 10 mm 左右单击第二点,向右拉 10 mm 左右单击,跳出"形位公差"对话框,单击"符号"黑框,选同轴度"◎"。单击"公差 1"下黑框,自动填写 ϕ,在右侧框内填写 0.012,在基准 1 中填写 A,单击"确定"按钮,完成左侧"同轴度公差"的标注。

（3）垂直度、对称度双位置公差标注。标注方法同上,在"指定第一个引线点"提示后,单击 $\phi 6H6(^{+0.008}_{0})$ 右尺寸界线箭头点,右拉超过 $\phi 6H6(^{+0.008}_{0})$ 尺寸数字约 3 mm 单击,在"指定下一点"提示后,用空格键响应,跳出"形位公差"对话框,单击"符号"黑框,选垂直度"⊥"。在"公差 1"右侧框内填写 0.04,在基准 1 中填写 A,在"形位公差"对话框第二行,单击"符号"黑框,选对称度"="。在"公差 1"右侧框内填写 0.025,在基准 1 中填写 A,单击"确定"按钮,完成"垂直度公差""对称度公差"的标注,如图 5-2-16 所示。

（4）基准符号"A"的绘制。基准符号"A"的绘制采用插入块"JZ1"完成,方法同任务一,如图 5-2-16 所示。

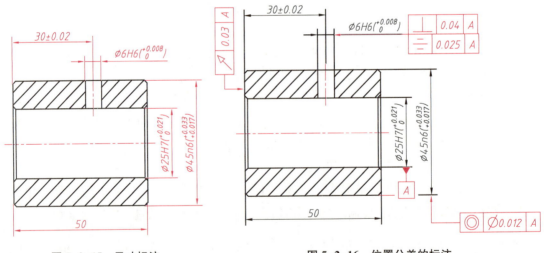

图 5-2-15 尺寸标注　　　　图 5-2-16 位置公差的标注

4）表面粗糙度的标注

（1）左端面 $Ra1.6$ 的标注。下拉菜单"插入"——"块"——"插入"标题栏图标,选 ccd,再单击"旋转(R)",将默认 0 改为 90,在"指定插入点"提示后,将光标移动到左端面偏下某处单击,在弹出的"编辑属性"对话框中,直接单击"确定",完成。

（2）其他三个 $Ra0.8$ 标注。标注方法同上,在弹出的"编辑属性"对话框中,将"sz"默认的 1.6,改为 0.8,单击"确定",完成。

技术要求和标题栏的书写用双击以前的文字,修改即可。

（1）套类零件的绘制与轴类零件相似，主要轮廓绘制上面一半，下面一半"镜像"即可。

（2）一个指引线带两个几何公差时，标注方法与单个几何公差相似，只要在"形位公差"对话框中两行都填上即可。

（3）用快速指引线命令"QLEADER"标注几何公差时，如果达不到想要的结果，就先用此命令绘制指引线，再单击"注释"——"标注"——"公差"图标 ，再用"旋转""移动"命令拼接。

——弹簧

1. 弹簧的类型

弹簧在承受载荷后能产生较大的变形，去掉载荷后又能恢复原状。由于这种特性，常用于机械中的储存能量、缓冲吸振、夹紧工件和测量力的大小等场合。为了满足机械中的不同要求，弹簧有多种类型。按照所受载荷性质，弹簧可以分为压缩弹簧、拉伸弹簧、扭转弹簧和弯曲弹簧。如图 5-2-17 所示。

（a）压缩弹簧　　（b）拉伸弹簧　　（c）扭转弹簧　　（d）弯曲弹簧

图 5-2-17　弹簧的种类

2. 圆柱螺旋压缩弹簧各部分名称和尺寸关系

圆柱螺旋压缩弹簧各部分名称和尺寸关系，如图 5-2-18 所示。

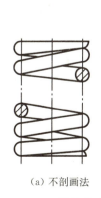

（a）不剖画法　　（b）全剖画法

图 5-2-18　圆柱螺旋压缩弹簧

(1) 簧丝直径 d：弹簧钢丝的直径。

(2) 弹簧外径 D：弹簧的最大直径。

(3) 弹簧内径 D_1：弹簧的最小直径，$D_1 = D - 2d$。

(4) 弹簧中径 D_2：弹簧的平均直径，$D_2 = \dfrac{D + D_1}{2} = D_1 + d = D - d$。

(5) 节距 t：指除弹簧支承圈外，相邻两圈的轴向距离。

(6) 支承圈数 n_0：弹簧两端起支承作用、不起弹力作用的圈数，一般为 1.5、2、2.5 圈三种，常用 2.5 圈。

(7) 有效圈数 n：除支承圈外，保持节距相等的圈数。

(8) 总圈数 n_1：支承圈数与有效圈数之和，即：$n_1 = n_0 + n$。

(9) 自由高度 H_0：弹簧在没有负荷时的高度，即：$H_0 = nt + (n_0 - 0.5)d$。

(10) 簧丝展开长度 L：弹簧钢丝展直后的长度 $L \approx n_1 \sqrt{(\pi D_2)^2 + t^2} \approx n_1 \pi D_2$。

螺旋弹簧分为左旋和右旋两类。

3. 圆柱螺旋压缩弹簧的规定画法

1) 几项基本规定

(1) 在平行于螺旋弹簧轴线投影面的视图中，其各圈的轮廓线应画成直线。

(2) 左旋弹簧允许画成右旋，但要加注"左"字。

(3) 螺旋压缩弹簧如果两端并紧磨平时，不论支承圈多少和末端并紧情况如何，均按支承圈为 2.5 圈的形式画出。

(4) 四圈以上的弹簧，中间各圈可省略不画，而用通过中径线的细点画线连接起来，如图 5-2-18 所示。

2) 单个弹簧的画法

弹簧的作图步骤如图 5-2-19 所示。

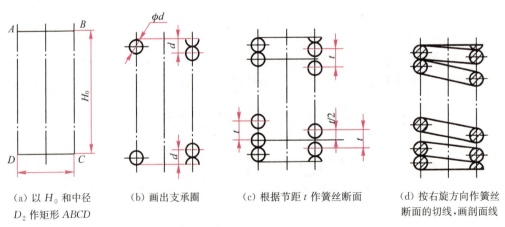

(a) 以 H_0 和中径 D_2 作矩形 ABCD
(b) 画出支承圈
(c) 根据节距 t 作簧丝断面
(d) 按右旋方向作簧丝断面的切线，画剖面线

图 5-2-19 单个圆柱压缩弹簧的画法

4. 在装配图中螺旋弹簧的画法

(1) 弹簧各圈取省略画法后，其后面结构按不可见处理。可见轮廓线只画到弹簧钢丝的断面轮廓或中心线上，如图 5-2-20(a) 所示。

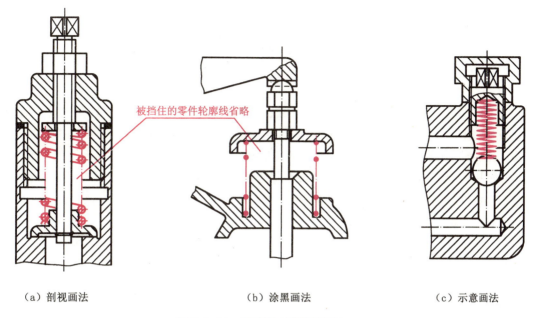

(a) 剖视画法　　　　　　　　(b) 涂黑画法　　　　　　　　(c) 示意画法

图 5-2-20　装配图中弹簧的画法

（2）在装配图中，簧丝直径 $d \leqslant 2$ 的断面可用涂黑表示，且中间的轮廓线不画，如图 5-2-20(b) 所示。

（3）簧丝直径 $d < 1$ 时，可采用示意画法，如图 5-2-20(c) 所示。

课后习题

5-2-1　用适当的比例，绘制图 5-2-21 钻套零件图。材料：碳素工具钢 T10A，图号：GB/T 8045.1—1999。

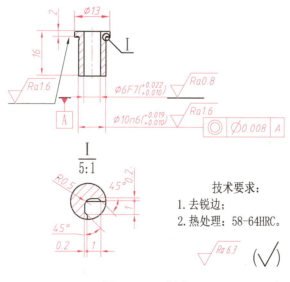

图 5-2-21　钻套

图 5-2-21 视频

任务3　钻夹具座零件图的识读与绘制

零件钻夹具座的立体图如图 5-3-1 所示,它属于支架类零件。钻夹具座主要由底板、立板和两个肋板组成。底板是基础支承部分。立板是工作部分。其中间带键槽孔用于安装定位芯轴,顶部用于安装钻模板。左侧两肋板用于增加强度与刚度,减少立板变形。底板底部挖去十字形凹槽,可减轻重量,减少加工面积,使用时有利于避开切屑。批量生产一般采用铸件,面与面连接多采用圆角过渡。

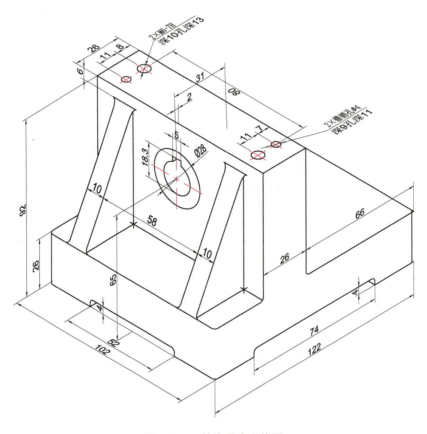

图 5-3-1　钻夹具座立体图

如图 5-3-2 所示为钻夹具座的零件图,即表达该零件制造、检验等相关信息的图样。

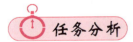

如图 5-3-2 所示为钻夹具座图样。要正确理解和识读该图样,必须首先学习零件图上常见的工艺结构及表达,包括铸件的工艺结构、零件机械加工的工艺结构、钻孔结构、凸台和凹槽等。钻夹具座任务分析,见表 5-3-1。

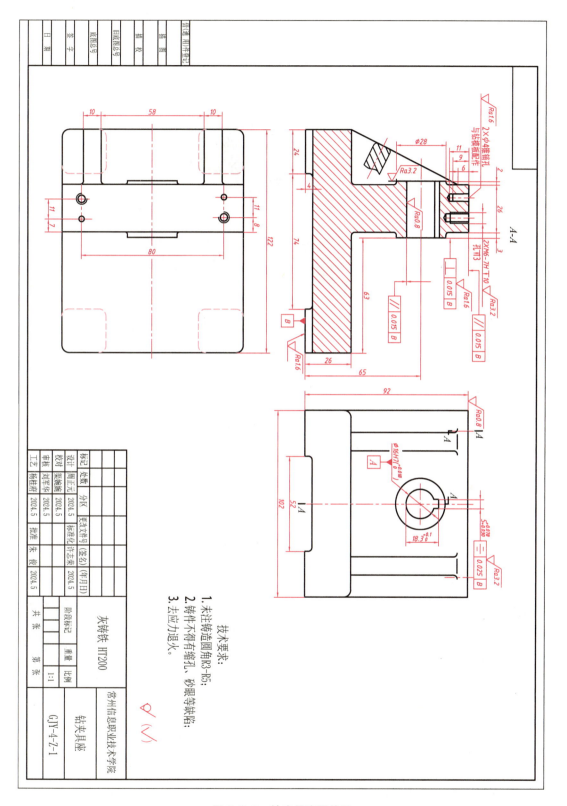

图 5-3-2 钻夹具座零件图

表 5-3-1　钻夹具座任务分析表

零件作用	钻夹具座作为钻孔夹具的基础件,下与钻床连接,上安装有定位芯轴和钻模板等。批量生产一般采用铸件。
零件实体	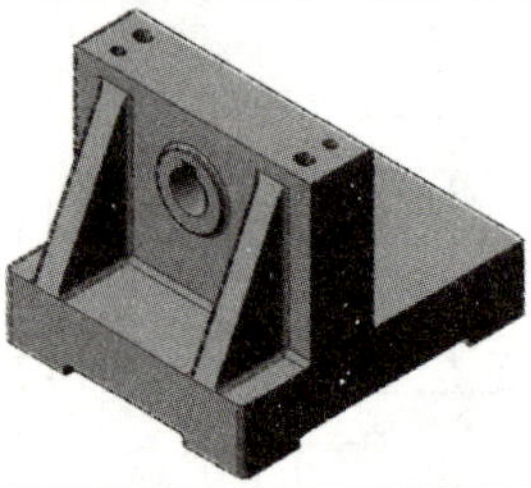
使用场合	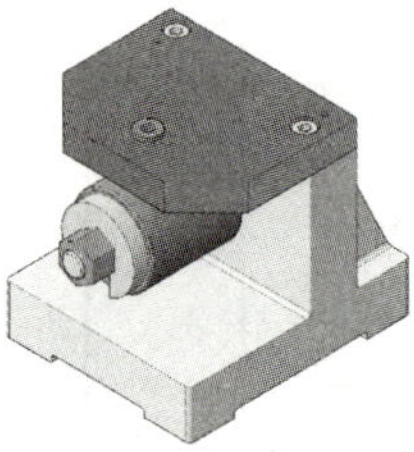 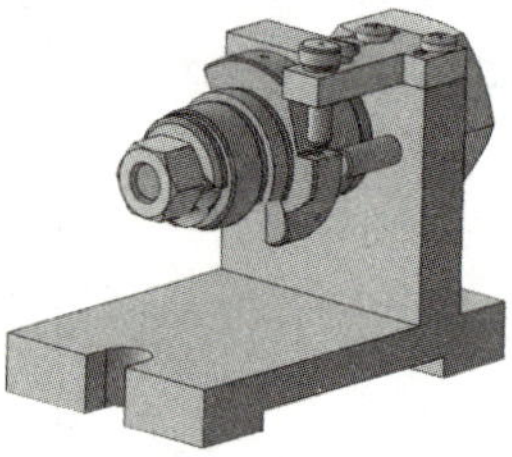
任务模型	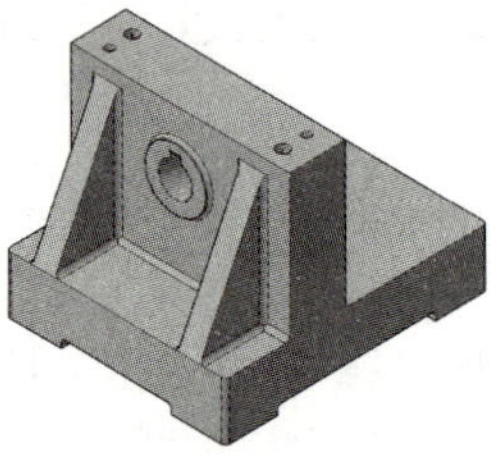
任务解析	要想正确识读并绘制定位芯轴平面图,必须首先学习零件图的作用和内容,学习零件图上常见的工艺结构及表达,包括铸件的工艺结构、零件机械加工的工艺结构、钻孔结构、凸台和凹槽等。
学习目标	1. 了解钻孔结构、螺孔结构; 2. 理解铸件的工艺结构、理解机械加工的工艺结构; 3. 掌握零件图常见的工艺结构及表达方法。

相关知识

5.3.1 视频

——零件图上常见的工艺结构及表达方法

零件的结构形状是由它在机器中的作用来决定的。除了满足设计要求以外,还要考虑零件在加工、测量、装配过程中的一系列工艺要求,使零件具有合理的工艺结构。下面介绍一些常见的工艺结构。

1. 铸件的工艺结构

1) 起模斜度

在铸造零件毛坯时,为了便于在砂型中取出木模,一般沿着起模方向设计出起模斜度(通常 15′~3°),如图 5-3-3(a)所示。铸造零件的起模斜度在图中可不画出,不标注,必要时可在技术要求中用文字说明,如图 5-3-3(b)所示。

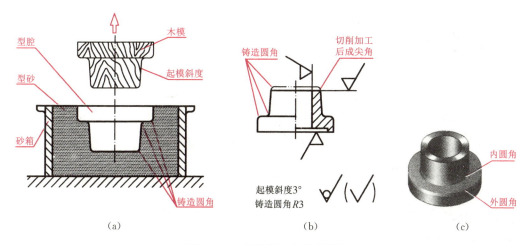

图 5-3-3 起模斜度和铸造圆角

2) 铸造圆角及过渡线

为便于铸件造型时起模,防止铁液冲坏转角处,以及冷却时产生缩孔和裂纹,将铸件的转角处制成圆角,此种圆角称为铸造圆角,如图 5-3-3(a)所示。圆角尺寸通常较小,一般为 $R2 \sim R5$,在零件图上可省略不画。圆角尺寸常在技术要求中统一说明,如"全部圆角 $R3$"或"未注铸造圆角 $R2 \sim R5$"等,不必一一注出,如图 5-3-3(b)所示。

由于铸件表面的转角处有圆角,因此其表面产生的交线不清晰。为了看图时便于区分不同的表面,在图中仍要画出理论上的交线,但两端不与轮廓线接触,此线称为过渡线。过渡线用细实线绘制。如图 5-3-4 所示为两圆柱面相交的过渡线画法。

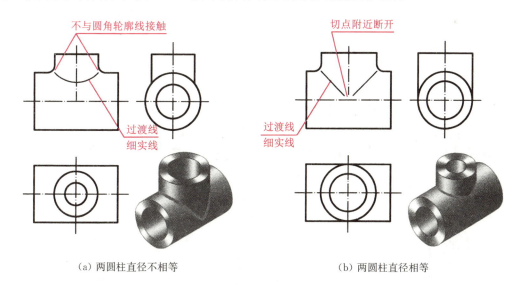

图 5-3-4 圆柱面相交的过渡线

3) 铸件壁厚

铸件的壁厚不宜相差太大。如果壁厚不均匀,铁液冷却速度不同,会产生缩孔和裂纹,应采取措施避免,如图 5-3-5 所示。

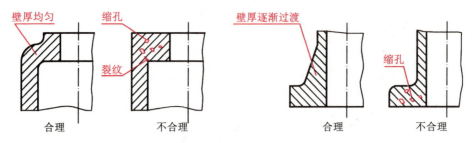

图 5-3-5　铸件壁厚

2. 零件机械加工的工艺结构

1) 倒角和倒圆

为便于安装和安全,轴或孔的端部一般都加工成倒角。45°倒角的注法如图 5-3-6(a)所示,非 45°倒角的注法如图 5-3-6(b)所示。为避免应力集中产生裂纹,在轴肩处往往加工成圆角过渡,称为倒圆。倒圆的标注如图 5-3-6(c)所示。

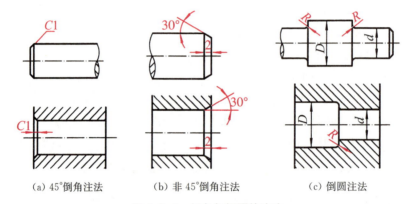

(a) 45°倒角注法　　(b) 非 45°倒角注法　　(c) 倒圆注法

图 5-3-6　倒角与倒圆的注法

2) 退刀槽和砂轮越程槽

在车削螺纹和磨削轴表面时,为便于退出刀具或使砂轮可以稍越过加工面,常在待加工面的末端预先制出退刀槽或砂轮越程槽。退刀槽或砂轮越程槽的尺寸可按"槽宽×槽深"的形式标注,如图 5-3-7(a)、(c)所示。退刀槽也可按"槽宽×直径"的形式标注,如图 5-3-7(b)所示。螺纹退刀槽尺寸见附录 11,砂轮越程槽尺寸见表 5-3-2。

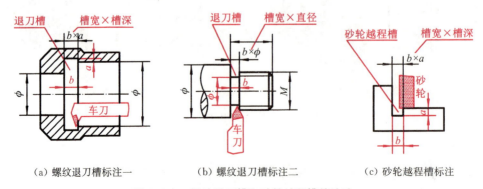

(a) 螺纹退刀槽标注一　　(b) 螺纹退刀槽标注二　　(c) 砂轮越程槽标注

图 5-3-7　螺纹退刀槽和砂轮越程槽的注法

表 5-3-2 砂轮越程槽尺寸

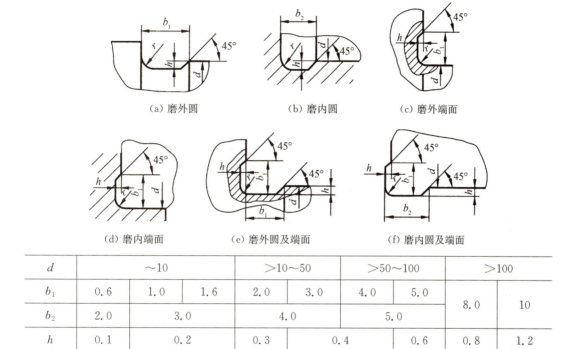

d	~ 10			>10~50		>50~100		>100	
b_1	0.6	1.0	1.6	2.0	3.0	4.0	5.0	8.0	10
b_2	2.0	3.0		4.0		5.0			
h	0.1	0.2		0.3	0.4		0.6	0.8	1.2
r	0.2	0.5		0.8	1.0		1.6	2.0	3.0

3. 钻孔结构

用钻头钻不通孔(也叫盲孔)或阶梯孔时,钻头顶角会在钻孔底部留下一个大约120°的锥顶角,称为钻尖角。画图时,应按120°画出钻尖角,但不必标注尺寸。钻孔深度不包括圆锥部分,如图 5-3-8 中钻孔深度为"25"和"18"。

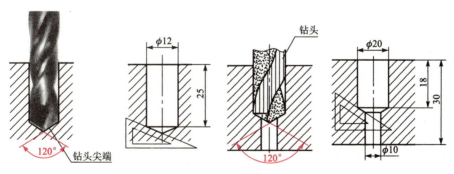

图 5-3-8 钻尖角

为避免钻孔时钻头因单边受力产生偏斜或折断钻头,孔的外端面应设计成与钻头进给方向垂直的结构,如图 5-3-9(c)所示。

4. 凸台和凹槽

为使零件的某些装配表面与相邻零件接触良好,减少接触面积和加工面积,常在零件加工面处做出凸台、凹槽,或锪平成凹槽,如图 5-3-10 所示。

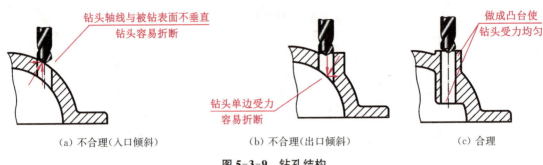

(a) 不合理(入口倾斜)　　　　(b) 不合理(出口倾斜)　　　　(c) 合理

图 5-3-9　钻孔结构

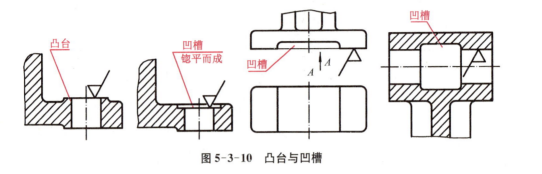

图 5-3-10　凸台与凹槽

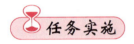

一、认识钻夹具座机械图样

1. 看标题栏

5.3.2-1 视频

如图 5-3-2 所示,从标题栏中可以知道零件的名称叫钻夹具座,是整个钻夹具最大的零件,是钻孔夹具的基础件,下与钻床连接。材料是灰铸铁,牌号是 HT200,适合于铸造制作。数量为 1 个,绘图比例为 1∶1。图号是"GJY-4-Z-1",是钻夹具第 1 个零件。设计者、审核者,以及使用单位等信息齐全。

2. 认清视图

钻夹具座零件图共包括 3 个视图,一个阶梯剖的主视图,一个左视图和一个俯视图。

(1) 主视图。主视图反映了底板的长度和高度,以及底板工艺槽的长度和高度。主视图还反映了竖板的厚度和高度,以及竖板上安装定位芯轴孔的轴向视图及键槽,反映了竖板顶部锥销和螺纹的过轴线截面形状。主视图还反映了肋板的长度和高度,并用一个重合断面图反映了肋板的厚度截面形状。

(2) 左视图。左视图反映了底板的宽度和高度,以及底板工艺槽的宽度和高度。左视图还反映了竖板的宽度和高度,以及竖板上安装定位芯轴的孔及键槽端面形状。左视图还反映了肋板的厚度和高度。

(3) 俯视图。俯视图反映了底板的长度和宽度,以及底板工艺槽的形状(虚线)。俯视图还反映了竖板的厚度和宽度,以及竖板上安装钻模板销孔和螺纹孔的形状。俯视图还反映了肋板的厚度和长度。

3. 形体分析

根据视图间的投影关系,运用形体分析法可以将钻夹具座划分为三部分:长方体的底板,长方体的竖板和三角柱形的肋板。底板的下面,切去了一个十字形的槽。竖板的中间有一外圆柱,外圆柱内同轴切去个内圆柱和键槽。竖板顶部切去两个锥销孔和两个螺孔。底板上方、竖板左侧有两个三棱柱形的肋板。各板之间都有 $R3 \sim R5$ 的圆弧连接。

4. 尺寸分析

该零件总长122,总宽102,总高92。长度方向的基准是底板的最右端面;高度方向的基准是底板的底面;宽度方向的基准是前后中心对称面。

(1) 底板长122,宽102,高26。底板底面中部切除74和52的两个相互垂直的直通槽,槽深4。

(2) 竖板宽102,高66(92−26),厚26。竖板中间有一直径为 $\phi 28$、长31的外圆柱。圆柱轴线到底板底面的距离为65。外圆柱右端面距底板右侧距离为63,两端面距竖板两侧面的距离分别为3和2。外圆柱同轴有一个 $\phi 16$ 的直通孔,孔上方有一个5宽,18.3深的直通键槽。竖板顶部有两个 $\phi 4$ 的锥销孔,孔深11,铰孔深9,定位尺寸分别为7和11,与钻模板安装后配作。竖板顶部有两个 M6-7H 的螺纹孔,孔深13,螺纹孔深10。定位尺寸分别为8和11。

(3) 肋板长30(122−66−26),高60(66−6),厚10。

各板之间连接圆角 $R3 \sim R5$。零件尺寸标注齐全、合理。

5. 技术要求

(1) 尺寸公差。钻孔夹具座有两处有尺寸公差要求。一处是用于安装定位芯轴的中间 $\phi 16H7$ 孔,公差等级为 IT7 级,一处是该孔上部的键槽宽度5有 IT9 级公差和深度尺寸 18.3,公差为 +0.1。

(2) 表面粗糙度。$\phi 16H7$ 孔、竖板顶面表面粗糙度数值为 $Ra0.8$。底板底面、竖板圆柱右端面、$\phi 4$ 锥销孔表面粗糙度为 $Ra1.6$。$\phi 16H7$ 孔左端面、键槽侧面、螺纹表面粗糙度为 $Ra3.2$。其余各表面为不加工面。

(3) 几何公差。$\phi 16H7$ 孔轴线对底面平行度公差为 0.015。$\phi 16H7$ 孔右端面对底面垂直度公差为 0.015。竖板顶面对夹具底面平行度公差为 0.015。键槽中心平面对 $\phi 16H7$ 孔轴线对称度公差为 0.025。

(4) 其他技术要求:①未注铸造圆角为 $R3 \sim R5$。②铸件不得有缩孔、砂眼等缺陷;③去应力退火。

6. 归纳小结

钻夹具座零件图用一个阶梯剖主视图、一个俯视图和一个左视图来表达。总体为支架类零件。尺寸及技术要求标注齐全、合理。

二、绘制钻夹具座图形

1. 图形分析

钻夹具座的图形绘制过程可参照组合体轴承座图形绘制过程进行。绘图基本步骤如下。

5.3.2-2 视频

(1) 选择合适的图纸幅面和绘图比例。该零件图总长和总宽之和为224,总高和总宽之和为194,再加上视图间标注尺寸要预留的距离,用A3图幅,1∶1比例画图。

(2) 画出底板三个视图的轮廓线,并确定三个视图的绘图基准线和对称中心线。

(3) 画出竖板轮廓线及基准线、孔中心线。

(4) 画出肋板轮廓线。

(5) 画各部分细节,不同部分间用圆角连接。

(6) 标注尺寸及公差。

(7) 标注几何公差。

(8) 标注表面粗糙度。

(9) 标注技术要求,填写标题栏。

2. 图形绘制

(1) 初始化绘图。

① 调用图框。按照图形分析,调用一张以往A3图框或A3图框零件图,用"SAVEAS"命令将图形"另存为",单击对话框中的"桌面",将图形存在桌面上,文件名称改为"钻夹具座"。用"E"删除命令,删除掉图框中其他零件的图形。

② 将图层设定为"0"层,确认"正交""对象捕捉""对象捕捉追踪"按钮点亮,完成绘图的环境设置。

(2) 绘制底板三个视图的轮廓线。

底板轮廓尺寸为122×102×26。如图5-3-11所示,左视图中心线高95,俯视图中心线左右端超出轮廓线3 mm。

(3) 画出竖板轮廓线及基准线、孔中心线。

竖板轮廓尺寸为102×66×26。右端面距底板右端面距离66,ϕ16H7孔轴线距底面高65。销孔、螺孔中心到竖板右边距离分别为7和8,二者之间距离为11,如图5-3-12所示。

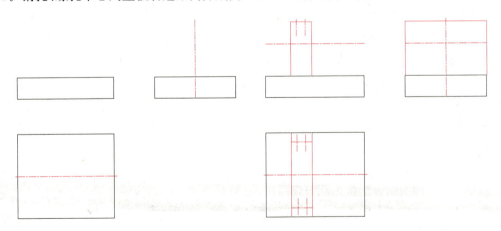

图 5-3-11　绘制底板三个视图的轮廓线　　图 5-3-12　绘制竖板三个视图的轮廓线、孔中心线

(4) 画出肋板轮廓线。

用"偏移"和"修剪"命令,在三个视图中画出两个肋板的轮廓,如图5-3-13所示。注意,肋板上端离竖板顶部距离为6。

（5）画各部分细节，不同部分间圆角连接。

① 绘制底板细节。用"偏移""倒圆角"命令绘制底板主视图长74、高4的直通槽，绘制左视图宽52、高4的直通槽，以及俯视图对应的十字槽，并改为虚线层。如图5-3-14所示。

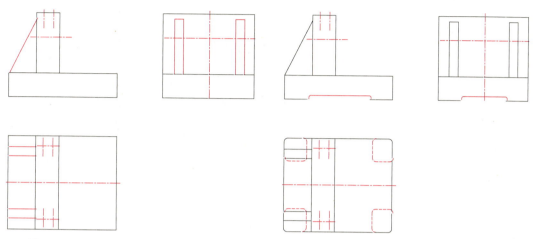

图5-3-13　绘制肋板三个视图的轮廓线　　　　　图5-3-14　绘制底板直通槽

② 绘制竖板细节。竖板中心内外圆柱直径分别为 $\phi 28$ 和 $\phi 16$，长分别超出竖板左右端面2 mm 和 3 mm。先画左视图圆孔与键槽，用画"圆""直线"及"修剪"命令完成。完成后补画主视图键槽孔线段高度与左视图等高。绘制竖板顶部的圆锥销孔和M6螺纹孔。锥销孔深11，底板直径为 $\phi 4$，锥度为1∶50。9 mm处横线表示铰孔后深度，注意定位尺寸为7或8。螺纹大径按照公称直径的数值画，小径距大径距离0.6。大径用细连续线，小径用粗实线。螺孔深10，底孔深13，见图5-3-15所示。

③ 绘制肋板细节。肋板细节一是俯视图右侧与竖板圆角连接。左视图肋板绘制时，最上端用四分之一R3圆弧与侧面线相切连接，肋板斜面与竖板左侧面的交线用过渡线画出（细实线），如图5-3-16所示。

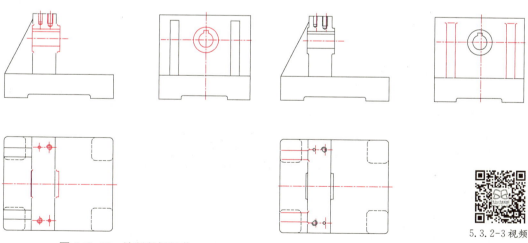

图5-3-15　绘制竖板细节　　　　　图5-3-16　绘制肋板细节

5.3.2-3视频

④ 绘制竖板与底板圆角连接，绘制主视图剖面线。用"圆角"命令绘制竖板与底板圆角

连接。在"细实线"层上,用"图案填充"命令绘制主视图剖面线,线型采用"ANSI31"。注意,螺纹部分剖面线,要填充到小径。

⑤ 绘制主视图肋板重合断面图。绘制主视图肋板斜线的垂直线,线型为中心线。用"偏移""圆角""样条曲线拟合""图案填充"命令,完成重合断面图的绘制。

⑥ 绘制剖切符号,注写字母。在左视图剖切部位起、止和转折处用粗短线绘制剖切位置。在剖切面起、止和转折处注上相同的大写英文字母A,然后在主视图上方用相同字母注写"A-A",如图 5-3-17 所示。

3. 标注尺寸及公差

(1) 标注底板及肋板尺寸。标注底板凹槽尺寸 24、74、4、52。标注底板总长、总宽、高尺寸 122、102、26。标注肋板间距 58,宽 10,以及斜面与顶面距离 6,如图 5-3-18 所示。

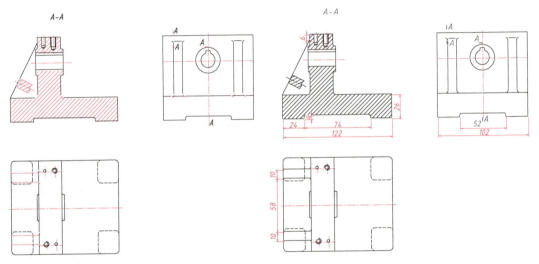

图 5-3-17 完成图形的绘制　　图 5-3-18 底板与肋板尺寸标注

(2) 标注竖板尺寸。① 主视图标注竖板外圆柱面直径 $\phi 28$,中心高 65 和外圆柱右端面到底板右端面距离 63。旁注法标注 $2\times\phi 4$ 锥销孔,用"单行文字"命令书写"与钻模板配作"字样。标注内螺纹 $2\times M6-7H$ 深 10,孔深 13。标注竖板厚 26 及 $\phi 28$ 圆柱左右端面距离 2、3。标注锥孔深 11 及精密铰孔深 9。② 左视图标注竖板总高 92。标注键宽尺寸及公差 $5^{+0.078}_{+0.030}$,标注键槽深度 $18.3^{+0.1}_{0}$,以及孔尺寸及公差 $\phi 16H7(^{+0.018}_{0})$,注意,要将贯穿 18.3 数字的中心线段打断,贯穿 $\phi 16H7$ 数字的轮廓线段打断。③ 俯视图标注螺孔到竖板右端面距离 8,锥销孔到竖板右端面距离 7,以及锥销孔与螺孔间距离 11,两组锥销孔与螺孔间距离 80,同样要将贯穿 80 数字的中心线段打断,见图 5-3-19。

4. 标注几何公差

(1) 插入基准 B 符号。用"插入块"命令"I",在主视图底板下面插入基准 B 符号。

(2) 插入主视图两个平行度、一个垂直度位置公差。用"QL"命令,"公差"选项,标注:① 竖板上表面相对于底面 B 平行度公差 0.015,指引线可以上表面向右绘制一段细实线,向上、向右标注。② 竖板上 $\phi 28$ 右端面相对于底面 B 垂直度公差为 0.015。③ $\phi 16H7$ 孔轴线相对于底面 B 平行度公差为 0.015。指引线从 $\phi 16H7$ 孔直径尺寸线对齐标注。注意:由于

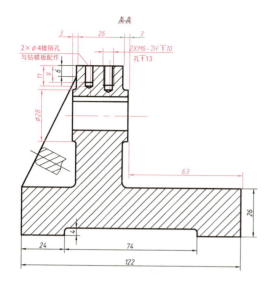
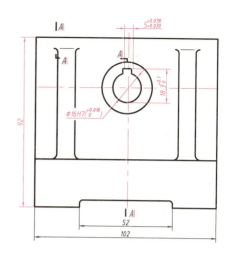
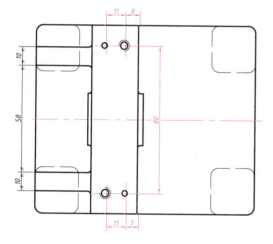

图 5-3-19 尺寸及公差的标注

有键槽，φ16H7 孔直径尺寸线上的尺寸界线及箭头省略。

（3）插入左视图键槽对称度公差。用"QL"命令，"公差"选项，标注，指引线从 $5^{+0.078}_{+0.030}$ 尺寸右箭头对齐标注，右拉超过数字 3 后单击，在弹出的"尺寸公差"对话框中，选"对称度"符号，并填入数字 0.025 和基准 B，单击"确定"，完成几何公差的标注。

5．标注表面粗糙度

用"插入"表面粗糙度块的方法，标注。

（1）主视图上，从上向下，锥孔表面粗糙度 $Ra1.6$，直接标注在指引线延长线上。螺纹孔表面粗糙度 $Ra3.2$，直接标注在尺寸线延长线上。φ16H7 孔表面粗糙度 $Ra0.8$，直接标注在孔最下素线上。孔 φ28 外圆柱两端面，左端面表面粗糙度 $Ra3.2$，直接标注在左端面延长线上，右端面表面粗糙度 $Ra1.6$，需要从右端面画指引线，从线上标注，也可标注在"垂直度"框上方。底面表面粗糙度 $Ra1.6$，需要从底面画指引线，从线上标注。

（2）左视图上，竖板上表面的表面粗糙度 $Ra0.8$，直接标注在上表面延长线上。键槽侧面表面粗糙度Ra3.2,直接标注在"对称度"框上方;键槽顶面表面粗糙度Ra6.3,直接标注在18.3尺寸线的界线上。

(3) 其余表面粗糙度的标注。其余表面为铸造后不加工表面,在标题栏右上方标注,见图5-3-20。

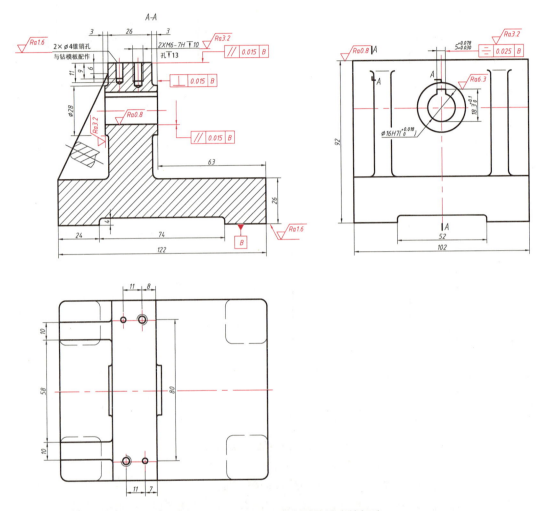

图 5-3-20　几何公差及表面粗糙度的标注

6. 标注技术要求,填写标题栏

技术要求用"多行文字"命令,填写在标题栏上方,标题栏内容,用"双击"修改相关内容,见图5-3-2。

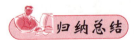

钻孔夹具座零件图属于支架类零件,相对比较复杂。绘图前,应按照组合体画图步骤,先将其分解为若干个基本体。绘图时,在三个视图同时画基准线,画每个基本体视图。标注尺寸时,先按照每个基本体标注各部分尺寸,再综合考虑,保证零件的总长、总宽、总高有标注。

一、齿轮

齿轮是应用最广泛的传动零件之一，它能将一根轴的动力传递到另一根轴上，并可以改变转速或旋转方向。

按两轴的相对位置不同，常用的齿轮有以下三种：

(1) 圆柱齿轮——用于两平行轴间的传动，如图 5-3-21(a) 所示。

(2) 圆锥齿轮——用于两相交轴间的传动，如图 5-3-21(b) 所示。

(3) 蜗轮与蜗杆——用于两交错轴间的传动，如图 5-3-21(c) 所示。

(a) 圆柱齿轮　　　　　　(b) 圆锥齿轮　　　　　　(c) 蜗轮与蜗杆

图 5-3-21　常见的齿轮传动

1. 圆柱齿轮简介

圆柱齿轮是将轮齿加工在圆柱面上，由轮齿、轮体（齿盘、辐板或辐条、轮毂等）组成，如图 5-3-22 所示。圆柱齿轮有直齿、斜齿和人字齿等，其中直齿圆柱齿轮的应用最广泛。

(a) 直齿　　　　　　(b) 斜齿　　　　　　(c) 人字齿

图 5-3-22　圆柱齿轮

轮齿是齿轮的主要结构，有标准与非标准之分，轮齿的齿廓曲线有渐开线、摆线、圆弧等，在生产中应用最广泛的是渐开线齿轮。本节主要介绍标准渐开线齿轮的基本知识和规定画法。

2. 直齿圆柱齿轮轮齿各部分名称及尺寸关系

(1) 齿数（z）：齿轮上轮齿的个数，与传动比有关。

(2) 齿顶圆(d_a)：在圆柱齿轮上，其齿顶圆柱面与端平面的交线，称为齿顶圆。

(3) 齿根圆(d_f)：在圆柱齿轮上，其齿根圆柱面与端平面的交线，称为齿根圆。

(4) 分度圆(d)：圆柱齿轮的分度圆柱面与端平面的交线，称为分度圆。

(5) 节圆(d')：当两齿轮传动时，其齿廓（齿轮在齿顶圆和齿根圆之间的曲线段）在两齿轮中心的连线上的接触点 A 处，两齿轮的圆周速度相等，分别以两齿轮中心到 A 点的距离为半径的两个圆称为相应齿轮的节圆。

一对装配正确的标准齿轮，其节圆与分度圆重合，即 $d=d'$。

(6) 齿顶高(h_a)：齿顶圆与分度圆之间的径向距离，称为齿顶高。

(7) 齿根高(h_f)：齿根圆与分度圆之间的径向距离，称为齿根高。

(8) 齿高(h)：齿顶圆与齿根圆之间的径向距离，称为齿高。

(9) 齿距(P)：在分度圆上，相邻两齿对应点之间的弧长称为齿距。

齿距由槽宽(e)和齿厚(s)组成。在标准齿轮中，$e=s$，即 $P=e+s$，如图 5-3-23 所示。

(10) 压力角（α）：两个相啮合的轮齿齿廓在接触点 A 处的受力方向与运动方向的夹角。我国标准齿轮的分度圆压力角为 20°。通常所称压力角即指分度圆压力角。

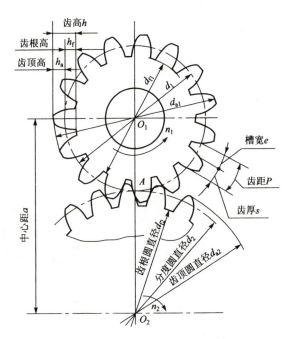

图 5-3-23　直齿圆柱齿轮各部分名称及代号

(11) 中心距(a)：两啮合齿轮轴线之间的距离称为中心距。

(12) 模数（m）：由于分度圆周长 $\pi d=Pz$，所以 $d=z\cdot P/\pi$，为计算方便，国标将 P/π 予以规定，用字母 m 来表示，称为模数，则分度圆直径为 $d=mz$。

模数是设计和制造齿轮的一个基本参数。相互啮合的两齿轮，模数应相等。在标准齿轮中，$h_a=m$，$h_f=1.25m$，所以当模数变大时，齿顶高 h_a 和齿根高 h_f 也随之变大，即模数越大，轮齿越大，模数越小，轮齿就越小。

为简化和统一齿轮的轮齿参数规格，提高齿轮的互换性，便于齿轮的加工、修配，减少齿轮刀具的规格品种，提高其系列化和标准化程度，国家标准对齿轮的模数作了统一规定，见表 5-3-3。

表 5-3-3　齿轮标准模数系列表（圆柱齿轮摘自 GB/T 1357—2008）

系列	模数
第一系列	1,1.25,2,2.5,3,4,5,6,8,10,12,16,20,25,32,40
第二系列	1.75,2.25,2.75,(3.25),3.5,(3.75),4.5,5,(6.5),7,9,(11),14,18,22

3. 标准直齿圆柱齿轮各部分的尺寸关系

模数 m、齿数 z 确定后，直齿圆柱齿轮各部分的尺寸可按表 5-3-4 中的计算公式算出。

表 5-3-4 标准直齿圆柱齿轮各部分尺寸计算公式表

名称	代号	计算公式	说明
齿数	z	根据设计要求或测绘而定	z,m 是齿轮的基本参数,设计计算时,先确定 m、z,方可计算出其他各部分尺寸
模数	m	$m = P/\pi$,根据强度计算或测绘而得	
分度圆直径	d	$d = mz$	
齿顶圆直径	d_a	$d_a = d + 2h_a = m(z+2)$	齿顶高 $h_a = m$
齿根圆直径	d_f	$d_f = d - 2h_f = m(z-2.5)$	齿根高 $h_f = 1.25m$
齿宽	b	$b = 2P \sim 3P$	齿距 $P = \pi m$
中心距	a	$a = (d_1 + d_2)/2 = (z_1 + z_2)m/2$	齿高 $h = h_a + h_f$

4. 圆柱齿轮的规定画法

(1) 单个圆柱齿轮的规定画法。齿轮一般用两个视图表示。主视图中齿轮轴线水平放置,未剖开时,齿顶线用粗实线绘制,分度线用点画线绘制,齿根线改用细实线绘制或省略不画,如图 5-3-24(a)所示;当用全剖视图表示时,齿顶线和分度线的表示方法不变,齿根线用粗实线绘制,如图 5-3-24(b)所示。在投影为圆的视图中,齿顶圆用粗实线绘制,分度圆用点画线绘制,齿根圆用细实线绘制或省略不画,如图 5-3-24(e)所示。

当轮齿为斜齿或人字齿时,可按图 5-3-24(c)或图 5-3-24(d)所示的形式绘制。

注意:在剖视图中,规定轮齿按不剖绘制,所以不得在轮齿部分画剖面线。

单个圆柱齿轮的画法如图 5-3-24 所示。

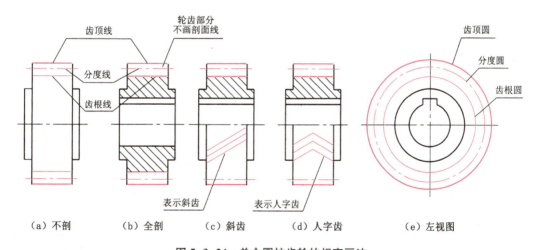

(a) 不剖　　(b) 全剖　　(c) 斜齿　　(d) 人字齿　　(e) 左视图

图 5-3-24 单个圆柱齿轮的规定画法

(2) 圆柱齿轮啮合的规定画法。

① 非啮合区:分别按单个齿轮的规定画法绘制。

② 啮合区:在剖视图中,啮合区的投影如图 5-3-25(a)所示,齿顶与齿根之间应有 0.25 的间隙(见图 5-3-26),被挡住的齿顶线可画成虚线或省略不画;若不作剖视,则齿根线可不必画出,此时分度线应用粗实线绘制,如图 5-3-25(c)所示。

在投影为圆的视图中,啮合区内的齿顶圆用粗实线绘制或省略不画,如图 5-3-25 所示。

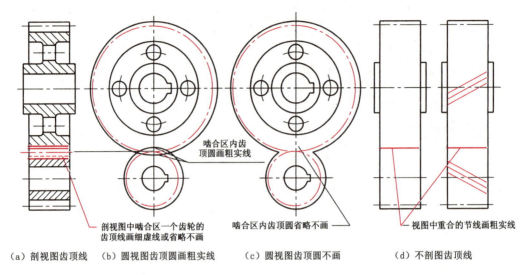

(a) 剖视图齿顶线　　(b) 圆视图齿顶圆画粗实线　　(c) 圆视图齿顶圆不画　　(d) 不剖图齿顶线

图 5-3-25　圆柱齿轮啮合的规定画法

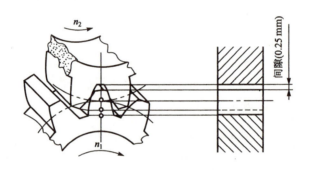

图 5-3-26　圆柱齿轮啮合区的画法

二、滚动轴承

滚动轴承是用来支撑轴的组合件,具有摩擦阻力小,结构紧凑,经济性好等特点,在机器中广泛使用。画图时按国家标准的规定画图,掌握滚动轴承代号的含义,及其在装配图中的画法;了解滚动轴承的种类和用途。

5.3.4 视频

1. 滚动轴承的结构和种类(GB/T 4459.7—1998)

1) 滚动轴承的结构

如图 5-3-27 所示,滚动轴承的结构一般由外圈(与机座孔相配合)、内圈(与轴配合)、滚动体(装在内圈和外圈之间的滚道中)、保持架(用来把滚动体互相隔离开)组成。

2) 滚动轴承的类型

按可承受载荷的方向,滚动轴承分为三大类:

向心轴承——主要承受径向载荷,如深沟球轴承。

推力轴承——承受轴向载荷,如推力球轴承。

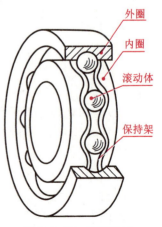

图 5-3-27　滚动轴承

向心推力轴承——同时承受径向载荷和轴向载荷，如圆锥滚子轴承。

2. 滚动轴承的画法

滚动轴承是标准组件，其结构、尺寸和标记都已标准化，国家标准对轴承的画法作了统一规定，有简化画法和规定画法之分。简化画法又分为通用画法和特征画法。画装配图时只需根据给定的轴承代号，从轴承标准中查出外径 D、内径 d、宽度 B 三个主要尺寸，按规定画法或特征画法画出。表 5-3-5 为常用滚动轴承的画法。

表 5-3-5　常用滚动轴承的画法

轴承类型代号	通用画法	特征画法	规定画法
深沟球轴承 （GB/T 276—2013） 类型代号 6	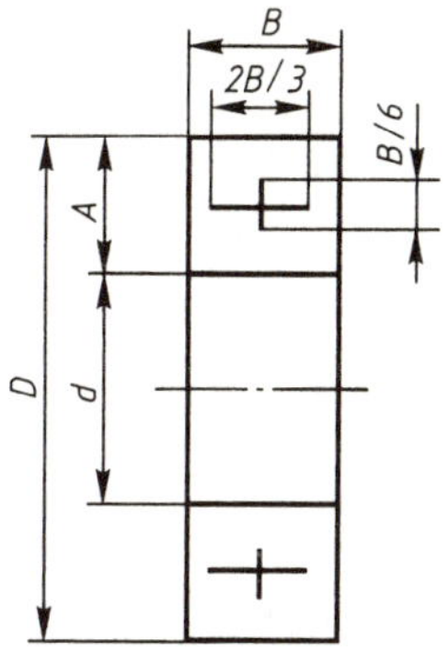	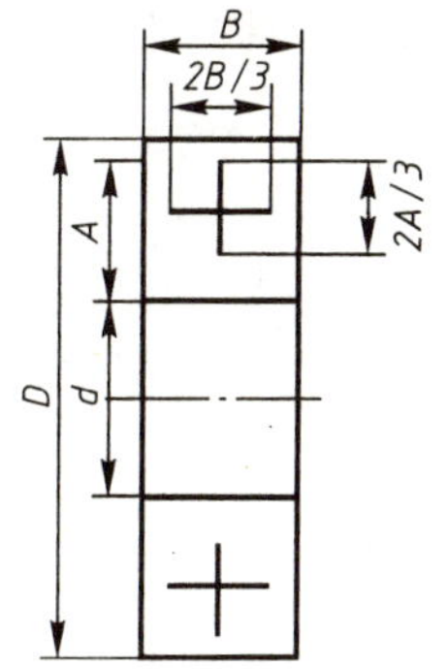	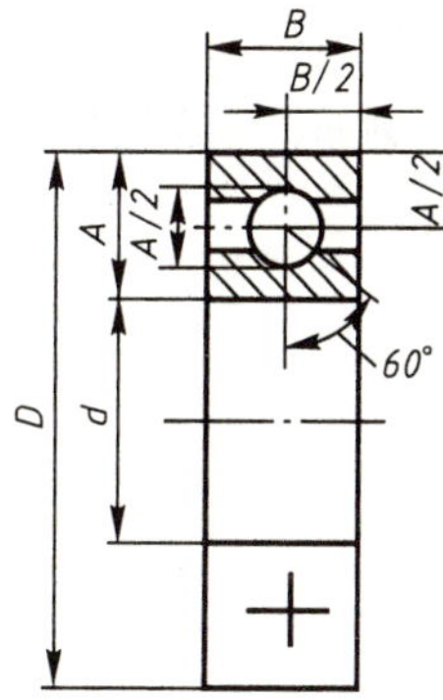
圆锥滚子轴承 （GB/T 297—2015） 类型代号 3	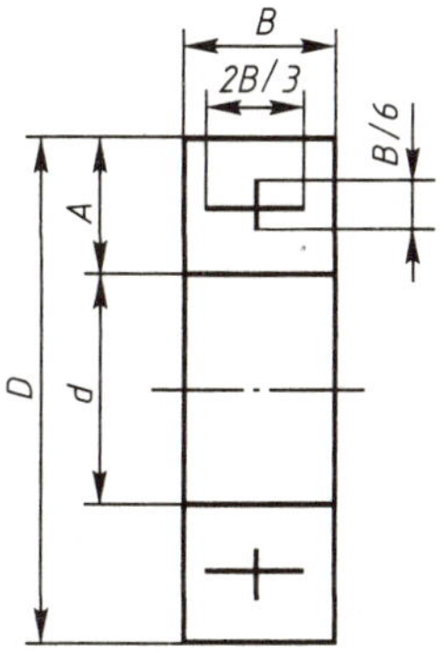	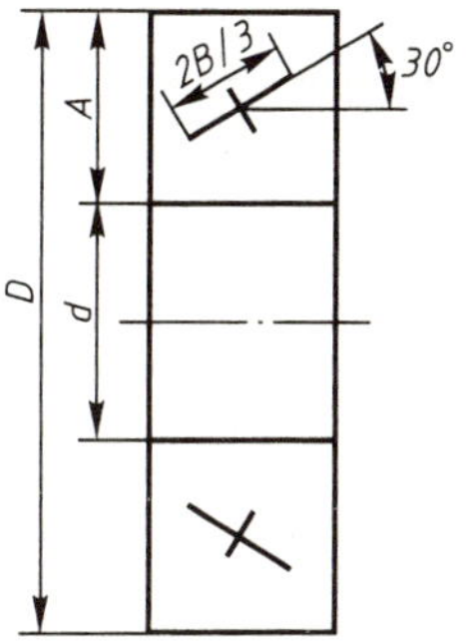	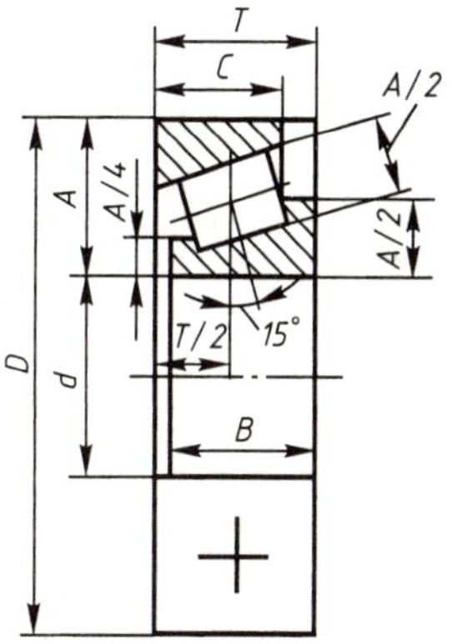
推力球轴承 （GB/T 301—2015） 类型代号 5		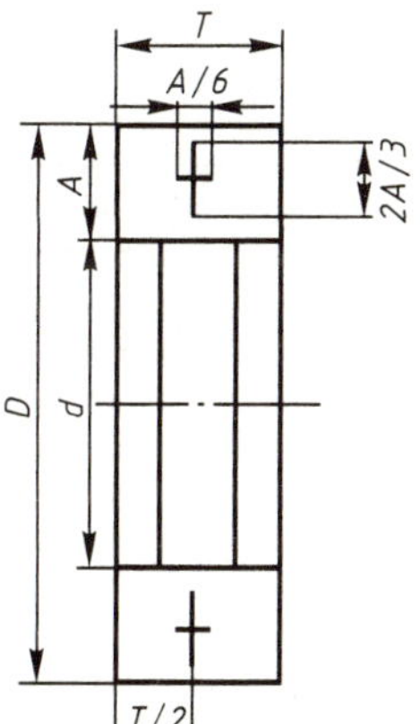	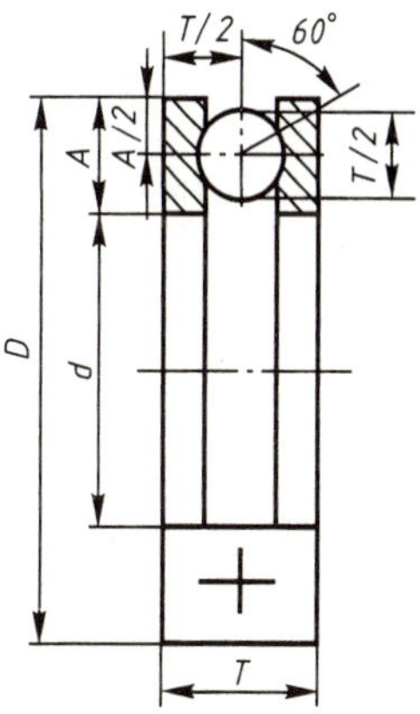

3. 滚动轴承的代号和标记

滚动轴承的类型很多，为便于组织生产和管理，国家标准规定了其代号。代号由基本代号、前置代号和后置代号构成。

前置、后置代号是轴承在结构、形状、尺寸、公差、技术要求等有改变时，在其基本代号左右添加的补充代号。前置代号用字母表示，后置代号用字母或字母加数字表示。基本代号表示轴承的基本类型、结构和尺寸，是轴承代号的基础。基本代号由轴承类型代号、尺寸系列代号和内径代号构成。其中类型代号由字母或数字表示，按表 5-3-6 表示。尺寸系列代号、内径代号由数字表示。基本代号通常用 4 位数字表示，第一位数字是轴承类型代号，第二位数字是尺寸系列代号，右边的两位数字是内径代号。

当内径尺寸在 20～480 范围内时，内径尺寸＝内径代号×5。

例如：轴承代号

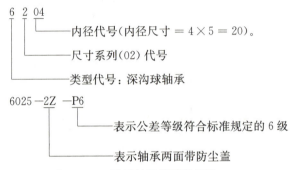

表 5-3-6 滚动轴承类型代号表

代号	轴承类型	代号	轴承类型
0	双列角接触球轴承	N	圆柱滚子轴承
1	调心球轴承		双列或多列用字母 NN 表示
2	调心滚子轴承和推力调心滚子轴承	U	外球面球轴承
3	圆锥滚子轴承	QJ	四点接触球轴承
4	双列深沟球轴承		
5	推力球轴承		
6	深沟球轴承		
7	角接触球轴承		
8	推力圆柱滚子轴承		

轴承代号中字母、数字的含义可查阅有关国家标准。常用滚动轴承的型号、尺寸见附录 12。

课后习题

5-3-1 选择合适的图框、比例，绘制如图 5-3-28 所示的钻模板零件图。

图 5-3-28 视频

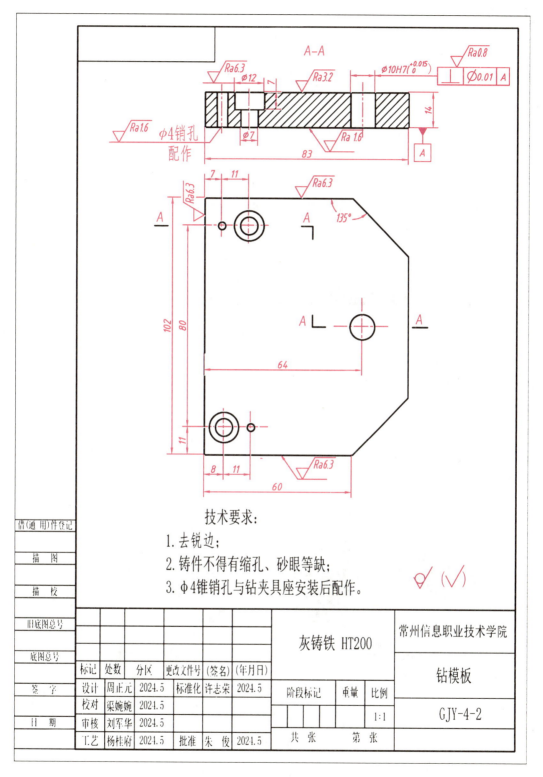

图 5-3-28 钻模板零件图

模块六

装配图的识读与绘制

在机器或部件的设计、装配、检验和维修工作中，或进行技术交流的过程中，都需要装配图。因此，熟练地阅读装配图，正确地由零件图绘制出装配图，同样也是每个工程技术人员必须具备的基本技能之一。

任务 1　衬套径向孔钻夹具装配图的识读与绘制

衬套径向孔钻夹具的立体图如图 6-1-1 所示，其共有 11 个零件：钻夹具座（1）、螺母（2）、垫圈（3）、平键（4）、内六角螺钉（5）、销（6）、钻模板（7）、衬套（8）、钻套（9）、开口垫圈（10）和螺母（11），其中衬套是待钻孔零件。

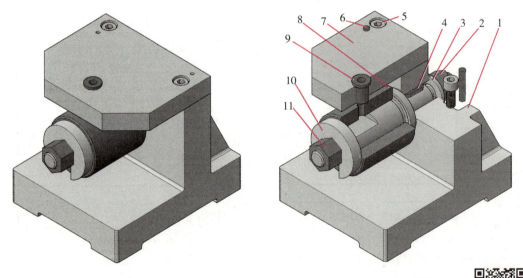

1—钻夹具座　2—螺母　3—垫圈　4—平键　5—内六角螺钉　6—销　7—钻模板
8—衬套　9—钻套　10—开口垫圈　11—螺母

图 6-1-1　衬套径向孔钻夹具立体图

如图 6-1-2 所示为衬套径向孔钻夹具的装配图，是设计、制造和使用该夹具的重要技术文件。

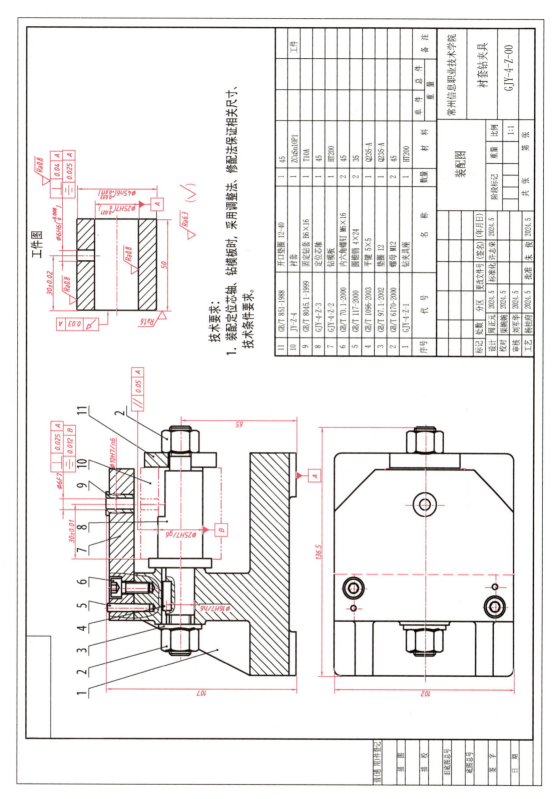

图 6-1-2 衬套径向孔钻夹具装配图

如图 6-1-2 所示为衬套径向孔钻夹具的装配图。要正确识读和绘制该图样，必须首先学习装配图的作用和内容，学习装配图的表达方法，学习装配图的尺寸标注、技术要求注写，学习装配图中零部件序号的编写、明细栏的填写方法。另外，还要学习装配结构合理性方面的知识，学习识读装配图的步骤和方法。

一、装配图的作用与内容

6.1.1 视频

表达机器或部件的结构、工作原理、传动路线和零件装配关系的图样称为装配图。装配图是设计部门提交给生产部门的重要技术文件。在设计、装配、调试、检验、安装、使用和维修机器时，都需要装配图。

1. 装配图的作用

装配图是机器设计中设计意图的反映，是机器设计、制造过程中的重要技术依据。装配图的作用有以下几方面：

（1）进行机器或部件设计时，首先要根据设计要求画出装配图，表示机器或部件的结构和工作原理。

（2）生产、检验产品时，是依据装配图将零件装成产品，并按照图样的技术要求检验产品。

（3）使用、维修时，要根据装配图了解产品的结构、性能、传动路线、工作原理等，从而决定操作、保养和维修的方法。

（4）在技术交流时，装配图也是不可缺少的资料。因此，装配图是设计、制造和使用机器或部件的重要技术文件。

2. 装配图的内容

装配图应包括以下内容：

（1）一组视图。表达各组成零件的相互位置、装配关系和连接方式，部件（或机器）的工作原理和结构特点等。

（2）必要的尺寸。包括部件或机器的规格（性能）尺寸、零件之间的配合尺寸、外形尺寸、部件或机器的安装尺寸和其他重要尺寸等。

（3）技术要求。说明部件或机器的性能、装配、安装、检验、调试或运转的技术要求，一般用文字写出。

（4）标题栏、零部件序号和明细栏。在装配图中对零件进行编号，并在标题栏上方按编号顺序绘制成零件明细栏。

二、装配图的规定画法和特殊表达方法

表达零件结构和形状的方法，在装配图中也完全适用，但装配图是以表达机

6.1.2 视频

器或部件的工作原理和主要装配关系为中心,目的是把机器或部件的内部结构、外部形状、相对位置表示出来,因此机械制图的国家标准对装配图提出了一些规定画法和特殊的表达方法。

1. 装配图的规定画法

为了明显区分每个零件,又要确切地表示出它们之间的装配关系,对装配图的画法作了如下的规定。

(1) 接触面与配合面的画法。相邻两零件接触表面和配合面规定只画一条线,若两个零件的基本尺寸不相同,且套装在一起时,即使它们之间的间隙很小,也必须画出有明显间隔的两条轮廓线,如图 6-1-3 所示。

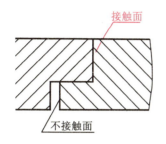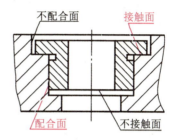

图 6-1-3 相邻零件接触面的画法

(2) 剖面线的画法。

① 同一零件的剖面线在各剖视图、断面图中应保持方向一致、间隔相等。

② 两零件邻接时,不同零件的剖面线方向应相反,或者方向一致、间隔不等,如图 6-1-4 所示。

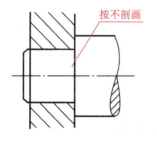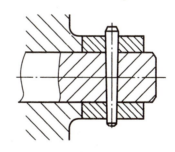

图 6-1-4 装配图中紧固件、实心零件及剖面线的画法

(3) 紧固件和实心零件的画法。对于紧固件和实心零件(如螺钉、螺栓、螺母、垫圈、键、销、球及轴等),若剖切平面通过它们的轴线或对称平面时,则这些零件均按不剖绘制;需要时,可采用局部剖视图,如图 6-1-4 所示。当剖切平面垂直于这些紧固件或实心件的轴线剖切时,则这些零件应按剖视绘制,如图 6-1-5 所示。

2. 装配图中的特殊表达方法

(1) 沿结合面剖切画法。在装配图中,可假想沿着两个零件的结合面剖切,这时,零件的结合面不画剖面线,其他被横向剖切的轴、螺钉及销的断面要画剖面线。如图 6-1-5 中的 A-A 剖视即是沿两个零件结合面剖切画出的,螺栓和中心轴的断面要画出剖面线。

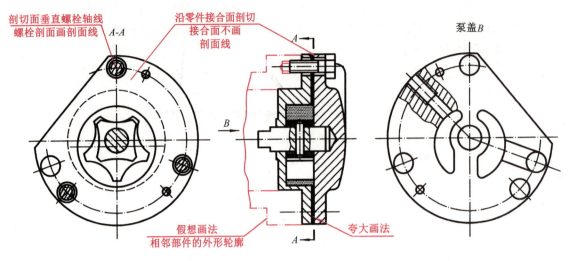

图 6-1-5 沿结合面剖切画法

（2）拆卸画法。在装配图的某一视图中，当某些零件遮住了需要表达的结构，或者为避免重复，简化作图，可假想将某些零件拆去后绘制，这种表达方法称为拆卸画法。采用拆卸画法后，为避免误解，在该视图上方加注"拆去件××"。若拆卸关系明显，不至于引起误解时，也可不加标注。

（3）假想画法。为了表示运动零件的极限位置或相邻零件（或部件）的相互关系，可以用细双点画线画出其轮廓，如图 6-1-6 所示，用细双点画线画出了扳手的一个极限位置。

（4）夸大画法。如图 6-1-5，图 6-1-7 所示，对于直径或厚度小于 2 的较小零件或较小间隙，如薄片零件、细丝弹簧等，若按它们的实际尺寸在装配图中很难画出或难以明显表示时，可不按比例而采用夸大画法，对于厚度、直径≤2 的薄、细零件，可用涂黑代替剖面符号，如图 6-1-7 所示。

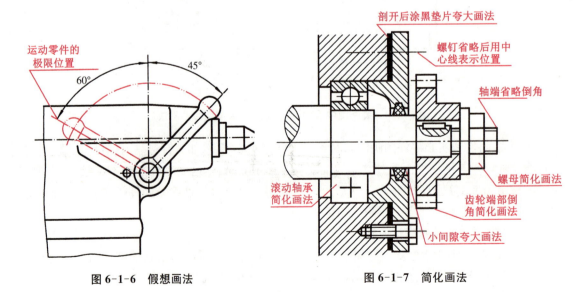

图 6-1-6 假想画法　　　　　图 6-1-7 简化画法

(5) 简化画法。

① 如图 6-1-7 所示,装配图上若干个相同的零件组,如螺栓、螺钉的连接等,允许详细地画出一组,其余只画出中心线位置。

② 装配图上的零件工艺结构,如退刀槽、倒角、倒圆等,允许省略不画。

③ 在装配图中,滚动轴承可用规定画法或特征画法表示。

④ 在装配图中,当剖切平面通过的部件为标准件或该部件已有其他图形表示清楚时,可按不剖绘制,如剖视图上的油杯,就可按不剖绘制。

(6) 展开画法。在传动机构中,为了表示传动关系及各轴的装配关系,可假想用剖切平面按传动顺序沿各轴的轴线剖开,然后依次展开,将剖切平面都旋转到与选定的投影面平行,再画出其剖视图。

(7) 单独表达某零件。在装配图中,可以单独画出某一零件的视图,但必须在所画视图的上方注出该零件的视图名称,在相应的视图附近用箭头指明投射方向,并注写同样的字母。

三、装配图的尺寸标注与技术要求

1. 装配图的尺寸标注

装配图不是制造零件的直接依据。因此,装配图中不需注出零件的全部尺寸,而只需标注出一些必要的尺寸,这些尺寸可分为以下几类:

(1) 性能(规格)尺寸。表示机器或部件性能(规格)的尺寸,这些尺寸在设计时已经确定,也是设计、了解和选用该机器或部件的依据。

(2) 装配尺寸。装配尺寸包括保证有关零件间配合性质的尺寸、保证零件间相对位置的尺寸、装配时进行加工的尺寸。

(3) 安装尺寸。机器或部件安装到基础或其他部件上时所需的尺寸。

(4) 外形尺寸。表示机器或部件外形轮廓的大小,即总长、总宽和总高。它是机器或部件在包装运输、安装和厂房设计时不可缺少的数据。

(5) 其他重要尺寸。在设计中经过计算而确定的尺寸,如运动零件的极限位置尺寸、主要零件的重要尺寸等。

上述 5 种尺寸在一张装配图上不一定同时都有,有的一个尺寸也可能包含几种含义。应根据机器或部件的具体情况和装配图的作用具体分析,从而合理地标注装配图的尺寸。

2. 装配图中的技术要求

装配图上的技术要求主要是针对机器或部件的工作性能、装配及检验要求、调试要求及使用与维护要求所提出的,不同的机器或部件具有不同的技术要求。

四、装配图中零部件序号的编号与明细栏的填写方法

1. 装配图中零部件序号的编号

装配图的图形一般较复杂,包含的零件种类和数目也较多,为了便于在设计和生产过程中查阅有关零件,在装配图中必须对每个零件进行编号。

1) 序号的一般规定

(1) 装配图中每种零、部件都必须编写序号。同一装配图中相同的零、部件只编写一个

序号,且一般只注一次。

(2) 零、部件的序号应与明细栏中的序号一致。

(3) 同一装配图中编写序号的形式应一致。

2) 编号方法

序号由点、指引线、横线(或圆圈)和序号数字组成。指引线、横线用细实线画出。指引线相互不交错,当指引线通过剖面线区域时应与剖面线斜交,避免与剖面线平行。序号数字比装配图的尺寸数字大一号,如图6-1-8(a)所示;或大两号,如图6-1-8(b)所示;在指引线附近注写序号,序号的字高比该装配图中所注尺寸数字高度大两号,如图6-1-8(c)所示。应注意的是,同一装配图中编写序号的形式应一致。

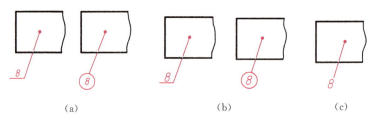

图 6-1-8　零件序号的编写形式

3) 序号编写的顺序

零、部件序号应沿水平或垂直方向按顺时针(或逆时针)方向顺次排列整齐,并尽可能均匀分布。

4) 标准件、紧固件的编写

同一组紧固件可采用公共指引线,如图6-1-9(a)所示;标准部件(如油杯、滚动轴承等)在图中被当成一个部件,只编写一个序号。

5) 很薄的零件或涂黑断面的标注

由于薄零件或涂黑的断面内不便画圆点,可在指引线的末端画出箭头,并指向该部分的轮廓,如图6-1-9(b)所示。

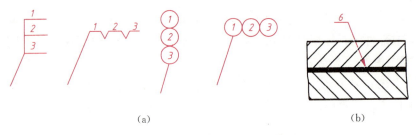

图 6-1-9　公共指引线的形式

2. 明细栏的填写方法

明细栏是机器或部件中全部零、部件的详细目录,它画在标题栏的上方,当标题栏上方位置不够时,也可续写在标题栏的左方。

GB/T 10609.1—2008 和 GB/T 10609.2—2009 分别规定了标题栏和明细栏的统一格式。图6-1-10为一种推荐用明细栏格式。零件的序号自下而上填写,以便在增加零件时可继续向上画格。明细栏中"代号"栏填写图样中相应组成部分的图样代号或标准号;"名称"栏填写相应组成部分的名称,若为标准件应注出规定标记中除标准号以外的其余内容,如螺钉 M6×8;"材料"栏填写制造该零件所用的材料标记,"备注"栏填写必要的附加说明或其他有关重要内容,例如齿轮的齿数、模数等。

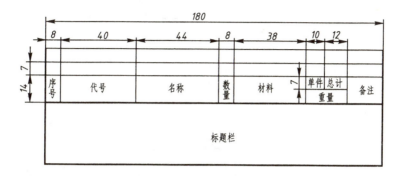

图 6-1-10　推荐用明细栏格式

五、装配结构的合理性

6.1.5 视频

在设计和绘制装配图的过程中,应该考虑到装配结构的合理性,以保证机器和部件的性能,并给零件的加工和拆、装带来方便。所以在设计和绘制装配图时,应考虑合理的装配工艺结构。

1. 轴和孔配合结构

要保证轴肩与孔的端面接触良好,应在孔的接触面制成倒角或在轴肩根部切槽,如图 6-1-11 所示。

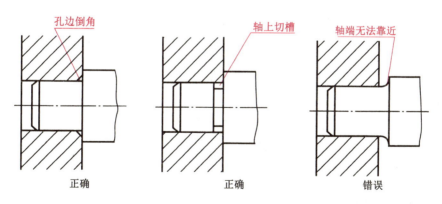

图 6-1-11　轴与孔的配合

2. 接触面的数量

当两个零件接触时,在同一方向上,只能有一个接触面,这样既可满足装配要求,制造也较方便,如图 6-1-12 所示。

3. 销配合处结构

为了保证两零件在装拆前后不降低装配精度,通常用圆柱销或圆锥销将零件定位。为了加工和装拆方便,在可能的条件下,最好将销孔做成通孔,如图 6-1-13 所示。

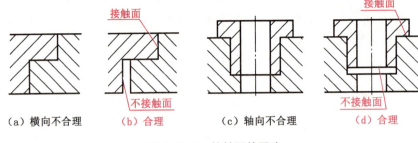

图 6-1-12 接触面的画法

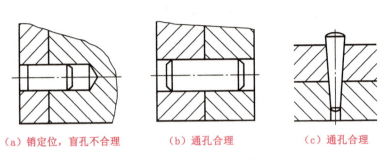

图 6-1-13 销配合的结构

4. 紧固件装配结构

为了使螺栓、螺母、螺钉、垫圈等紧固件与被连接表面接触良好，在被连接件的表面应加工成凸台或沉孔等结构，如图 6-1-14 所示。

图 6-1-14 紧固件连接处的装配结构

六、装配图的识读与绘制步骤

1. 装配图的识读步骤

识读装配图就是要对图中的视图、符号和文字进行分析，了解设计者的设计意图和要求。作为工程技术人员，必须具备识读装配图的能力，掌握读装配图的一般步骤和基本方法。

1）读装配图的目的

在设计机器或部件、装配机器，使用、维修机器及学习先进技术时，都会遇到读装配图的问题，读装配图的目的是：

（1）了解部件的工作原理、性能和功能。

(2) 明确部件中各个零件的作用和它们之间的相对位置、装配关系及拆装顺序。

(3) 读懂主要零件及其他有关零件的结构形状。

2) 读装配图的步骤和方法

(1) 概括了解。看标题栏了解部件的名称，对于复杂部件可通过说明书或参考资料了解部件的构造、工作原理和用途。

看零件编号和明细栏，了解零件的名称、数量和它在图中的位置。

(2) 分析视图。分析各视图的名称及投射方向，弄清剖视图、断面图的剖切位置，从而了解各视图表达的意图和重点。

(3) 分析装配关系、传动关系和工作原理。分析各条装配干线，弄清各零件间相互配合的要求，以及零件间的定位、连接方式、密封等问题。再进一步搞清运动零件与非运动零件的相对运动关系。

(4) 分析零件、读懂零件的结构形状。分析零件是读装配图的再次深入，重点分析主要的、复杂的零件。为了弄清零件的结构形状，首先要从装配图中将零件轮廓从各视图中分离出来，再在各视图中借助零件剖面符号找到该零件的投影，然后通过各视图的投影关系，分析想象出零件的结构形状。

2. 装配图的绘制步骤

设计机器或部件需要画出装配图，测绘机器或部件时先画出零件图，再根据零件图拼画成装配图。画装配图前，先了解装配体的工作原理和零件种类，每个零件在装配体中的功能和零件间的装配关系等，然后看懂零件图，想象出零件的结构形状。在绘制部件装配图时，应把装配关系和工作原理表达清楚，基本步骤如下。

1) 了解部件的装配关系。先确定装配体由哪些标准件和非标准件组成。在看懂零件结构形状的同时，应了解各零件之间的相互位置及连接关系。

2) 了解部件的工作原理。了解部件的工作原理，有助于确定哪些零件是关键零件，以及相应的关键尺寸，需要标注足够精度的尺寸、公差及表面粗糙度。有助于选择合适的视图，表达出全部零件及相应的连接关系。

3) 确定视图

(1) 确定主视图。

① 一般将机器或部件按工作位置或习惯位置放置。

② 主视图选择应尽量反映出部件的结构特征。即装配图应以工作位置和清楚反映主要装配关系、工作原理、主要零件的形状的那个方向作为主视图。

(2) 确定其他视图。其他视图主要是补充主视图的不足，进一步表达装配关系和主要零件的结构形状。确定其他视图应考虑以下几点。

① 分析还有哪些装配关系、工作原理及零件的主要结构形状没有表达清楚，从而选择适当的视图及相应的表达方法。

② 尽量用基本视图和在基本视图上作剖视来表达有关内容。

③ 合理布置视图，使图形清晰，便于看图。

4) 确定图幅。根据部件的大小、视图数量，选取适当的画图比例，确定图幅的大小。然后调用相应图框，留出明细表、编写零件序号、标注装配图尺寸和填写技术要求的位置。

5) 插入基础件和其他零件并整理

用复制、粘贴命令，或用插入块的方法，将基础件和其他零件逐一插入装配图中。

6) 编注零件序号

7) 填写明细表

8) 填写标题栏及技术要求

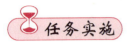

一、识读衬套径向孔钻夹具装配图

1. 通过标题栏、明细栏概括了解

由标题栏可知，该部件是衬套钻夹具。由明细栏可知它共有 11 种零件：3 种自制件，7 种标准件和 1 种待加工零件。该夹具工作时被放在钻床工作台上，不需固定，专用于钻工件上 φ6H6 的小孔。

2. 分析视图

衬套钻夹具采用两个视图：一个全剖主视图和一个俯视图。为了反映圆锥销 5 和内六角螺钉 6 的结构，在主视图中又采用了局部剖视图。全剖主视图反映了衬套钻孔夹具的沿前后对称中心面的内部结构，把衬套钻夹具所包括的零件一览无遗。俯视图反映了钻孔夹具的外形，表达了钻模板 7、固定钻套 9，以及左侧固定螺母 2、垫圈 3、右侧开口垫圈 11、螺母 2 的结构形状。

3. 分析装配关系、工作原理

（1）定位芯轴 8 的轴线是该夹具的主要装配干线。它由圆柱面 φ16H6、左轴肩、平键 4、螺母 2 固定在钻夹具座 1 上，钻夹具孔和与轴的配合尺寸公差带代号为 φ16H7/h6。工作原理是：加工时工件套在定位芯轴 8 上（工件孔与定位芯轴配合尺寸公差带代号为 φ25H7/h6），并以轴的右轴肩和外圆柱面定位，由开口垫圈 11 和右螺母 2 夹紧后，即可钻 φ6H6 孔。当工件被加工好以后，可松开螺母 2（旋半圈左右），取下开口垫圈 11，即可卸下工件（螺母 2 最大直径比工件内孔小）。为了加工时排屑和容屑的需要，在定位芯轴 8 右上端铣有一扁司平面。

（2）钻夹具座 1 是该夹具的主体零件，它由长方形的底板和竖板组成。为了增加稳定性和改善受力条件，在竖板的左侧制有前后两块三角形的肋板。钻模板 7 由两个圆锥销 5 定位，用两个内六角圆柱头螺钉 6 紧固在钻夹具座 1 的竖板上。在钻模板 7 上镶嵌固定钻套 9（钻套外圆与钻模板配合尺寸公差带代号是 φ10H7/n6），其作用是确定被加工孔的位置并引导钻头进行加工。

经过上面分析，综合各部分结构，可以想象出钻夹具的整体形状，衬套径向孔钻夹具装配立体图，如图 6-1-1 所示。

二、绘制衬套径向孔钻夹具装配图

1) 了解部件的装配关系

先确定装配体由哪些标准件，哪些非标准件组成。在看懂零件结构形状的同时，应了解各零件之间的相互位置及连接关系。衬套钻夹具有 3 种自制件，7 种标准件和 1 种待加工零件。其装配关系、工作原理及视图分析以上已经分析。

2）确定图幅

基础件钻夹具座采用 A3 图纸绘制,装配图仅用主视图和俯视图绘制,留有足够空间绘制明细表,故装配图也采用 A3 装配图图框绘制。

3）绘制基础件及其他零件并整理

(1) 绘制钻夹具座的主视图和俯视图。

① 在 AutoCAD 中,打开前面绘制的图 5-3-2 钻夹具座零件图。用"SAVEAS"命令将图形另存为"衬套径向孔钻夹具装配图.dwg"新文件。

② 用"E"命令将零件图中左视图及主视图中的尺寸标注删除,如图 6-1-15 所示。

(2) 绘制"定位芯轴"。

① 用"Ctrl＋O"命令打开图 5-1-2 定位芯轴零件图。用鼠标选中其主视图,用"Ctrl＋C"命令复制,切换到衬套径向孔钻夹具装配图,用"Ctrl＋V"命令将图形"粘贴"到钻夹具座主视图附近,删除掉标注的尺寸。

② 用"移动"命令将"定位芯轴"装配到钻夹具座 φ16H7 孔中。"基准点"选定位芯轴 φ35 轴肩左端面与回转中心线交点,"第二点"选主视图 φ16H7 孔右端面与孔回转中心线交点。

③ 用"修剪"命令将"定位芯轴"左外 M12 螺纹遮挡掉的钻夹具座主视图肋板斜线、φ16H7 孔左孔口线及键槽孔口线被遮挡部分修剪掉,如图 6-1-16 所示。

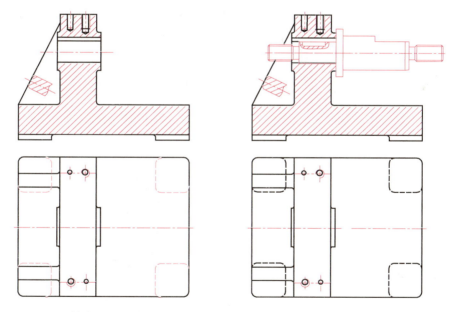

图 6-1-15　钻夹具座主视图和俯视图　　图 6-1-16　绘制定位芯轴

(3) 绘制安装"定位芯轴"的"平键""平垫圈""螺母"。①查"附录 8　普通型平键及键槽尺寸"可知,键宽为 5 的键槽,高度也为 5。在轴键槽处绘制 5 mm 高平键,"修剪"掉被平键遮挡掉的轴键槽孔口线,如图 6-1-17 所示。

② 查"附录 7-5　平垫圈"可知,规格为 12 的平垫圈,外径 d_2 为 φ24,厚度 h 为 2.5,在 φ16H7 孔左端面处,绘制垫圈,按不剖绘制。

③ 查"附录7-7 六角螺母"可知,螺母 M12,C级,$e_{min}=19.85$,厚度 $m_{max}=12.2$,按照简化画法即可。

④ 修剪掉螺母、垫圈后面的外螺纹图线,结果如图6-1-17所示。

(4) 绘制"工件""开口垫圈"及右"螺母"。

① 绘制"工件"。打开"工件"零件图,用鼠标选中,复制,粘贴在装配图"定位芯轴"附近,删除其标注的尺寸,删除其剖面线。将其轮廓线图层由"0"层转换到"双点划线"层。用"移动"命令,以"工件"的左端面与回转中心线交点为"基准点","定位芯轴"的 $\phi35$ 轴肩右端面与中心线交点为"目标点",将"工件"装配到"定位芯轴"上,如图6-1-17所示。

② 绘制"开口垫圈"。查"开口垫圈"标准 GB/T 851—1988 可知,用于螺纹规格 M12 的开口垫圈,直径为 40 时,厚度为 8。用画"直线"命令,从"工件"右端面中心开始,向上 20,向右 8,向下 40,向左 8,向上 20,完成开口垫圈轮廓线的绘制。M12 上轮廓线向上"偏移"0.8(实际只有0.5,这里采用夸张画法),用"延伸""修剪""图案填充"命令,完成"开口垫圈"全剖视图的绘制,如图6-1-17所示。

③ 绘制右"螺母"。用"复制"命令,将左"螺母"复制到右螺母位置,"基准点"为左螺母左侧中点,"第二点"为开口垫圈右侧中点。"修剪"掉被右"螺母"遮盖的右 M12 外螺纹轮廓,结果如图6-1-17所示。

(5) 绘制"钻模板"装配线。

① 绘制"钻模板"。打开"钻模板"零件图,用鼠标选中其全剖的主视图,用组合键"Ctrl+C"命令复制,切换到衬套径向孔钻夹具装配图,用"Ctrl+V"命令将图形"粘贴"到钻夹具座主视图附近,删除掉标注的尺寸。用"移动"命令将"钻模板"装配到钻夹具座顶面,"基准点"选"钻模板"左下端点,"第二点"选"钻夹具座"顶面最左端点。验证"钻模板"销孔中心线、M6 螺钉孔中心线及钻套孔中心线是否与"钻夹具座"对应中心线一致。单击"钻模板"剖面线,在显示的"图案填充编辑器"对话框中,将"角度"由"0"改为"90",保证剖面线方向与"钻模板座"相反,如图6-1-18所示。

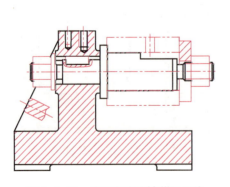
图6-1-17 绘制定位芯轴装配干线

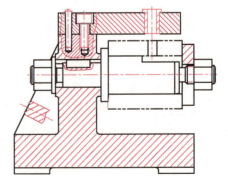
图6-1-18 绘制钻模板装配线

② 绘制"固定钻套"。查阅"固定钻套"国标 GB/T 8045.1—1999 知,固定钻套内孔直径为 $\phi6F7$,外圆尺寸为 $\phi10n6$,凸缘直径为 $\phi13$,厚度为 2。用"直线""偏移""修剪"等命令,在钻模板对应孔处绘制钻套,注意要"修剪"掉钻模板孔口线段,如图6-1-18所示。

③ 绘制 φ4 锥销。将"钻模板"上表面线向上"偏移"2 mm。用"延伸"命令将锥销孔最左和最右素线分别向上表面向上偏移的 2 mm 线延伸。用"倒角"命令倒锥销两边倒角 C1，用"直线"命令补画倒角得到的锥面与锥销面的截交线，完成锥销的绘制，如图 6-1-18 所示。

6.1.8-2 视频

④ 绘制内六角螺钉 M6×16。查"附录 7-3 内六角圆柱头螺钉"可知，M6×16 大头直径为 φ10，高为 6，内六角对边长 $e_{min}=5.72$，深 3 mm，底部锥角 120°。

⑤ 由于锥销与螺钉并不在钻夹具前后中间剖切平面上，是在剖视图中画"局部剖"。关掉正交模式，并将图层切换到"细实线"层。用"样条曲线拟合"命令绘制波浪线，将"圆锥销"和"内六角螺钉""U 形"圈出。用"修剪"命令去除 U 形波浪线内剖面线。用"图案填充"命令重新将"U 形"圈上部打上剖面线，"角度"为 90°（方向与钻模板其他部分一致），"图案填充比例"为 0.5；用"图案填充"命令重新将"U 形"圈下部打上剖面线，"角度"为 0°（方向与钻夹具座其他部分一致），"图案填充比例"为 0.5，结果如图 6-1-18 所示。

(6) 绘制"钻模板"俯视图。① 在俯视图中绘制"钻模板"。在打开的"钻模板"零件图中，用鼠标选中其俯视图，用组合键"Ctrl+C"命令复制，切换到衬套径向孔钻夹具装配图，用"Ctrl+V"命令将图形"粘贴"到钻夹具座俯视图附近，删除掉标注的尺寸，删除钻夹具座底板下面十字槽虚线。用"移动"命令将"钻模板"装配到钻夹具座顶面，"基准点"选"钻模板"左前端点，"第二点"选"钻夹具座"顶面左前端点。验证"钻模板"销孔中心线、M6 螺钉孔中心线是否与"钻夹具座"对应中心线一致。

② 在俯视图"钻模板"中绘制内六角螺钉 M6。删除内六角螺钉位置的内螺纹和螺纹通孔圆，单击工具栏中"多边形"命令图标，"侧面数"输入 6，单击"内接于 I"选项，"圆半径"输入 2.86(=5.72/2)。在同一位置画"圆"，半径为 5。

③ 将"钻夹具座"顶面右侧线，从 0 层改为虚线层（被钻模板遮盖）。

④ 绘制"固定钻套"俯视图。在"钻模板"φ10 钻套孔处，删除 φ10 钻套孔圆。用画"圆"命令绘制直径为 φ6 和 φ13 的圆。

⑤ 绘制"钻模板"左侧的螺母、垫圈和"钻模板"右侧的开口垫圈和螺母。用"复制"命令将主视图中的左侧"螺母""垫圈"，以及"钻模板"右侧的"开口垫圈""螺母"，"长对正"复制到俯视图前后中心对称位置。"开口垫圈"按照不剖绘制，删除相应"定位芯轴"螺纹线段。删除钻夹具座主视图肋板重合断面图，如图 6-1-19 所示。

4）编注零件序号与标注尺寸

(1) 编注零件序号。零件序号一般从左下角开始，顺时针编写。钻夹具装配图零件、标准件数量相对较少，只需从主视图顶端从左向右编注。

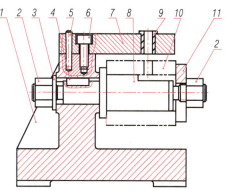

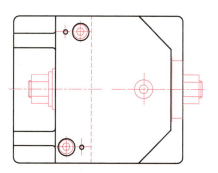

图 6-1-19 绘制俯视图及编注零件序号

①用"直线"命令，非正交模式下，从主视图"钻夹具座"左侧肋板附近单击，向左上超过最高面约 20 mm 处再单击，画斜指引线，切换到"正交模式"，向左 5.5 mm 处单击，画"钻夹具座"横线，完成指引线的绘制。用"单行文字"命令"DTEXT"在横线上方书写序号"1"，字体选"长仿宋体"，字号为"5"，完成序号数字的注写。用"同心圆"命令"DONUT"，设定"圆环的内径"为 0，"圆环的外径"为 1，在指引线下端点处点击，完成指引线"点"的绘制。

② 用同样的方法完成左螺母、垫圈、平键、圆锥销、内六角螺钉、钻模板、定位芯轴、固定钻套、工件、开口垫圈、右螺母的零件序号编注。注意，各零件指引线不能交叉，右螺母序号仍然为"2"。

（2）标注装配图尺寸。将图层切换到"细实线"层。

① 标注装配尺寸。

a. 标注配合尺寸。a) 标注"定位芯轴"安装圆柱与孔间配合尺寸 φ16H7/h6，用画"矩形"命令，将尺寸数字套在框内。用"修剪"命令，将框内剖面线删除。用"删除"命令，删除掉套在数字外面的框。b) 标注"工件"孔与"定位芯轴"外圆柱间配合尺寸 φ25H7/h6。用"打断"命令，将贯穿尺寸数字的中心线段打断。c) 标注"固定钻套"外圆与"钻模板"孔间配合尺寸 φ10H7/n6，尺寸数字注意避让指引线。

b. 标注精度尺寸 (30±0.01)mm，公差为零件公差的 1/2。

c. 标注位置精度尺寸。a) 标注"定位芯轴" φ25 轴线相对于钻夹具座底面平行度公差，被测要素长 48，按照 8 级要求（比工件位置公差等级 9 级，高 1 级），查"附录 5-1 平行度、垂直度、倾斜度公差值"，公差为 0.05。标注指引线箭头与 φ25H7/h6 尺寸线对齐。b) 标注钻套 φ6F7 孔轴线相对于钻夹具底面垂直度公差。被测要素 φ6F7 孔轴线长为 16，精度等级为 8 级，查"附录 5-1 平行度、垂直度、倾斜度公差值"，公差为 0.025。同时标注 φ6F7 孔轴线相对于"定位芯轴"对称度公差，被测要素 φ6F7 孔，精度等级为 8 级，查"附录 5-2 同轴度、对称度、圆跳动、全跳动公差值"，公差为 0.012。指引线箭头与 φ6F7 孔尺寸线对齐。c) 标注 φ25H7/h6 轴线基准 B，与尺寸线对齐，"修剪"掉贯穿基准 B 的工件外轮廓双点划线；标注钻夹具底面基准 A。

② 标注规格尺寸。标注"定位芯轴"中心线到底面的距离为 65，此尺寸与被钻零件大小有关，作为规格尺寸标注。

③ 标注外形尺寸。标注主视图总高尺寸 107。标注俯视图总长尺寸 136.5，总宽尺寸 102，如图 6-1-20 所示。

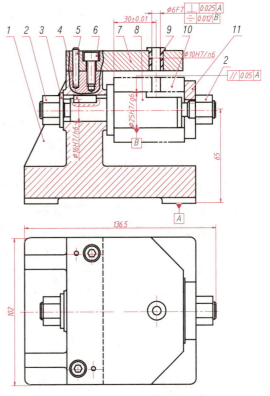

图 6-1-20 标注装配图尺寸

5）绘制待钻孔零件的零件图

对于工装夹具，一般在装配图空白处，绘制待加工零件的零件图，这里是待钻孔的衬套零件图。打开衬套零件图，鼠标选中主视图及标注的尺寸，用组合键"Ctrl＋C"命令复制，切换到衬套径向孔钻夹具装配图，用"Ctrl＋V"命令将图形"粘贴"到钻夹具座主视图右侧空白处。用单行文字命令"DTEXT"，在零件图上方书写"工件图"，如图6-1-2所示。

6）填写标题栏、明细表及技术要求

（1）填写标题栏。装配图图号"GJY-4-Z-00"是在被加工工件图号"JY-4"前加G，表示工装。后加"-Z-00"，表示钻夹具装配图。名称是"衬套钻夹具"。比例为1∶1。零件图材料位置，填写"装配图"。

（2）填写明细表。在标题栏上方，按照图6-1-10推荐用明细栏格式，绘制明细表。除了表头外，有11行。

① "序号"列由下向上分别填写1～11。

② "代号"列，第一个自制零件填写"GJY-4-Z-1"，第二个自制件"钻模板"填写"GJY-4-Z-2"，依此类推。标准件填写国标或者行业标准号，如序号2螺母，填标准号"GB/T 6170—2000"。

③ "名称"填写零件名称"钻夹具座"。名称一般按照零件的类型（如轴类、套类、箱体类等）、形状（如板、管、支架等）、方位（如左、右等），编写合适的名字。

④ "数量"填写本装配图中此种零件的总数量。

⑤ "材料"填写"HT200"，是铸造用最常用材料，抗拉强度不低于200 MPa的灰铸铁。对于材料选用，可以归纳为以下几点。

a. 对于形状复杂，强度要求不高的零件，从外观上看，非工作面有明显铸造特征，如铸造圆角、拔模斜度、粗糙表面，可以确定为铸件，一般材料选灰铸铁HT200就可以了，如钻夹具座、钻模板等。

b. 对于轴类、受力较大的零件，一般选优质碳素钢45钢，如变速器轴、连杆、螺母等。

c. 对于一些需要耐磨的零件，如固定钻套、顶尖、手用锯条等，可以选含碳量高的高级优质碳素钢T10A，经过淬火、低温回火后，可以达到很高的硬度，硬才能耐磨。

d. 对于丝杠螺母、蜗轮、衬套等对耐磨要求极高的零件，可以选择铸锡青铜，常用牌号为：ZCuSn10P1。

e. 对于强度要求不高，无特殊耐磨、耐热、抗腐蚀要求的零件，均可选普通碳素结构钢Q235A，如平键、垫圈等。

（3）填写技术要求。装配图上的技术要求主要是针对机器或部件的工作性能、装配及检验要求、调试要求及使用与维护要求所提出的。衬套钻夹具的技术要求，是为保证图中尺寸和位置精度建议采用的装配方法。

归纳总结

（1）相邻两零件接触表面和配合面规定只画一条线，非配合表面要画两条线，且线间距大于0.6 mm。

（2）画剖面线时，两零件邻接时，不同零件的剖面线方向应相反，或者方向一致、间隔不等。

(3) 装配图中的尺寸包括部件或机器的规格（性能）尺寸、零件之间的配合尺寸、外形尺寸、部件或机器的安装尺寸和其他重要尺寸等。

(4) 装配图中每种零、部件都必须编写序号。同一装配图中相同的零、部件只编写一个序号，且一般只注一次。明细栏中的数量是该零件的总数。

6-1-1　如图 6-1-21 所示，读钻模装配图并回答问题。

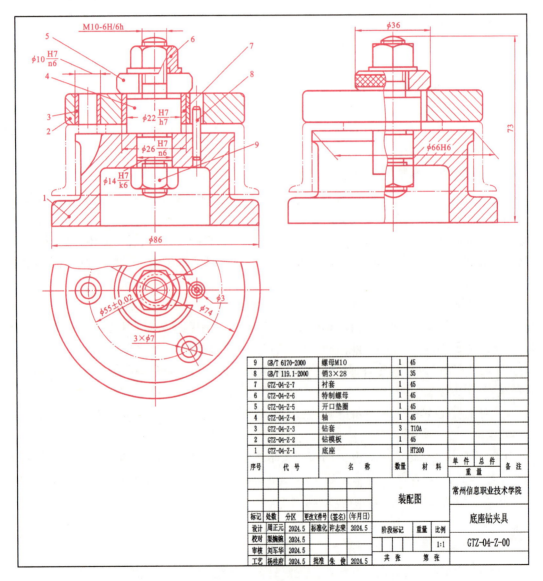

图 6-1-21　底座钻夹具

(1) 钻模装配图由_____种共_____件零件组成,其中标准件有_____种。

(2) 该钻模用了_____个图形表达,分别是_____、_____、_____,其中主视图采用了_____和_____,左视图采用了_____。被加工件采用_____画法表达。

(3) 件 2 钻模板上有_____个 ϕ10H7/n6 配合的钻套孔,其孔的定位尺寸是_____。

(4) 件 4 在剖视中按不剖切处理,仅画出外形,原因是_____。

(5) 件 1 底座上有_____个圆弧槽,其作用是_____,底座与被加工件的定位尺寸是_____。

(6) 从钻模装配图中可看出,被加工件需钻_____个直径为_____的孔。

(7) ϕ26H7/n6 是件_____和件_____零件的尺寸,它们属于_____制的_____配合,其中 H7 表示_____的公差带代号,n6 表示_____的公差带代号。

(8) ϕ22H7/k6 是件_____与件_____的_____尺寸。件 4 的公差带代号为_____,件 7 的公差带代号为_____。

(9) 件 4 和件 1 是_____配合,件 3 和件 2 是_____配合。

(10) 该钻模的总体尺寸为_____。

(11) 被加工件上的孔钻完后,应先旋开件_____,再取下件_____和件_____,被加工件便可拿出。

(12) 件 8 的作用是_____。

任务 2　电气控制箱装配图的识读

电气控制箱是用于电气控制系统的核心部件,其主要作用如下。

(1) 电源分配:电气控制箱提供电源接口,方便电气设备供电,可以实现多路电源的输入和输出,满足不同电器的电源需求。

(2) 电路保护:控制箱内通常会配备过载、短路、欠压等保护装置,可以有效地保护电器和电路系统不受损害。

(3) 信号处理:控制箱内可以安装各种传感器、执行器、控制器等电子设备,用于采集、处理、控制信号,实现对电器的远程控制和自动化操作。

(4) 环境适应:控制箱可以根据不同的环境条件进行设计,例如防尘、防水、防腐、防爆等,适应各种特殊环境的应用需求。

综上所述,电气控制箱在电气控制系统中起着至关重要的作用,是实现自动化、智能化控制的关键部件之一。

图 6-2-1 为某自动化控制系统的电气控制箱装配图。图 6-2-2 为该电气控制箱底板部件部装图。

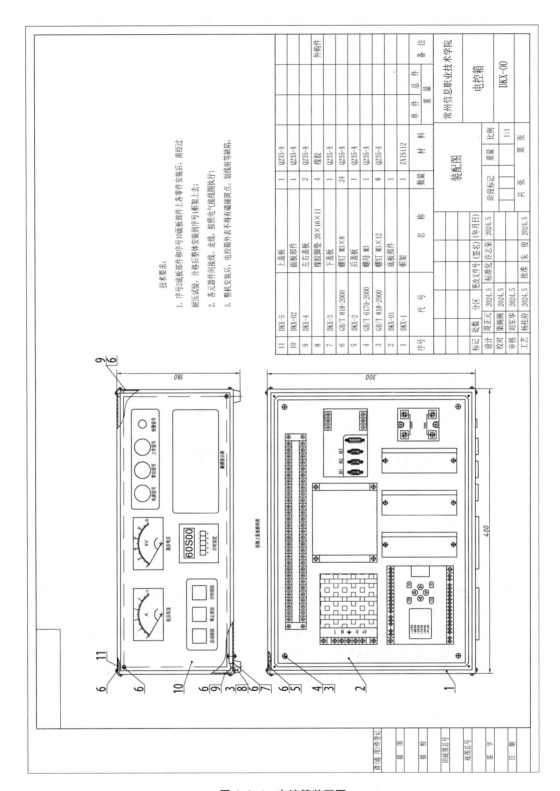

图 6-2-1 电控箱装配图

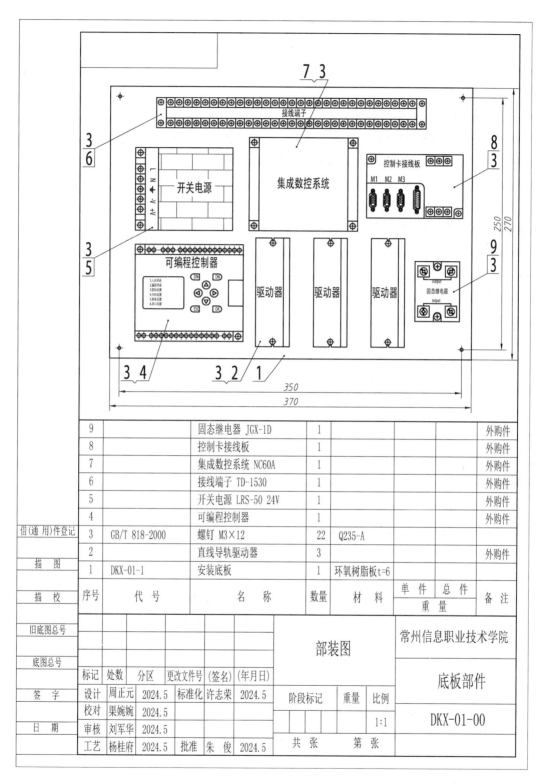

图 6-2-2 电气控制箱底板部件部装图

一、识读电控箱装配图

1. 通过标题栏、明细栏概括了解

6.2.1 视频

由标题栏可知,该部件是电控箱装配图。由明细栏知它共有两个部件:面板部件、底板部件。9 种零件:5 种自制件,3 种标准件和 1 种外购件。

2. 分析视图

电控箱装配图采用两个视图:一个主视图和一个拆除上盖板的俯视图。主视图反映了电控箱的前视外形和面板部件形状。为了反映箱体上、下、左、右盖板结构,在主视图中又采用了局部剖视图。俯视图反映了电控箱的俯视外形,表达了电控箱内部底板部件形状及安装情况,以及后盖板及安装情况。

3. 分析装配关系

(1) 拆除上盖板的俯视图。从拆除了上盖板的俯视图可以看出,序号 1 框架是整个部件的基础件。框架四角有 4 个螺孔,用于固定上盖板。序号 2 底板部件通过 4 个螺钉 M3×12(序号 3)和 4 个 M3 螺母(序号 4)安装在下盖板上。序号 5 后盖板是通过 4 个螺钉 M3×8(序号 6)安装在框架 1 的后侧面。

(2) 主视图。按照零件编号顺序,序号 7 下盖板通过 4 个螺钉 M3×8(序号 6)安装在框架 1 下底面。4 个橡胶垫脚(序号 8)通过 4 个螺钉 M3×12(序号 3)安装在框架 1 底部,起到支撑和绝缘的作用。左右各 1 个左右盖板(序号 9)分别通过 4 个螺钉 M3×8(序号 6)安装在框架 1 左右侧面。序号 10 面板部件通过 4 个螺钉 M3×8(序号 6)安装在框架 1 的前侧面。序号 11 上盖板也是通过 4 个螺钉 M3×12(序号 3)安装在框架 1 上表面。

经过上面分析,综合各部分结构,可以想象出电控箱的整体形状。

4. 电控箱外形尺寸及技术要求

(1) 电控箱的外形尺寸。从主视图和俯视图标注可以看出,电控箱外形尺寸为 400×300×180,可以作为运输包装参考。

(2) 技术要求。电控箱共有 3 点技术要求。第 1 点提示面板和底板作为两个部件,其上面的元器件分别安装到前盖板和底板上,并对相应元器件做耐压试验。第 2 点提示各元器件间连线要求。第 3 点对电控箱装配后的外观提出了要求。

二、识读电控箱底板部件装配图

6.2.2 视频

1. 通过标题栏、明细栏概括了解

由标题栏可知,该部件是底板部件装配图。由明细栏可知它共有 9 种零件:1 种自制件,1 种标准件和 7 种外购件。

2. 分析视图

电控箱底板部件装配图采用 1 个视图:俯视图。该俯视图反映了底板外形和 7 种外购件在底板上的安装位置。

3. 分析装配关系

序号1安装底板代号DKX-01-1表示第1个部件的第1个零件。采用6 mm厚的环氧树脂板制作,有绝缘作用。安装元器件前,各元器件安装用螺孔已经按尺寸制作好。序号2驱动器,共有3个,分别用2螺钉M3×12(序号3)安装在底板右前方。序号4可编程控制器用2只螺钉M3×12(序号3)安装在底板左前角。序号5开关电源用2只螺钉M3×12(序号3)安装在底板左后方。序号6接线端子用4只螺钉M3×12(序号3)安装在底板中后侧。序号7集成数控系统用4只螺钉M3×12(序号3)安装在底板中后方。序号8控制卡接线板用2只螺钉M3×12(序号3)安装在底板右后方。序号9固态继电器用2只螺钉M3×12(序号3)安装在底板右前角。

4. 电控箱底板部件外形尺寸及安装尺寸

从电控箱底板部件装配图中可以找到,其外形尺寸为370×270。安装尺寸为350×250。

课后习题

6-2-1 换向阀用于在流体管路中控制流体的输出方向。如图6-2-3所示换向阀,流体从右边流入,因上出口不通,故从下出口流出。当转动手柄4,使阀芯2旋转180°时,下出口不通,流体从上出口流出。根据手柄转动角度的大小,还可以调节出口处的流量。

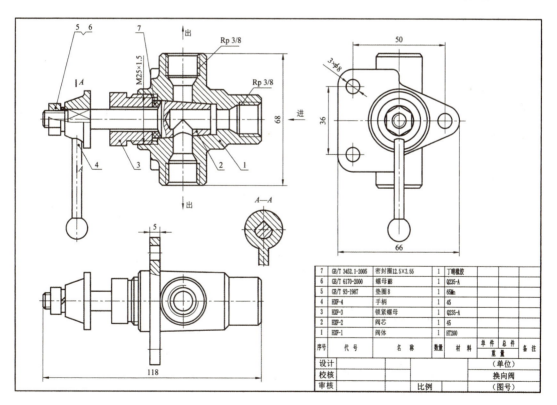

图 6-2-3 换向阀

读换向阀装配图并填空：

(1) 换向阀共由_____种零件组成，其中标准件有_____种。

(2) 换向阀装配图采用_____个图形表达，分别为_____、_____、_____和_____。

(3) 主视图采用_____视图，主要表达各零件之间的_____。

(4) 俯视图采用_____视图，俯视图和左视图主要表达_____。

(5) A-A 断面图表示_____和_____之间的装配关系。

(6) 换向阀锁紧螺母规格尺寸是_____。

(7) 3 个 φ8 孔的作用是_____，其定位尺寸是_____和_____。

(8) 锁紧螺母的作用是_____。

(9) 换向阀的外形尺寸是：长_____、宽_____、高_____。

附　录

附录 1　标准公差数值 …………………………………………………… 270
附录 2　基孔制优选配合与常用配合 …………………………………… 270
附录 3-1　优选及常用配合轴的极限偏差表 …………………………… 271
附录 3-2　优选及常用配合轴的极限偏差表 …………………………… 272
附录 3-3　优选及常用配合轴的极限偏差表 …………………………… 273
附录 4　优选及常用配合孔的极限偏差表 ……………………………… 274
附录 5-1　平行度、垂直度、倾斜度公差值 …………………………… 276
附录 5-2　同轴度、对称度、圆跳动、全跳动公差值 ………………… 276
附录 5-3　直线度和平面度公差值 ……………………………………… 277
附录 5-4　圆度和圆柱度公差值 ………………………………………… 277
附录 6　普通螺纹的公称直径与螺距系列 ……………………………… 278
附录 7-1　开槽螺钉 ……………………………………………………… 279
附录 7-2　十字槽螺钉 …………………………………………………… 280
附录 7-3　内六角圆柱头螺钉 …………………………………………… 281
附录 7-4　开槽紧定螺钉 ………………………………………………… 282
附录 7-5　平垫圈 ………………………………………………………… 283
附录 7-6　弹簧垫圈 ……………………………………………………… 283
附录 7-7　六角螺母 ……………………………………………………… 284
附录 7-8　六角头螺栓 …………………………………………………… 285
附录 8　普通型平键及键槽尺寸 ………………………………………… 286
附录 9　圆柱销 …………………………………………………………… 287
附录 10　圆锥销 …………………………………………………………… 287
附录 11　普通螺纹退刀槽和倒角 ………………………………………… 288
附录 12　滚动轴承 ………………………………………………………… 289

附录1 标准公差数值(摘自 GB/T 1800.1—2020)

公称尺寸/mm		标准公差等级																
大于	至	IT1	IT2	IT3	IT4	IT5	IT6	IT7	IT8	IT9	IT10	IT11	IT12	IT13	IT14	IT15	IT16	IT17	IT18
		μm											mm						
—	3	0.8	1.2	2	3	4	6	10	14	25	40	60	0.1	0.14	0.25	0.4	0.6	1	1.4
3	6	1	1.5	2.5	4	5	8	12	18	30	48	75	0.12	0.18	0.3	0.48	0.75	1.2	1.8
6	10	1	1.5	2.5	4	6	9	15	22	36	58	90	0.15	0.22	0.36	0.58	0.9	1.5	2.2
10	18	1.2	2	3	5	8	11	18	27	43	70	110	0.18	0.27	0.43	0.7	1.1	1.8	2.7
18	30	1.5	2.5	4	6	9	13	21	33	52	84	130	0.21	0.33	0.52	0.84	1.3	2.1	3.3
30	50	1.5	2.5	4	7	11	16	25	39	62	100	160	0.25	0.39	0.62	1	1.6	2.5	3.9
50	80	2	3	5	8	13	19	30	46	74	120	190	0.3	0.46	0.74	1.2	1.9	3	4.6
80	120	2.5	4	6	10	15	22	35	54	87	140	220	0.35	0.54	0.87	1.4	2.2	3.5	5.4
120	180	3.5	5	8	12	18	25	40	63	100	160	250	0.4	0.63	1	1.6	2.5	4	6.3
180	250	4.5	7	10	14	20	29	46	72	115	185	290	0.46	0.72	1.15	1.85	2.9	4.6	7.2
250	315	6	8	12	16	23	32	52	81	130	210	320	0.52	0.81	1.3	2.1	3.2	5.2	8.1
315	400	7	9	13	18	25	36	57	89	140	230	360	0.57	0.89	1.4	2.3	3.6	5.7	8.9
400	500	8	10	15	20	27	40	63	97	155	250	400	0.63	0.97	1.55	2.5	4	6.3	9.7
500	630	9	11	16	22	32	44	70	110	175	280	440	0.7	1.1	1.75	2.8	4.4	7	11
630	800	10	13	18	25	36	50	80	125	200	320	500	0.8	1.25	2	3.2	5	8	12.5
800	1 000	11	15	21	28	40	56	90	140	230	360	560	0.9	1.4	2.3	3.6	5.6	9	14

附录2 基孔制优选配合与常用配合(摘自 GB/T 1801—2009)

基准孔	轴																			
	a	b	c	d	e	f	g	h	js	k	m	n	p	r	s	t	u	v	x	y	z
	间隙配合								过渡配合				过盈配合							
H6						$\frac{H6}{f5}$	$\frac{H6}{g5}$	$\frac{H6}{h5}$	$\frac{H6}{js5}$	$\frac{H6}{k5}$	$\frac{H6}{m5}$	$\frac{H6}{n5}$	$\frac{H6}{p5}$	$\frac{H6}{r5}$	$\frac{H6}{s5}$	$\frac{H6}{t5}$					
H7						$\frac{H7}{f6}$	$\frac{H7}{g6}$	$\frac{H7}{h6}$	$\frac{H7}{js6}$	$\frac{H7}{k6}$	$\frac{H7}{m6}$	$\frac{H7}{n6}$	$\frac{H7}{p6}$	$\frac{H7}{r6}$	$\frac{H7}{s6}$	$\frac{H7}{t6}$	$\frac{H7}{u6}$	$\frac{H7}{v6}$	$\frac{H7}{x6}$	$\frac{H7}{y6}$	$\frac{H7}{z6}$
H8					$\frac{H8}{e7}$	$\frac{H8}{f7}$	$\frac{H8}{g7}$	$\frac{H8}{h7}$	$\frac{H8}{js7}$	$\frac{H8}{k7}$	$\frac{H8}{m7}$	$\frac{H8}{n7}$	$\frac{H8}{p7}$	$\frac{H8}{r7}$	$\frac{H8}{s7}$	$\frac{H8}{t7}$	$\frac{H8}{u7}$				
				$\frac{H8}{d8}$	$\frac{H8}{e8}$	$\frac{H8}{f8}$		$\frac{H8}{h8}$													
H9			$\frac{H9}{c9}$	$\frac{H9}{d9}$	$\frac{H9}{e9}$	$\frac{H9}{f9}$		$\frac{H9}{h9}$													
H10			$\frac{H10}{c10}$	$\frac{H10}{d10}$				$\frac{H10}{h10}$													
H11	$\frac{H11}{a11}$	$\frac{H11}{b11}$	$\frac{H11}{c11}$	$\frac{H11}{d11}$				$\frac{H11}{h11}$													
H12		$\frac{H12}{b12}$						$\frac{H11}{h11}$													

注：1. H6/n5、H7/p6 在公称尺寸小于或等于 3 mm 和 H8/r7 在公称尺寸小于或等于 100 mm 时，为过渡配合；
　　2. 标注"▼"的配合为优选配合。

附录 3-1 优选及常用配合轴的极限偏差表

基本尺寸		公差带														
		d					e				f				g		
大于	至	7	8	9	10	11	7	8	9	10	6	7	8	9	6	7	8
—	3	−20 −30	−20 −34	−20 −45	−20 −60	−20 −80	−14 −24	−14 −28	−14 −39	−14 −54	−6 −12	−6 −16	−6 −20	−6 −31	−2 −8	−2 −12	−2 −16
3	6	−30 −42	−30 −48	−30 −60	−30 −78	−30 −105	−20 −32	−20 −38	−20 −50	−20 −68	−10 −18	−10 −22	−10 −28	−10 −40	−4 −12	−4 −16	−4 −22
6	10	−40 −55	−40 −62	−40 −76	−40 −98	−40 −130	−25 −40	−25 −47	−25 −61	−25 −83	−13 −22	−13 −28	−13 −35	−13 −49	−5 −14	−5 −20	−5 −27
10	14	−50 −68	−50 −77	−50 −93	−50 −120	−50 −160	−32 −50	−32 −59	−32 −75	−32 −102	−16 −27	−16 −34	−16 −43	−16 −59	−6 −17	−6 −24	−6 −33
14	18																
18	24	−65 −86	−65 −98	−65 −117	−65 −149	−65 −195	−40 −61	−40 −73	−40 −92	−40 −124	−20 −33	−20 −41	−20 −53	−20 −72	−7 −20	−7 −28	−7 −40
24	30																
30	40	−80 −105	−80 −119	−80 −142	−80 −180	−80 −240	−50 −75	−50 −89	−50 −112	−50 −150	−25 −41	−25 −50	−25 −64	−25 −87	−9 −25	−9 −34	−9 −48
40	50																
50	65	−100 −130	−100 −146	−100 −174	−100 −220	−100 −290	−60 −90	−60 −106	−60 −134	−60 −180	−30 −49	−30 −60	−30 −76	−30 −104	−10 −29	−10 −40	−10 −56
65	80																
80	100	120 −155	−120 −174	−120 −207	−120 −260	−120 −340	−72 −107	−72 −126	−72 −159	−72 −212	−36 −58	−36 −71	−36 −90	−36 −123	−12 −34	−12 −47	−12 −66
100	120																
120	140	−145 −185	−145 −208	−145 −245	−145 −305	−145 −395	−85 −125	−85 −148	−85 −185	−85 −245	−43 −68	−43 −83	−43 −106	−43 −143	−14 −39	−14 −54	−14 −77
140	160																
160	180																
180	200	−170 −216	−170 −242	−170 −285	−170 −355	−170 −460	−100 −146	−100 −172	−100 −215	−100 −285	−50 −79	−50 −96	−50 −122	−50 −165	−15 −44	−15 −61	−15 −87
200	225																
225	250																
250	280	−190 −242	−190 −271	−190 −320	−190 400	−190 510	−110 162	−110 −191	−110 −240	−110 −320	−55 −88	−55 −108	−56 −137	−56 −186	−17 −49	−17 −69	−17 −98
280	315																
315	355	−210 −267	−210 −299	−210 −350	−210 −440	−210 −570	−125 −182	−125 −214	−125 −265	−125 −355	−62 −98	−62 −119	−62 −151	−62 −202	−18 −54	−18 −75	−18 −107
200	225																
400	450	−230 −293	−230 −327	−230 −385	−230 −480	−230 −630	−135 −198	−135 −232	−135 −290	−135 −385	−68 −108	−68 −131	−68 −165	−68 −223	−20 −60	−20 −83	−20 −117
450	500																

附录 3-2 优选及常用配合轴的极限偏差表

基本尺寸		公差带																
		h								j			j_s				k		
大于	至	6	7	8	9	10	11	12	13	5	6	7	5	6	7	8	6	7	8
—	3	0 −6	0 −10	0 −14	0 −25	0 −40	0 −60	0 −100	0 −140	—	+4 −2	+6 −4	±2	±3	±5	±7	+6 0	+10 0	+14 0
3	6	0 −8	0 −12	0 −18	0 −30	0 −48	0 −75	0 −120	0 −180	+3 −2	+6 −2	+8 −4	±2.5	±4	±6	±9	+9 +1	+13 +1	+18 0
6	10	0 −9	0 −15	0 −22	0 −36	0 −58	0 −90	0 −150	0 −220	+4 −2	+7 −2	+10 −5	±3	±4.5	±7	±11	+10 +1	+16 +1	+22 0
10	14	0 −11	0 −18	0 −27	0 −48	0 −70	0 −110	0 −180	0 −270	+5 −3	+8 −3	+12 −6	±4	±5.5	±9	±13	+12 +1	+19 +1	+27 0
14	18																		
18	24	0 −13	0 −21	0 −33	0 −52	0 −84	0 −130	0 −210	0 −330	+5 −4	+9 −4	+13 −8	±4.5	±6.5	±10	±16	+15 +2	+23 +2	+33 0
24	30																		
30	40	0 −16	0 −25	0 −39	0 −62	0 −100	0 −160	0 −250	0 −390	+6 −5	+11 −5	+15 −10	±5.5	±8	±12	±19	+18 +2	+27 +2	+39 0
40	50																		
50	65	0 −19	0 −30	0 −46	0 −74	0 −120	0 −190	0 −300	0 −460	+6 −7	+12 −7	+18 −12	±6.5	±9.5	±15	±23	+21 +2	+32 +2	+46 0
65	80																		
80	100	0 −22	0 −35	0 −54	0 −87	0 −140	0 −220	0 −350	0 −540	+6 −9	+13 −9	+20 −15	±7.5	±11	±17	±27	+25 +3	+38 +3	+54 0
100	120																		
120	140	0 −25	0 −40	0 −63	0 −100	0 −160	0 −250	0 −400	0 −630	+7 −11	+14 −11	+22 −18	±9	±12.5	±20	±31	+28 +3	+43 +3	+63 0
140	160																		
160	180																		
180	200	0 −29	0 −46	0 −72	0 −115	0 −185	0 −290	0 −460	0 −720	+7 −13	+16 −13	+25 −21	±10	±14.5	±23	±36	+33 +4	+50 +4	+72 0
200	225																		
225	250																		
250	280	0 −32	0 −52	0 −81	0 −130	0 −210	0 −320	0 −520	0 −810	+7 −16	—	—	±11.5	±16	±26	±40	+36 +4	+56 +4	+81 0
280	315																		
315	355	0 −36	0 −57	0 −89	0 −140	0 −230	0 −360	0 −570	0 −890	+7 −18	—	+29 −28	±12.5	±18	±28	±44	+40 +4	+61 +4	+89 0
355	400																		
400	450	0 −40	0 −63	0 −97	0 −155	0 −250	0 −400	0 −630	0 −970	+7 −20	—	+31 −32	±13.5	±20	±31	±48	+45 +5	+68 +5	+97 0
450	500																		

附录 3-3 优选及常用配合轴的极限偏差表

基本尺寸		公差带													
		m			n			p			r			s		
大于	至	6	7	8	6	7	8	6	7	8	6	7	8	6	7	8
—	3	+8 +2	+12 +2	+16 +2	+10 +4	+14 +4	+18 +4	+12 +6	+16 +6	+20 +6	+16 +10	+20 +10	+24 +10	+20 +14	+24 +14	+28 +14
3	6	+12 +4	+16 +4	+22 +4	+16 +8	+20 +8	+26 +8	+20 +12	+24 +12	+30 +12	+23 +15	+27 +15	+33 +15	+27 +19	+31 +19	+37 +19
6	10	+15 +6	+21 +6	+28 +6	+19 +10	+25 +10	+32 +10	+24 +15	+30 +15	+37 +15	+28 +19	+34 +19	+41 +19	+32 +23	+38 +23	+45 +23
10	14	+18 +7	+25 +7	+34 +7	+23 +12	+30 +12	+39 +12	+29 +18	+36 +18	+45 +18	+34 +23	+41 +23	+50 +23	+39 +28	+46 +28	+55 +28
14	18															
18	24	+21 +8	+29 +8	+41 +8	+28 +15	+36 +15	+48 +15	+35 +22	+43 +22	+55 +22	+41 +28	+49 +28	+61 +28	+48 +35	+56 +35	+68 +35
24	30															
30	40	+25 +9	+34 +9	+48 +9	+33 +17	+42 +17	+56 +17	+42 +26	+51 +26	+65 +26	+50 +34	+59 +34	+73 +34	+59 +43	+68 +43	+82 +43
40	50															
50	65	+30 +11	+41 +11	+57 +11	+39 +20	+50 +20	+66 +20	+51 +32	+62 +32	+78 +32	+60 +41	+71 +41	+87 +41	+72 +53	+83 +53	+99 +53
65	80										+62 +43	+73 +43	+89 +43	+78 +59	+89 +59	+105 +59
80	100	+35 +13	+48 +13	+67 +13	+45 +23	+58 +23	+77 +23	+59 +37	+72 +37	+91 +37	+73 +51	+89 +51	+105 +51	+93 +71	+106 +71	+125 +71
100	120										+76 +54	+89 +54	+108 +54	+101 +79	+114 +79	+133 +79
120	140	+40 +15	+55 +15	+78 +15	+52 +27	+67 +27	+90 +27	+68 +43	+83 +43	+106 +43	+88 +63	+103 +63	+126 +63	+117 +92	+132 +92	+155 +92
140	160										+90 +65	+105 +65	+128 +65	+125 +100	+140 +100	+163 +100
160	180										+93 +68	+108 +68	+131 +68	+133 +108	+148 +108	+171 +108
180	200	+46 +17	+63 +17	+89 +17	+60 +31	+77 +31	+103 +31	+79 +50	+96 +50	+122 +50	+106 +77	+123 +77	+149 +77	+151 +122	+168 +122	+194 +122
200	225										+190 +80	+126 +80	+152 +80	+159 +130	+176 +130	+202 +130
225	250										+133 +84	+130 +84	+156 +84	+169 +140	+186 +140	+212 +140
250	280	+52 +20	+72 +20	+101 +20	+66 +34	+86 +34	+115 +34	+88 +56	+108 +56	+137 +56	+126 +94	+146 +94	+175 +94	+190 +158	+210 +158	+239 +158
280	315										+130 +98	+150 +98	+179 +98	+202 +170	+222 +170	+251 +170
315	355	+57 +21	+78 +21	+110 +21	+73 +37	+94 +37	+126 +37	+98 +62	+119 +62	+151 +62	+144 +108	+165 +108	+179 +108	+226 +190	+247 +190	+279 +190
355	400										+150 +114	+171 +114	+203 +114	+244 +208	+265 +208	+297 +208
400	450	+63 +23	+86 +23	+120 +23	+80 +40	+103 +40	+137 +40	+108 +68	+131 +68	+165 +68	+166 +126	+189 +126	+223 +126	+272 +232	+295 +232	+329 +232
450	500										+172 +132	+195 +132	+229 +132	+292 +252	+315 +252	+349 +252

附录 4 优选及常用配合孔的极限偏差表（摘自 GB/T 1800.2—2020）

代号		A	B	C	D	E	F	G	H					
公称尺寸/mm						公差								
大于	至	11	11	*11	*9	8	*8	*7	6	*7	*8	*9	10	*11
—	3	+330 +270	+200 +140	+120 +60	+45 +20	+28 +14	+20 +6	+12 +2	+6 0	+10 0	+14 0	+25 0	+40 0	+60 0
3	6	+345 +270	+215 +140	+145 +70	+60 +30	+38 +20	+28 +10	+16 +4	+8 0	+12 0	+18 0	+30 0	+48 0	+75 0
6	10	+370 +280	+240 +150	+170 +80	+76 +40	+47 +25	+35 +13	+20 +5	+9 0	+15 0	+22 0	+36 0	+58 0	+90 0
10	14	+400 +290	+260 +150	+205 +95	+93 +50	+59 +32	+43 +16	+24 +6	+11 0	+18 0	+27 0	+43 0	+70 0	+110 0
14	18													
18	24	+430 +300	+290 +160	+240 +110	+117 +65	+73 +40	+53 +20	+28 +7	+13 0	+21 0	+33 0	+52 0	+84 0	+130 0
24	30													
30	40	+470 +300	+330 +170	+280 +120	+142 +80	+89 +50	+64 +25	+34 +9	+16 0	+25 0	+39 0	+62 0	+100 0	+160 0
40	50	+480 +320	+340 +180	+290 +130										
50	65	+530 +340	+380 +190	+330 +140	+174 +100	+106 +60	+76 +30	+40 +10	+19 0	+30 0	+46 0	+74 0	+120 0	+190 0
65	80	+550 +360	+390 +200	+340 +150										
80	100	+600 +380	+440 +220	+390 +170	+207 +120	+126 +72	+90 +36	+47 +12	+22 0	+35 0	+54 0	+87 0	+140 0	+220 0
100	120	+630 +410	+460 +240	+400 +180										
120	140	+710 +460	+510 +260	+450 +200	+245 +145	+148 +85	+106 +43	+54 +14	+25 0	+40 0	+63 0	+100 0	+160 0	+250 0
140	160	+770 +520	+530 +280	+460 +210										
160	180	+830 +580	+560 +310	+480 +230										
180	200	+950 +660	+630 +340	+530 +240	+285 +170	+172 +100	+122 +50	+61 +15	+29 0	+46 0	+72 0	+115 0	+185 0	+290 0
200	225	+1030 +740	+670 +380	+550 +260										
225	250	+1110 +820	+710 +420	+570 +280										
250	280	+1240 +920	+800 +480	+620 +300	+320 +190	+191 +110	+137 +56	+69 +17	+32 0	+52 0	+81 0	+130 0	+210 0	+320 0
280	315	+1370 +1050	+860 +540	+650 +330										
315	355	+1560 +1200	+960 +600	+720 +360	+350 +210	+214 +125	+151 +62	+75 +18	+36 0	+57 0	+89 0	+140 0	+230 0	+360 0
335	400	+1710 +1350	+1040 +680	+760 +400										
400	450	+1900 +1500	+1160 +760	+840 +440	+385 +230	+232 +135	+165 +68	+83 +20	+40 0	+63 0	+97 0	+155 0	+250 0	+400 0
450	500	+2050 +1650	+1240 +840	+880 +480										

（单位：μm）

H	JS		K			M	N		P		R		S		T	U
等级（带 * 为优选的）																
12	6	7	6	*7	8	7	6	*7	6	*7	7	*7	7	*7	7	*7
+100 0	±3	±5	0 −6	0 −10	0 −14	−2 −12	−4 −10	−4 −14	−6 −12	−6 −16	−10 −20	−14 −24			—	−18 −28
+120 0	±4	±6	+2 −6	+3 −9	+5 −13	0 −12	−5 −13	−4 −16	−9 −17	−8 −20	−11 −23	−15 −27			—	−19 −31
+150 0	±4.5	±7	+2 −7	+5 −10	+6 −16	0 −15	−7 −16	−4 −19	−12 −21	−9 −24	−13 −28	−17 −32			—	−22 −37
+180 0	±5.5	±9	+2 −9	+6 −12	+8 −19	0 −18	−9 −20	−5 −23	−15 −26	−11 −29	−16 −34	−21 −39			—	−26 −44
+210 0	±6.5	±10	+2 −11	+6 −15	+10 −23	0 −21	−11 −24	−7 −28	−18 −31	−14 −35	−20 −41	−27 −48			— −33 −54	−33 −54 −40 −61
+250 0	±8	±12	+3 −13	+7 −18	+12 −27	0 −25	−12 −28	−8 −33	−21 −37	−17 −42	−25 −50	−34 −59			−39 −64 −45 −70	−51 −76 −61 −86
+300 0	±9.5	±15	+4 −15	+9 −21	+14 −32	0 −30	−14 −33	−9 −39	−26 −45	−21 −51	−30 −60 −32 −62	−42 −72 −48 −78	−55 −85 −64 −94			−76 −106 −91 −121
+350 0	±11	±17	+4 −18	+10 −25	+16 −38	0 −35	−16 −38	−10 −45	−30 −52	−24 −59	−38 −73 −41 −76	−58 −93 −66 −101	−78 −113 −91 −126			−111 −146 −131 −166
+400 0	±12.5	±20	+4 −21	+12 −28	+20 −43	0 −40	−20 −45	−12 −52	−36 −61	−28 −68	−48 −88 −50 −90 −53 −93	−77 −117 −85 −125 −93 −133	−107 −147 −119 −159 −131 −171			−155 −195 −175 −215 −195 −235
+460 0	±14.5	±23	+5 −24	+13 −33	+22 −50	0 −46	−22 −51	−14 −60	−41 −70	−33 −79	−60 −106 −63 −109 −67 −113	−105 −151 −113 −159 −123 −169	−149 −195 −163 −209 −179 −225			−219 −265 −241 −287 −267 −313
+520 0	±16	±26	+5 −27	+16 −36	+25 −56	0 −52	−25 −57	−14 −66	−47 −79	−36 −88	−74 −126 −78 −130	−138 −190 −150 −202	−198 −250 −220 −272			−295 −347 −330 −382
+570 0	±18	±28	+7 −29	+17 −40	+28 −61	0 −57	−26 −62	−16 −73	−51 −87	−41 −98	−87 −144 −93 −150	−169 −226 −187 −244	−247 −304 −273 −330			−369 −426 −414 −471
+630 0	±20	±31	+8 −32	+18 −45	+29 −68	0 −63	−27 −67	−17 −80	−55 −95	−45 −108	−103 −166 −109 −172	−209 −272 −229 −292	−307 −370 −337 −400			−467 −530 −517 −580

附录 5-1　平行度、垂直度、倾斜度公差值（摘自 GB/T 1184—1996）　（单位：μm）

主参数 L,D,d/mm	公差等级											
	1	2	3	4	5	6	7	8	9	10	11	12
≤10	0.4	0.8	1.5	3	5	8	12	20	30	50	80	120
>10~16	0.5	1	2	4	6	10	15	25	40	60	100	150
>16~25	0.6	1.2	2.5	5	8	12	20	30	50	80	120	200
>25~40	0.8	1.5	3	6	10	15	25	40	60	100	150	250
>40~63	1	2	4	8	12	20	30	50	80	120	200	300
>63~100	1.2	2.5	5	10	15	25	40	60	100	150	250	400
>100~160	1.5	3	6	12	20	30	50	80	120	200	300	500
>160~250	2	4	8	15	25	40	60	100	150	250	400	600
>250~400	2.5	5	10	20	30	50	80	120	200	300	500	800
>400~630	3	6	12	25	40	60	100	150	250	400	600	1 000

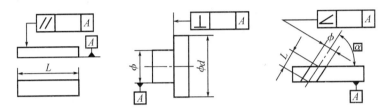

附录 5-2　同轴度、对称度、圆跳动、全跳动公差值（摘自 GB/T 1184—1996）

（单位：μm）

主参数 L,B,D,d/mm	公差等级											
	1	2	3	4	5	6	7	8	9	10	11	12
≤1	0.4	0.6	1	1.5	2.5	4	6	10	15	25	40	60
>1~3	0.4	0.6	1	1.5	2.5	4	6	10	20	40	60	120
>3~6	0.5	0.8	1.2	2	3	5	8	12	25	50	80	150
>6~10	0.6	1	1.5	2.5	4	6	10	15	30	60	100	200
>10~18	0.8	1.2	2	3	5	8	12	20	40	80	120	250
>18~30	1	1.5	2.5	4	6	10	15	25	50	100	150	300
>30~50	1.2	2	3	5	8	12	20	30	60	120	200	400
>50~120	1.5	2.5	4	6	10	15	25	40	80	150	250	500
>120~250	2	3	5	8	12	20	30	50	100	200	300	600
>250~500	2.5	4	6	10	15	25	40	60	120	250	400	800
>500~800	3	5	8	12	20	30	50	80	150	300	500	1 000
>800~1 250	4	6	10	15	25	40	60	100	200	400	600	1 200
>1 250~2 000	5	8	12	20	30	50	80	120	250	500	800	1 500
>2 000~3 150	6	10	15	25	40	60	100	150	300	600	1 000	2 000
>3 150~5 000	8	12	20	30	50	80	120	200	400	800	1 200	2 500
>5 000~8 000	10	15	25	40	60	100	150	250	500	1 000	1 500	3 000

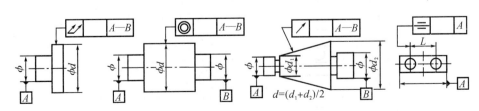

附录 5-3 直线度和平面度公差值(摘自 GB/T 1184—1996)　　(单位：μm)

主参数 L/mm	公差等级											
	1	2	3	4	5	6	7	8	9	10	11	12
≤10	0.2	0.4	0.8	1.2	2	3	5	8	12	20	30	60
>10~16	0.25	0.5	1	1.5	2.5	4	6	10	15	25	40	80
>16~25	0.3	0.6	1.2	2	3	5	8	12	20	30	50	100
>25~40	0.4	0.8	1.5	2.5	4	6	10	15	25	40	60	120
>40~63	0.5	1	2	3	5	8	12	20	30	50	80	150
>63~100	0.6	1.2	2.5	4	6	10	15	25	40	60	100	200
>100~160	0.8	1.5	3	5	8	12	20	30	50	80	120	250
>160~250	1	2	4	6	10	15	25	40	60	100	150	300
>250~400	1.2	2.5	5	8	12	20	30	50	80	120	200	400
>400~630	1.5	3	6	10	15	25	40	60	100	150	250	500
>630~1 000	2	4	8	12	20	30	50	80	120	200	300	600
>1 000~1 600	2.5	5	10	15	25	40	60	100	150	250	400	800
>1 600~2 500	3	6	12	20	30	50	80	120	200	300	500	1 000
>2 500~4 000	4	8	15	25	40	60	100	150	250	400	600	1 200
>4 000~6 300	5	10	20	30	50	80	120	200	300	500	800	1 500
>6 300~10 000	6	12	25	40	60	100	150	250	400	600	1 000	2 000

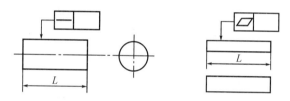

附录 5-4 圆度和圆柱度公差值(摘自 GB/T 1184—1996)　　(单位：μm)

主参数 D,d/mm	公差等级												
	0	1	2	3	4	5	6	7	8	9	10	11	12
≤3	0.1	0.2	0.3	0.5	0.8	1.2	2	3	4	6	10	14	25
>3~6	0.1	0.2	0.4	0.6	1	1.5	2.5	4	5	8	12	18	30
>6~10	0.12	0.25	0.4	0.6	1	1.5	2.5	4	6	9	15	22	36
>10~18	0.15	0.25	0.5	0.8	1.2	2	3	5	8	11	18	27	43
>18~30	0.2	0.3	0.6	1	1.5	2.5	4	6	9	13	21	33	52
>30~50	0.25	0.4	0.6	1	1.5	2.5	4	7	11	16	25	39	62
>50~80	0.3	0.5	0.8	1.2	2	3	5	8	13	19	30	46	74
>80~120	0.4	0.6	1	1.5	2.5	4	6	10	15	22	35	54	87
>120~180	0.6	1.0	1.2	2	3.5	5	8	12	18	25	40	63	100
>180~250	0.8	1.2	2	3	4.5	7	10	14	20	29	46	72	115
>250~315	1.0	1.6	2.5	4	6	8	12	16	23	32	52	81	130
>315~400	1.2	2	3	5	7	9	13	18	25	36	57	89	140
>400~500	1.5	2.5	4	6	8	10	15	20	27	40	63	97	155

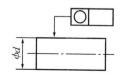 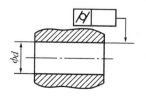

附录6 普通螺纹的公称直径与螺距系列(摘自 GB/T 196—2003) （单位：mm）

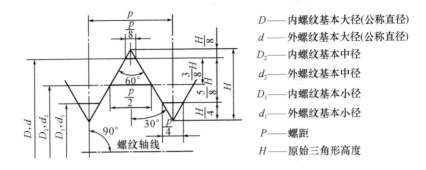

D——内螺纹基本大径(公称直径)
d——外螺纹基本大径(公称直径)
D_2——内螺纹基本中径
d_2——外螺纹基本中径
D_1——内螺纹基本小径
d_1——外螺纹基本小径
P——螺距
H——原始三角形高度

标记示例：

M10-6g（粗牙普通外螺纹、公称直径 $d=10$、右旋、中径及顶径公差带均为6g、中等旋合长度）

M10×1-6H-LH（细牙普通内螺纹、公称直径 $D=10$、螺距 $P=1$、左旋、中径及顶径公差带均为6H、中等旋合长度）

公称直径 D、d			螺距 P		公称直径 D、d			螺距 P	
第一系列	第二系列	第三系列	粗牙	细牙	第一系列	第二系列	第三系列	粗牙	细牙
2			0.4	0.25	16			2	1.5,1
	2.2		0.45				7		1.5,1
2.5				0.35			8	2.5	2,1.5,1
3			0.5		20				
	3.5		0.6			22			
4			0.7		24			3	
	4.5		0.75	0.5		25			1.5
5			0.8			26			
		5.5				27		3	2,1.5,1
6			1	0.75		28			
	7				30			3.5	
8			1.25	1,0.75			32		2,1.5
	9		1.25				33	3.5	(3),2,1.5
10			1.5	1.25,1,0.75			35		1.5
		11	1.5	1.5,1,0.75	36			4	3,2,1.5
12			1.75	1.5,1.125,1		38			1.5
	14		2			39		4	3,2,1.5
		15		1.5,1			40		

注：① 优先选用第一系列，其次是第二系列，第三系列尽可能不用。② 括号内的螺距尽可能不用。③ M14×1.25 仅用于火花塞。④ M35×1.5 仅用于滚动轴承锁紧螺母。

附录 7-1 开槽螺钉(摘自 GB/T 65—2016、GB/T 67—2016、GB/T 68—2016) (单位：mm)

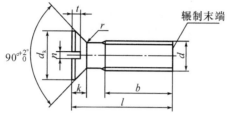

标记示例：

螺纹规格 $d=M5$，公称长度 $l=20$，性能等级为 4.8 级，不经表面处理的 A 级开槽圆柱头螺钉，标记为：螺钉 GB/T 65 M5×20。

	螺纹规格 d	M1.6	M2	M2.5	M3	M4	M5	M6	M8	M10
GB/T 65-2016	d_k	3	3.8	4.5	5.5	7	8.5	10	13	16
	k	1.1	1.4	1.8	2	2.6	3.3	3.9	5	6
	t_{min}	0.45	0.6	0.7	0.85	1.1	1.3	1.6	2	2.4
	r_{min}	0.1	0.1	0.1	0.1	0.2	0.2	0.25	0.4	0.4
	l	2~16	3~20	3~25	4~30	5~40	6~50	8~60	10~80	12~80
	全螺纹时最大长度	30				40				
GB/T 67-2016	d_k	3.2	4	5	5.6	8	9.5	12	16	20
	k	1	1.3	1.5	1.8	2.4	3	3.6	4.8	6
	t_{min}	0.35	0.5	0.6	0.7	1	1.2	1.4	1.9	2.4
	r_{min}	0.1	0.1	0.1	0.1	0.2	0.2	0.25	0.4	0.4
	l	2~16	2.5~20	3~25	4~30	5~40	6~50	8~60	10~80	12~80
	全螺纹时最大长度	30				40				
GB/T 68-2016	d_k	3	3.8	4.7	5.5	8.4	9.3	11.3	15.8	18.3
	k	1	1.2	1.5	1.65	2.7	2.7	3.3	4.65	5
	t_{min}	0.32	0.4	0.5	0.6	1	1.1	1.2	1.8	2
	r_{min}	0.4	0.5	0.6	0.8	1	1.3	1.5	2	2.5
	l	2.5~16	3~20	4~25	5~30	6~40	8~50	8~60	10~80	12~80
	全螺纹时最大长度	30				45				
	n	0.4	0.5	0.6	0.8	1.2	1.2	1.6	2	2.5
	b_{min}	25				38				
	l 系列	2、2.5、3、4、5、6、8、10、12、(14)、16、20、25、30、35、40、45、50、(55)、60、(65)、70、(75)、80								

附录 7-2 十字槽螺钉(摘自 GB/T 818—2016、GB/T 819.1—2016、GB/T 820—2015)

(单位:mm)

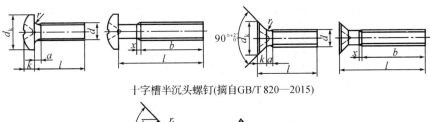

十字槽盘头螺钉(摘自GB/T 818—2016)　　十字槽沉头螺钉(摘自GB/T 819.1—2016)

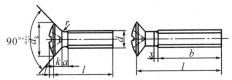

十字槽半沉头螺钉(摘自GB/T 820—2015)

标记示例:

螺纹规格 d=M5,公称长度 l=20,性能等级为4.8级,不经表面处理的 H 型十字槽盘头螺钉,标记为:螺钉 GB/T 818 M5×20。

螺纹规格 d		M1.6	M2	M2.5	M3	(M3.5)	M4	M5	M6	M8	M10
a_{max}		0.7	0.8	0.9	1	1.2	1.4	1.6	2	2.5	3
b_{min}		25	25	25	25	38	38	38	38	38	38
x_{max}		0.9	1	1.1	1.25	1.5	1.75	2	2.5	3.2	3.8
l		3~16	3~20	3~25	4~30	5~30	5~40	6~45	8~60	10~60	12~60
GB/T 818	$d_{k max}$	3.2	4	5	5.6	7	8	9.5	12	16	20
	k_{max}	1.3	1.6	2.1	2.4	2.6	3.1	3.7	4.6	6	7.5
	r_{min}	0.1	0.1	0.1	0.1	0.1	0.2	0.2	0.25	0.4	0.4
	b	3~25	3~25	3~25	4~25	5~40	5~40	6~40	8~40	10~40	12~40
GB/T 819.1 GB/T 820	$d_{k max}$	3	3.8	4.7	5.5	7.3	8.4	9.3	11.3	15.8	18.3
	f	0.4	0.5	0.6	0.7	0.8	1	1.2	1.4	2	2.3
	k_{max}	1	1.2	1.5	1.65	2.35	2.7	2.7	3.3	4.65	5
	r_{max}	0.4	0.5	0.6	0.8	0.9	1	1.3	1.5	2	2.5
	b	3~30	3~30	3~30	4~30	5~45	5~45	6~45	8~45	10~45	12~45
l 系列		3,4,5,6,8,10,12,(14),16,20,25,30,35,40,45,50,(55),60									
技术条件	材料	钢		不锈钢		有色金属		螺纹公差:6g		产品等级:A	
	性能等级	4.8		A2-50、A2-70		Cu2、Cu3、Al4					
	表面处理	不经处理		简单处理		简单处理					

附录 7-3　内六角圆柱头螺钉(摘自 GB/T 70.1—2008)　　（单位：mm）

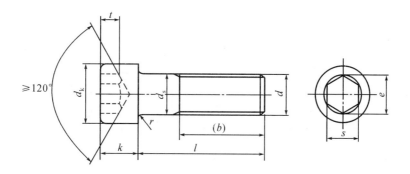

标记示例：

螺纹规格 $d=$ M5，公称长度 $l=20$，性能等级为 8.8 级，表面氧化处理的 A 级内六角螺钉，标记为：螺钉 GB/T 70.1 M5×20。

螺纹规格 d		M4	M5	M6	M8	M10	M12	M(14)	M16	M20	M24	M30	M36
螺距 P		0.7	0.8	1	1.25	1.5	1.75	2	2	2.5	3	3.5	4
b 参考		20	22	24	28	32	36	40	44	52	60	72	84
$d_{k\max}$	光滑头部	7	8.5	10	13	16	18	21	24	30	36	45	54
	滚花头部	7.22	8.72	10.22	13.27	16.27	18.27	21.33	24.33	30.33	36.39	45.39	54.46
$k_{\max}$		4	5	6	8	10	12	14	16	20	24	30	36
$t_{\min}$		2	2.5	3	4	5	6	7	8	10	12	15.5	19
s 公称		3	4	5	6	8	10	12	14	17	19	22	27
$e_{\min}$		3.443	4.583	5.723	6.863	9.149	11.429	13.716	15.996	19.437	21.734	25.154	30.854
$r_{\min}$		0.2	0.2	0.25	0.4	0.4	0.6	0.6	0.6	0.8	0.8	1	1
$d_{s\min}$		4	5	6	8	10	12	14	16	20	24	30	36
l 范围		6~40	8~50	10~60	12~80	16~100	20~120	25~140	25~160	30~200	40~200	45~200	55~200
全螺纹时最大长度		25	25	30	35	40	45	55	55	65	80	90	100
l 系列		6、8、10、12、16、20~70(5 进位)、80~160(10 进位)、180、200												

注：① 尽可能不采用括号里的规格。② 末端倒角，$d\leqslant$ M4 的为辗制末端，见 GB/T 2 规定。③ 螺纹公差：机械性能等级 12.9 级时为 5g、6g，其他等级时为 6g。④ 产品等级：A。

附录 7-4　开槽紧定螺钉（摘自 GB/T 71—2018、GB/T 73—2017、GB/T 75—2018）

（单位：mm）

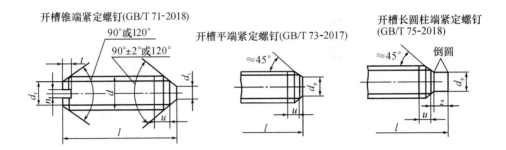

标记示例：

螺纹规格 $d=$ M5，公称长度 $l=$ 20，性能等级为 14HV 级，表面氧化处理的开槽平端紧定螺钉，标记为：螺钉 GB/T 73 M5×20。

螺纹规格 d		M1.2	M1.6	M2	M2.5	M3	M4	M5	M6	M8	M10	M12
P		0.25	0.35	0.4	0.45	0.5	0.7	0.8	1	1.25	1.5	1.75
d_f		螺纹小径										
d_t	min	—	—	—	—	—	—	—	—	—	—	—
	max	0.12	0.16	0.2	0.25	0.3	0.4	0.5	1.5	2	2.5	3
d_p	min	0.35	0.55	0.75	1.25	1.75	2.25	3.2	3.7	5.2	6.64	8.14
	max	0.6	0.8	1	1.5	2	2.5	3.5	4	5.5	7	8.5
n	公称	0.2	0.25	0.25	0.4	0.4	0.6	0.8	1	1.2	1.6	2
	min	0.26	0.31	0.31	0.46	0.46	0.66	0.86	1.06	1.26	1.66	2.06
	max	0.4	0.45	0.45	0.6	0.6	0.8	1	1.2	1.51	1.91	2.31
t	min	0.4	0.56	0.64	0.72	0.8	1.12	1.28	1.6	2	2.4	2.8
	max	0.52	0.74	0.84	0.95	1.05	1.42	1.63	2	2.5	3	3.6
z	min	—	0.8	1	1.25	1.5	2	2.5	3	4	5	6
	max	—	1.05	1.25	1.5	1.75	2.25	2.75	3.25	4.3	5.3	6.3
l 范围	GB71	2～6	2～8	3～10	3～12	4～6	6～20	8～25	8～30	10～40	12～15	14～60
	GB73	2～6	2～8	2～10	2.5～12	3～16	4～20	5～25	6～30	8～40	10～50	12～60
	GB75	—	2.5～8	3～10	4～12	5～16	6～20	8～25	8～30	10～40	12～50	14～60
l 系列		2,2.5,3,4,5,6,8,10,12,(14),16,20,25,30,35,40,45,50,(55),60										

注：① 公称长度为短螺钉时，应制成 120°。② u 为不完全螺钉的长度 ≤2P。

附录 7-5 平垫圈(GB/T 97.1—2002、GB/T 97.2—2002)　　(单位：mm)

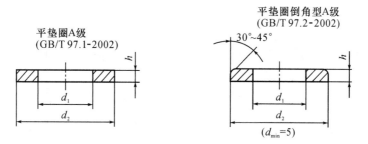

标记示例：

标准系列，公称规格 8，由钢制造的硬度为 200 HV 级，不经表面处理，产品等级为 A 级的平垫圈，标记为：垫圈 GB/T 97.1 8。

公称规格 (螺纹大径 d)	2	2.5	3	4	5	6	8	10	12	14	16	20	24	30
内径 d_1	2.2	2.7	3.2	4.3	5.3	6.4	8.4	10.5	13	15	17	21	25	31
外径 d_2	5	6	7	9	10	12	16	20	24	28	30	37	44	56
厚度 h	0.3	0.5	0.5	0.8	1	1.6	1.6	2	2.5	2.5	3	3	4	4

附录 7-6 弹簧垫圈(GB/T 93—1987)　　(单位：mm)

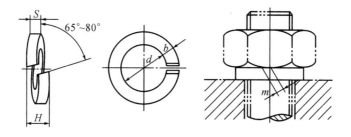

标记示例：

标准系列，公称规格 8，材料为 65Mn，表面氧化处理的弹簧垫圈，标记为：垫圈 GB/T 93 8。

规格 (螺纹大径)	4	5	6	8	10	12	16	20	24	30	36	42	48
d_{min}	4.1	5.1	6.1	8.1	10.2	12.2	16.2	20.2	24.5	30.5	36.5	42.5	48.5
$S(b)$公称	1.1	1.3	1.6	2.1	2.6	3.1	4.1	5	6	7.5	9	10.5	12
$m \leqslant$	0.55	0.65	0.8	1.05	1.3	1.55	2.05	2.5	3	3.75	4.5	5.25	6
H_{max}	2.75	3.25	4	5.25	6.5	7.75	10.25	12.5	15	18.75	22.5	26.25	30

注：m 应大于零。

附录7-7 六角螺母(摘自 GB/T 6170～6171—2000、GB/T 41—2016)

(单位：mm)

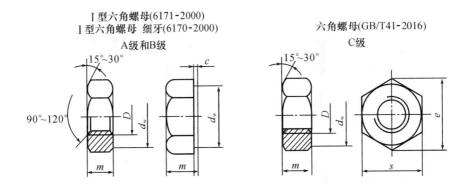

标记示例：

螺纹规格为 M12、性能等级为 5 级、不经表面处理、产品等级为 C 级的六角螺母：螺母 GB/T 41 M12。

螺纹规格为 M12、性能等级为 8 级、不经表面处理、产品等级为 A 级 Ⅰ 型的六角螺母：螺母 GB/T 6170 M12。

螺纹规格	d	M4	M5	M6	M8	M10	M12	M16	M20	M24	M30	M36	M42	M48
	$d \times p$	—	—	—	M8×1	M10×1	M12×1.5	M16×1.5	M20×1.5	M24×2	M30×2	M36×3	M42×3	M48×3
c_{max}		0.4	0.5	0.5	0.6	0.6	0.6	0.8	0.8	0.8	0.8	0.8	1	1
s_{max}		7	8	10	13	16	18	24	30	36	46	55	65	75
e_{min}	A、B级	7.66	8.79	11.05	14.38	17.77	20.03	26.75	32.95	39.55	50.85	60.79	71.3	82.6
	C级	—	8.63	10.89	14.2	17.59	19.85	26.17	32.95	39.55	50.85	60.79	71.3	82.6
m_{max}	A、B级	3.2	4.7	5.2	6.8	8.4	10.8	14.8	18	21.5	25.6	31	34	38
	C级	—	5.6	6.4	7.9	9.5	12.2	15.9	19	22.3	26.4	31.9	34.9	38.9
d_{wmin}	A、B级	5.9	6.9	8.9	11.6	14.6	16.6	22.5	27.7	33.3	42.8	51.1	60	69.5
	C级	—	6.7	8.7	11.5	14.5	16.5	22	27.7	33.3	42.8	51.1	60	69.5

注：① P—螺距。② A 级用于 $d \leqslant 16$ 的螺母；B 级用于 $d > 16$ 的螺母；C 级用于螺纹规格为 M5～M64 的螺母。
③ 螺纹公差：A、B 级为 6H，C 级为 7H；机械性能等级：A、B 为 6、8、10 级，C 级为 4、5 级。

附录 7-8　六角头螺栓（摘自 GB/T 5782—2016、GB/T 5783—2000）（单位：mm）

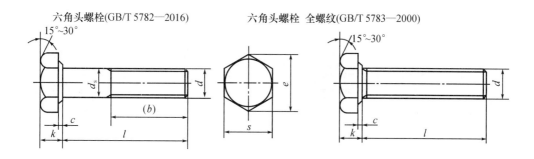

标记示例：

螺纹规格为 M12、公称长度 $l=80$、性能等级为 8.8 级、表面氧化处理的 A 级六角头螺栓，标记为：螺栓 GB/T 5782 M12×80。

螺纹规格为 M12、公称长度 $l=80$、性能等级为 8.8 级、表面氧化处理、全螺纹的 A 级六角头螺栓，标记为：螺栓 GB/T 5783 M12×80。

螺纹规格	d		M4	M5	M6	M8	M10	M12	M16	M20	M24	M30	M36	M42	M48
b	$l\leqslant 125$		14	16	18	22	26	30	38	46	54	66	—	—	—
	$125<l\leqslant 200$		20	22	24	28	32	36	44	52	60	72	84	96	108
	$l>200$		33	35	37	41	45	49	57	65	73	85	97	109	121
c_{max}			0.4	0.5		0.6			0.8						1
k_{max}	产品等级	A	2.93	3.65	4.15	5.45	6.58	7.68	10.18	12.72	15.22	—	—	—	—
		B	3	3.74	4.24	5.54	6.69	7.79	10.29	12.85	15.35	19.12	22.92	26.42	30.42
$d_{s max}$			4	5	6	8	10	12	16	20	24	30	36	42	48
s_{max}			7	8	10	13	16	18	24	30	36	46	55	65	75
e_{min}	产品等级	A	7.66	8.79	11.05	14.38	17.77	20.03	26.75	33.53	39.98	—	—	—	—
		B	7.50	8.63	10.89	14.2	17.59	19.85	26.17	32.95	39.55	50.85	60.79	71.3	82.6
l 范围	GB/T 5782		25~40	25~50	30~60	40~80	45~100	50~120	65~160	80~200	90~240	110~300	140~360	160~440	180~480
	GB/T 5783		8~40	10~50	12~60	16~80	20~100	25~150	30~150	40~150	50~150	60~200	70~200	80~200	100~200
l 系列	GB/T 5782		20~65（5 进位）、70~160（10 进位）、180~500（20 进位）												
	GB/T 5783		8、10、12、16、20~65（5 进位）、70~160（10 进位）、180、200												

附录 8　普通型平键及键槽尺寸(摘自 GB/T 1095—2003、GB/T 1096—2003)

（单位：mm）

普通平键的尺寸与公差(GB/T 1095-2003)

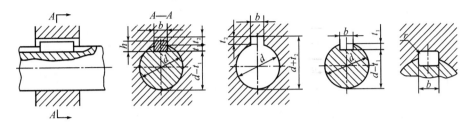

普通平键的型式与尺寸(GB/T 1096-2003)

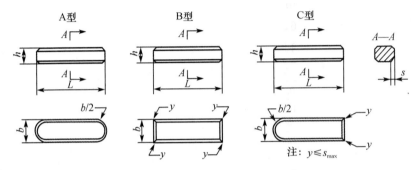

注：$y \leqslant s_{max}$

标记示例：

GB/T 1096 键 16×10×100（普通 A 型平键、$b=16$、$h=10$、$L=100$）

轴	键	键槽									
公称直径 d	键尺寸 $b \times h$	宽度					深度				半径
		基本尺寸 b	极限偏差				轴 t_1		毂 t_2		
			正常联结		紧密联结	松联结					
			轴 N9	毂 JS9	轴和毂 P9	轴 H9	毂 D10	基本尺寸	极限偏差	基本尺寸	极限偏差	min	max
>10~12	4×4	4	0 −0.030	±0.015	−0.012 −0.042	+0.030 0	+0.078 +0.030	2.5	+0.10	1.8	+0.10	0.08	0.16
>12~17	5×5	5						3.0		2.3		0.16	0.25
>17~22	6×6	6						3.5		2.8			
>22~30	8×7	8	0 −0.036	±0.018	−0.015 −0.051	+0.036 0	+0.098 +0.040	4.0		3.3			
>30~38	10×8	10						5.0		3.3			
>38~44	12×8	12	0 −0.043	±0.0215	−0.018 −0.061	+0.043 0	+0.120 +0.050	5.0	+0.20	3.3	+0.20	0.25	0.40
>44~50	14×9	14						5.5		3.8			
>50~58	16×10	16						6.0		4.3			
>58~65	18×11	18						7.0		4.4			
>65~75	20×12	20	0 −0.052	±0.026	−0.022 −0.074	+0.052 0	+0.149 +0.065	7.5		4.9		0.40	0.60
>75~85	22×14	22						9.0		5.4			
>85~95	25×14	25						9.0		5.4			
>95~110	28×16	28						10.0		6.4			

注：① L 系列：6~22(2 进制)、25、28、32、36、40、45、50、56、63、70、80、90、100、110、125、140、160、180、200、220、250。
② GB/T 1095-2003、GB/T 1096-2003 中无轴的公称直接一列，现列出仅供参考。

附录 9　圆柱销(摘自 GB/T 119.1—2000、GB/T 119.2—2000)　(单位：mm)

圆柱销 不淬硬钢和奥氏体不锈钢(GB/T 119.1-2000)

圆柱销 淬硬钢和马氏体不锈钢(GB/T 119.2-2000)

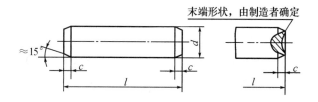

标记示例：

公称直径 $d=6$，公差为 m6，公称长度 $l=30$，材料为钢，不经淬火，不经表面处理的圆柱销标记为：销 GB/T 119.1 6m6×30。

公称直径 $d=6$，公差为 m6，公称长度 $l=30$，材料为钢，普通淬火(A型)，表面氧化处理的圆柱销标记为：销 GB/T 119.2 6m6×30。

公称直径 d		3	4	5	6	8	10	12	16	20	25	30	40	50
c		0.5	0.63	0.8	1.2	1.6	2	2.5	3	3.5	4	5	6.3	8
公称长度 l	GB/T 119.1	8~30	8~40	10~50	12~60	14~80	18~95	22~140	26~180	35~200	50~200	60~200	80~200	95~200
	GB/T 119.2	8~30	10~40	12~50	14~60	18~80	22~100	26~100	40~100	50~100	—	—	—	—
l 系列		2、3、4、5、6~32(2 进位)、35~100(5 进位)、120~200(20 进位)												

注：① GB/T 119.1-2000 规定圆柱销的公称直径 $d=0.6\sim50$ mm，公差为 m6 和 h8，材料为不淬硬钢和奥氏体不锈钢。② GB/T 119.2-2000 规定圆柱销的公称直径 $d=1\sim20$ mm，公差为 m6，材料为钢，A型(普通淬火)和B型(表面淬火)及马氏体不锈钢。③ 圆柱销公差为 m6 时，表面粗糙度 $Ra\leqslant0.8$ μm；圆柱销公差为 h8 时，表面粗糙度 $Ra\leqslant1.6$ μm。

附录 10　圆锥销(摘自 GB/T 117—2000)　(单位：mm)

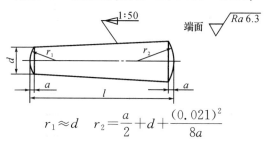

$$r_1\approx d \quad r_2=\frac{a}{2}+d+\frac{(0.021)^2}{8a}$$

标记示例：

公称直径 $d=10$，公差为 m6，公称长度 $l=60$，材料为 35 钢，热处理硬度 28~38HRC，表面氧化处理的 A 型圆锥销标记为：销 GB/T 117 10×60。

公称直径 d	2	2.5	3	4	5	6	8	10	12	16	20	25
$a\approx$	0.25	0.3	0.4	0.5	0.63	0.8	1	1.2	1.6	2	2.5	3
l 范围	10~35	10~35	12~45	14~55	18~60	22~90	22~120	26~160	32~180	40~200	45~200	50~200
l 系列	2、3、4、5、6~32(2 进位)、35~100(5 进位)、120~200(20 进位)											

注：① 标准规定圆锥销的公称直径 $d=0.6\sim50$ mm。② 圆柱销有 A 型和 B 型。A 型为磨削，锥面表面粗糙度 $Ra=0.8$ μm；B 型为切削或冷镦，锥面表面粗糙度 $Ra=3.2$ μm。

附录 11 普通螺纹退刀槽和倒角（摘自 GB/T 3—1997）   （单位：mm）

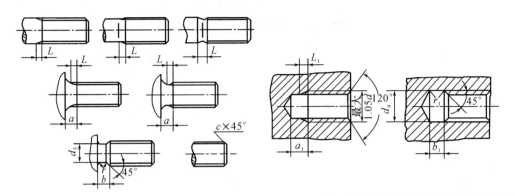

螺距 P	粗牙螺纹大径 d	外螺纹									倒角 c	内螺纹						
		螺纹收尾 L (不大于)		肩距 a (不大于)			退刀槽					螺纹收尾 L_1		肩距 a_1		退刀槽			
							b		r	d_3						b_1		r_1	d_4
		一般	短的	一般	长的	短的	一般	窄的				一般	长的	一般	长的	一般	窄的		
0.2	—	0.5	0.25	0.6	0.8	0.4					0.2	0.4	0.6	1.2	1.6				
0.25	1; 1.2	0.6	0.3	0.75	1	0.5	0.75					0.5	0.8	1.5	2				
0.3	1.4	0.75	0.4	0.9	1.2	0.6	0.9				0.3	0.6	0.9	1.8	2.4				
0.35	1.6; 1.8	0.9	0.45	1.05	1.4	0.7	1.05			$d-0.6$		0.7	1.1	2.2	2.8				
0.4	2	1	0.5	1.2	1.6	0.8	1.2			$d-0.7$	0.4	0.8	1.2	2.5	3.2				
0.45	2.2; 2.5	1.1	0.6	1.35	1.8	0.9	1.35			$d-0.7$		0.9	1.4	2.8	3.6				
0.5	3	1.25	0.7	1.5	2	1	1.5			$d-0.8$	0.5	1	1.5	3	4	2	1.5		
0.6	3.5	1.5	0.75	1.8	2.4	1.2	1.8			$d-1$		1.2	1.8	3.2	4.8			0.5P	$d+0.3$
0.7	4	1.75	0.9	2.1	2.8	1.4	2.1	1	0.5P	$d-1.1$	0.6	1.4	2.1	3.5	5.6	3			
0.75	4.5	1.9	1	2.25	3	1.5	2.25			$d-1.2$		1.5	2.3	3.8	6		2		
0.8	5	2	1	2.4	3.2	1.6	2.4			$d-1.3$	0.8	1.6	2.4	4	6.4				
1	6;7	2.5	1.25	3	4	2	3	1.5		$d-1.6$	1	2	3	5	8	4	2.5		
1.25	8	3.2	1.6	4	5	2.5	3.75			$d-2$	1.2	2.5	3.8	6	10	5	3		
1.5	10	3.8	1.9	4.5	6	3	4.5	2.5		$d-2.3$	1.5	3	4.5	7	12	6	4		
1.75	12	4.3	2.2	5.3	7	3.5	5.25			$d-2.6$		3.5	5.2	9	14	7			$d+0.5$
2	14;16	5	2.5	6	8	4	6			$d-3$	2	4	6	10	16	8	5		
2.5	18; 20; 22	6.3	3.2	7.5	10	5	7.5	3.5		$d-3.6$	2.5	5	7.5	12	18	10	6		

注：① 外螺纹倒角和退刀槽过渡角一般按 45°，也可按 60°或 30°。当按 60°或 30°倒角时，倒角深度约等于螺纹深度。内螺纹倒角一般是 120°锥角，也可以按 90°锥角；② 肩距 $a(a_1)$ 是螺纹收尾 $L(L_1)$ 加螺纹空白总长。设计时应优先考虑一般肩距尺寸，短的肩距只在结构需要时采用；③ 细牙螺纹按本表螺纹 p 选用；④ 窄的退刀槽只在结构需要时采用。

附录12 滚动轴承(摘自 GB/T 276—2013、GB/T 297—2015、GB/T 301—2015)

(单位:mm)

深沟球轴承 (GB/T 276-2013)	圆锥滚子轴承 (GB/T 297-2015)	推力球轴承 (GB/T 301-2015)
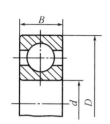	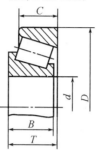	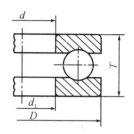
标记示例: 滚动轴承 6310 GB/T 276	标记示例: 滚动轴承 30212 GB/T 297	标记示例: 滚动轴承 51305 GB/T 301

轴承型号	尺寸			轴承型号	尺寸					轴承型号	尺寸			
	d	D	B		d	D	B	C	T		d	D	T	d_1
尺寸系列				尺寸系列						尺寸系列				
6202	15	35	11	30203	17	40	12	11	13.25	51202	15	32	12	17
6203	17	40	12	30204	20	47	14	12	15.25	51203	17	35	12	19
6204	20	47	14	30205	25	52	15	13	16.25	51204	20	40	14	22
6205	25	52	15	30206	30	62	16	14	17.25	51205	25	47	15	27
6206	30	62	16	30207	35	72	17	15	18.25	51206	30	52	16	32
6207	35	72	17	30208	40	80	18	16	19.25	51207	35	62	18	37
6208	40	80	18	30209	45	85	19	16	20.25	51208	40	68	19	42
6209	45	85	19	30210	50	90	20	17	21.25	51209	45	73	20	47
6210	50	90	20	30211	55	100	21	18	22.25	51210	50	78	22	52
6211	55	100	21	30212	60	110	22	19	23.25	51211	55	90	25	57
6212	60	110	22	30213	65	120	23	20	24.25	51212	60	95	26	62
尺寸系列				尺寸系列						尺寸系列				
6302	15	42	13	30302	15	42	13	11	14.25	51304	20	47	18	22
6303	17	47	14	30303	17	47	14	12	15.25	51305	25	52	18	27
6304	20	52	15	30304	20	52	15	13	16.25	51306	30	60	21	32
6305	25	62	17	30305	25	62	17	15	18.25	51307	35	68	24	37
6306	30	72	19	30306	30	72	19	16	20.75	51308	40	78	26	42
6307	35	80	21	30307	35	80	21	18	22.75	51309	45	85	28	47
6308	40	90	23	30308	40	90	23	20	25.25	51310	50	95	31	52
6309	45	100	25	30309	45	100	25	22	27.25	51311	55	105	35	57
6310	50	110	27	30310	50	110	27	23	29.25	51312	60	110	35	62
6311	55	120	29	30311	55	120	29	25	31.50	51313	65	115	36	67
6312	60	130	31	30312	60	130	31	26	33.50	51314	70	125	40	72

注:圆括号中的尺寸系列代号在轴承代号中省略。

参考文献

[1] 刘海兰,许志荣. 机械识图与项目训练[M]. 武汉:华中科技大学出版社,2023.
[2] 胡建生. 机械制图[M]. 北京:机械工业出版社,2016.
[3] 吕思科,周宪珠. 机械制图[M]. 4版. 北京:北京理工大学出版社,2018.
[4] 闭柳蓉,谭超茹. 机械识图[M]. 2版. 北京:电子工业学出版社,2022.
[5] 郭克希,王桂香. 机械制图[M]. 4版. 北京:机械工业出版社,2019.
[6] 陈彩萍. 工程制图[M]. 3版. 北京:高等教育出版社,2014.
[7] 孙金凤,尹业宏. 机械识图快速入门[M]. 4版. 北京:机械工业出版社,2019.
[8] 成大先. 机械设计手册[M]. 6版. 北京:化学工业出版社,2016.